非常规油气资源开发工程创新方法集成研究

赵 喆 孙 强 著

石油工业出版社

内 容 提 要

本书将创新方法理念引入非常规油气资源开发领域，从梳理非常规油气示范区的实际技术需求和生产管理流程瓶颈出发，在完成相应的创新方法集成方案设计的基础上，形成相关创新方法集成应用系统平台，进而建立能够在相似领域推而广之的"持续融合"的创新方法体系和创新模式。

本书可供从事非常规油气资源开发专业人员及相关院校师生阅读参考。

图书在版编目（CIP）数据

非常规油气资源开发工程创新方法集成研究 / 赵喆，孙强著 . —北京：石油工业出版社，2024.12
ISBN 978-7-5183-6597-5

Ⅰ . ①非… Ⅱ . ①赵… ②孙… Ⅲ . ①油气田开发 Ⅳ . ①TE3

中国国家版本馆 CIP 数据核字（2024）第 051449 号

审图号：GS 京（2025）0076 号

出版发行：石油工业出版社
（北京安定门外安华里 2 区 1 号　100011）
网　　址：www.petropub.com
编辑部：（010）64523719
图书营销中心：（010）64523633
经　　销：全国新华书店
印　　刷：北京九州迅驰传媒文化有限公司

2024 年 12 月第 1 版　2024 年 12 月第 1 次印刷
787×1092 毫米　开本：1/16　印张：14.5
字数：340 千字

定价：120.00 元
（如出现印装质量问题，我社图书营销中心负责调换）
版权所有，翻印必究

前言 | Preface

"自主创新，方法先行"。2007年，王大珩、刘东生、叶笃正三位老院士联名向时任国务院总理温家宝提出了《关于加强创新方法工作的建议》，之后由四部委组织召开部际联席会议，正式开始在国内推广实践创新方法。创新方法是科学思维、科学方法和科学工具构成的关于开展创新活动的方法体系，是自主创新的源头根本。推广创新方法的意义在于它是一套较为完整的关于如何开展创新创造活动的方法和工具流程。它改变了传统意义上创新是一个"顿悟"和"黑箱"的过程，在某种程度上实现了"白箱"或"灰箱"过程；从一个高度个性化、随机和不确定的过程转变为具有较为固定的思维过程、分析过程和解决方案产生过程的通用工作流程。学习、掌握创新方法，把普通人训练成为创新者，可以极大地拓展创新群体和创新成果的规模，真正实现大众创新。创新方法的相关实践证明其在开拓思维、产生创意、系统性分析问题和创造性产生解决方案方面有着显著优势。学习创新方法，提升思考问题的高度，拓展认识世界的维度，是提高全民创新意识和创新能力的重要抓手。

近年来，我国能源对外依存度持续增长，确保能源安全已经成为一项国策。习近平总书记指示："把能源的饭碗端在自己手里"。加大国内油气勘探开发力度，提高国内油气产量成为当务之急。非常规油气资源作为国内油气储量增长主体和产量重要接替领域，其勘探开采工程技术的进步是实现非常规油气规模效益的"技术利剑"，创新的需求和作用更加凸显。中国页岩油以陆相页岩为主，分夹层型、混积型、纯页岩型3种，资源品质差异大。页岩气开发技术通过引进、消化吸收、再创新，经过近十年发展，从无到有，从单一到配套，开发技术迭代升级，攻克了一系列技术难题。经过矿场试验，目前主体开发技术初步形成，但部分纯页岩储层的最优改造技术模式仍处于探索中。国内煤岩气资源丰富，自2021年启动先导试验以来，中石油煤层气公司通过技术攻关大规模体积压裂改造，率先在大吉深层煤岩气实现产量突破，推进深层煤岩气开发步入快车道。尽管我们实现了技术上的突破，但页岩油气和煤岩气尚未实现效益开发，页岩油完全成本还未达到45美元/桶的要求。深层页岩气受复杂地质力学环境条件限制，煤岩气总体投入过高，无法实现管网气价下效益开发。部分油气区域技术，如三维地震、测录井、压裂等解释和设计精度等满足不了复杂地质条件和更低品味储量开发需求。

总体而言，我国非常规油气资源呈地质结构复杂、储量分布不均，开采难度大等特征。常规工程技术不能完全适应当前的非常规油藏构造和产量需求，必须创新性地全面提升适应当前油藏复杂结构的勘探、开发、采油全过程的方法和技术。我们依托油气企业申报和执行的首个创新方法专项项目《面向非常规油气资源开发工程的创新方法集成研究及示范》，开展了创新方法在非常规油气资源领域的研究和示范推广工作，取得了较为显著的成效。

项目以当前国内油气储产量主要增长领域——非常规油气为研究对象，从梳理非常规油气资源开发示范区的开发技术需求和生产管理流程瓶颈等实际问题出发，在完成相应创新方法优选和集成方案设计的基础上，形成相关创新方法集成应用系统平台，进而利用创新方法理念，提出相关问题的系统化解决方案，并建立能够在相似领域推而广之的"持续融合"的创新方法体系和创新模式。历经4年攻关形成4项基于创新方法的非常规油气资源开发工程技术成果，助力提升非常规油气资源的开发质量与效率，为国家油气供给安全提供智力服务。

基于上述分析和研究成果，笔者依托创新方法工作专项（2018IM040100）编撰了《非常规油气资源开发工程创新方法集成研究》一书，系统梳理项目研究期间取得的成果，形成一套方法论和技术工具集，可以为非常规油气资源研究推广领域工作的相关技术人员提供借鉴和参考。全书共分为九章。第一章介绍了基于创新方法的非常规油气资源开发工程技术需求集成分析研究；第二章介绍了基于创新方法的非常规油气资源开发工程研发流程集成设计；第三章主要介绍了基于创新方法的非常规油气资源开发工程生产流程集成设计；第四章介绍了基于创新方法的非常规油气资源开发工程系统解决方案设计；第五章介绍了非常规油气资源开发创新评价体系研究；第六章介绍了非常规油气资源开发创新组织建设研究；第七章介绍了外部政策对非常规油气资源开发的影响分析研究；第八章介绍了复杂地质工程环境下页岩气水平井优快钻井管理模式试验与推广应用；第九章介绍了非常规油气资源开发工程创新方法集成应用示范。

全书由赵喆确定整体思路、撰写提纲并组织编写。其中，前言由赵喆执笔；第一章至第五章由赵喆、董秀成、刘贵贤、孙强、张绍林执笔；第六章、第七章由贾宁、张绍林、王伟执笔；第八章由党录瑞、潘春锋执笔；第九章由柴麟、孙强、党录瑞、潘春锋、钟成旭、张绍林、于磊磊执笔。其他成员为本书提供了相关章节的部分数据资料，并参与了全书的编写讨论和修改工作，最后全书由赵喆统稿、审定。

由于笔者水平有限，书中肯定存在不妥与错误之处，殷切希望广大读者批评指正。

目 录 | Contents

第一章 基于创新方法的非常规油气资源开发工程技术需求集成分析研究 ………… 1
  第一节 非常规油气资源及其技术发展现状 ………………………………………… 1
  第二节 基于专利地图和TRIZ理论的技术预测模型构建 ………………………… 7
  第三节 技术预测模型在非常规油气资源勘探开发中的应用——以煤层气开采为例… 22

第二章 基于创新方法的非常规油气资源开发工程研发流程集成设计 ……………… 45
  第一节 技术研发流程演进 …………………………………………………………… 45
  第二节 技术研发创新体系的思想和框架 …………………………………………… 46
  第三节 非常规油气资源开发工程研发流程集成设计 ……………………………… 51

第三章 基于创新方法的非常规油气资源开发工程生产流程集成设计 ……………… 68
  第一节 油气资源开发工程生产流程梳理 …………………………………………… 68
  第二节 非常规油气资源开发工程生产流程集成分析 ……………………………… 76
  第三节 非常规油气资源开发工程生产流程集成优化 ……………………………… 87

第四章 基于创新方法的非常规油气资源开发工程系统解决方案设计 ……………… 102
  第一节 系统解决方案设计的背景与目的 …………………………………………… 102
  第二节 系统解决方案设计的基本思路 ……………………………………………… 102
  第三节 系统解决方案的具体流程 …………………………………………………… 104
  第四节 技术路线图 …………………………………………………………………… 114
  第五节 系统解决方案的实例库构建 ………………………………………………… 115

第五章 非常规油气资源开发创新评价体系研究 ……………………………………… 119
  第一节 技术创新测度及指标 ………………………………………………………… 119
  第二节 技术创新测度框架的两种设计思路 ………………………………………… 121
  第三节 非常规油气资源开发创新综合评价 ………………………………………… 124

第六章　非常规油气资源开发创新组织建设研究 … 134
第一节　指导思想和建设目标 … 134
第二节　总体要求和基本原则 … 135
第三节　重点任务与关键举措 … 136
第四节　组织实施 … 145
第五节　总结 … 148

第七章　外部政策对非常规油气资源开发的影响分析研究 … 149
第一节　研究背景与意义 … 149
第二节　环境评价标准 … 150
第三节　非常规油气开采潜在社会风险与环境风险评估 … 153

第八章　复杂地质工程环境下页岩气水平井优快钻井管理模式试验与推广应用 … 165
第一节　实施背景 … 165
第二节　主要做法 … 168
第三节　取得的成效 … 176

第九章　非常规油气资源开发工程创新方法集成应用示范 … 179
第一节　解决页岩气井卡定器投放难题 … 182
第二节　解决页岩气井压裂分段难题 … 188
第三节　解决油气井带压作业堵塞器投放难题 … 196
第四节　页岩气开发全面感知新技术 … 205
第五节　超深钻探机械式垂直钻进系统研发 … 213

参考文献 … 223

第一章 基于创新方法的非常规油气资源开发工程技术需求集成分析研究

非常规油气资源开发工程技术需求集成分析是对非常规油气资源勘探开发进行技术预测的过程。本书主要基于专利地图和TRIZ理论构建技术预测模型，并以煤层气开采为例，通过检索煤层气开采技术专利，利用专利地图进行分析，并对技术专利进行整合，集成为空间维、机理维、材料维三种要素，基于Logistics模型以及专利测算法进行技术成熟度预测，分析煤层气开采技术进化路线以及进化雷达图，其对于非常规油气资源勘探开发技术需求进行预测具有重要意义。

第一节 非常规油气资源及其技术发展现状

一、非常规油气资源类型

美国早期区分常规和非常规油气资源的主要依据是油气资源的经济性。非常规油气资源主要是指那些在当前油价和使用常规技术无法进行经济开采的资源，可分为非常规石油资源和非常规天然气资源两大类。前者主要指页岩油、致密油、油砂油和超重油、深层石油等，后者主要指致密气、页岩气和煤层气（低渗透气层气、煤层气、天然气水合物、深层天然气及无机成因油气）等。此外，油页岩通过相应的化学工艺处理后产出的可燃气和石油，也属于非常规油气资源。非常规油气资源按照赋存状态可以分为气、液、固三类。

非常规油气资源具有地质条件复杂、油气种类多样以及多开发环节等特性[1-10]。

二、非常规油气资源属性特征

和常规油气资源相比，非常规油气资源虽然资源量丰富，但其勘探开发过程却是十分复杂，主要原因在于非常规油气资源具有密度高（API密度通常小于22，常规原油即轻质原油的API密度通常大于22）、黏度大、埋藏深、流动性差等特点。常规油气储藏的品质一般较高且渗透率也高，只要做好生产布局，通过打垂直井就能进行商业化生产，不需要特别的激励措施。然而非常规油气储藏则不然，它们是低品位的储藏，这种低品质主要是由低渗透和高黏度资源属性造成的，因此，必须采取各种措施加以刺激才能得以商业化开发。低渗透储藏如致密油、致密气、页岩气或煤层气等，大多数情况下都需要长距离的水平井及多阶段压裂技术的刺激才能够生产，这使得开采成本增加、开发难度加大，同时环境破坏力度更大。超重油和油砂油是世界上最重要的两种非常规石油资源，但都属于高密度、高黏度、高沥青质、高残碳、高金属、高硫的劣质原油，这给勘探开发带来了很大的困难。另外，这些非常规油气资源分布区域广且连续、埋藏深浅不一等特点使非常规油气资源开采方式和技术要求与常规油气资源都有所不同，并且，非常规油气资源储量和其商业价值开发潜力并不成正比，这些都使得非常规油气资源勘探开发过程中面临的复杂性和不确定性增大，使勘探开发复杂程度更高，投资决策难度更大。尽管如此，在常规油气资源供应日益短缺的情况下，非常规油气资源勘探开发依然被各国提上重要日程。值得庆幸的是，大部分产气的页岩分布范围广、厚度大且普遍含气，这使得页岩气开发具有较长的开采生命周期且产气速率比较稳定，为非常规油气资源的产业化和商业化开发提供了基础条件保障[11-16]。

三、中国非常规油气资源现状

中国的非常规油气资源也十分丰富，页岩气、致密气、致密油、油页岩、油砂、煤层气等开发利用潜力巨大；但中国非常规油气具有地质研究起步较晚，资源潜力认识不清，开发技术相对落后等特征[17-19]。

1. 页岩气

中国页岩气技术可采资源总量为 $12.85\times10^{12}m^3$，主要以海相页岩气、海陆过渡相页岩气和陆相页岩气为主，分别为 $8.82\times10^{12}m^3$、$2.42\times10^{12}m^3$ 和 $1.61\times10^{12}m^3$，占比分别为 68.7%、18.8% 和 12.5%。

海相页岩气落实有利叠合面积为 $14.8\times10^4km^2$，厚度为 20~260m，可采资源总量为 $8.82\times10^{12}m^3$，主要分布在三大领域：①四川盆地，技术可采资源总量为 $5.1\times10^{12}m^3$，占海相页岩气总资源量的 57.8%。②四川盆地周边，包括滇东—黔北、渝东—湘鄂西，技术可采资源总量为 $2.75\times10^{12}m^3$，占海相页岩气总资源量的 31.2%。③中—下扬子地区，技术可采资源总量为 $0.93\times10^{12}m^3$，占海相页岩气总资源量的 10.5%。由此可见，四川盆地及其周缘是海相页岩气资源的主体，技术可采资源总量为 $7.85\times10^{12}m^3$，占海相页岩气总资源量的 89.09%。

现阶段页岩气勘探主要集中在南方海相页岩，以川鄂—湘黔、黔南—桂中、黔东—黔西、苏浙皖、川东南—黔中、渝东南和渝东北的寒武系筇竹寺组、志留系龙马溪组 2 套海相页岩为主要页岩气勘探目标区。四川盆地及其周边地区是南方海相页岩的主要分布区，总面积约为 $7.2\times10^4km^2$，估计资源量为 $9.5\times10^{12}m^3$，已经成为中国页岩气勘探开发的主要区域[20-22]。

2. 致密气

致密气资源主要分布在鄂尔多斯、四川、松辽和塔里木盆地。目前已形成鄂尔多斯盆地上古生界与四川盆地上三叠统须家河组（T_3x）2 大致密气现实区，松辽盆地下白垩统登娄库组（K_1d）、渤海湾盆地古近系沙河街组沙三段和沙四段（Es_{3-4}）、吐哈盆地侏罗系、塔里木盆地侏罗系和白垩系、准噶尔盆地南缘侏罗系和二叠系 5 个致密气潜力区。其中鄂尔多斯盆地致密气地质资源量为 $13.32\times10^{12}m^3$，四川盆地为 $3.98\times10^{12}m^3$，松辽盆地为 $2.25\times10^{12}m^3$，塔里木盆地为 $1.23\times10^{12}m^3$，合计 $20.8\times10^{12}m^3$，占总资源的 95%。已探明地质储量集中在鄂尔多斯和四川盆地，其中鄂尔多斯盆地上古生界探明致密气地质资源量 $6.02\times10^{12}m^3$，剩余地质资源量 $7.3\times10^{12}m^3$；四川盆地探明致密气地质资源量 $1.28\times10^{12}m^3$，剩余地质资源量 $2.7\times10^{12}m^3$。致密气剩余资源主要集中在鄂尔多斯、四川、松辽和塔里木四大盆地，是今后致密气勘探的重点盆地。

第一章 基于创新方法的非常规油气资源开发工程技术需求集成分析研究

鄂尔多斯盆地苏里格气藏是典型的透镜体多层叠置型致密气藏，盆地中北部面积为 $5×10^4 km^2$，总资源量为 $6.6×10^{12} m^3$。截至2013年1月，累计探明储量超过 $3×10^{12} m^3$。已开发的苏里格气田直井和水平井平均单井产量分别为 $1×10^4 m^3/d$ 和 $6×10^4 m^3/d$。2010年，苏里格气田产量为 $105×10^8 m^3$，成为中国储量和产能规模最大的气田。

四川盆地须家河组气藏是典型的层状型致密气藏，其储层为辫状河三角洲相厚层砂岩，累计厚度达300m，分布稳定，构造高部位含水饱和度为50%~55%，构造低部位含水饱和度为60%~65%。四川盆地中部须家河组致密砂岩储层面积约为 $6×10^4 km^2$，总资源量为 $3.4×10^{12} m^3$，探明可采储量为 $5000×10^8 m^3$。目前，以构造高部位为主，优选富集区已优先投入开发，平均单井产量为 $2.1×10^4 m^3/d$。

松辽盆地登娄库组气藏是典型的层状型致密气藏。其储层为辫状河三角洲多层砂泥岩互层沉积，分布稳定，气层厚度大于50m。松辽盆地南部广泛分布致密砂岩储层，2012年探明长岭气田致密气储量为 $206×10^8 m^3$；该气田采用水平井开发，单井产量达 $7×10^4 m^3/d$，已进入规模化建设阶段。

塔里木盆地山前侏罗系依南气田是典型的块状型致密气田。其储层以辫状河三角洲平原亚相（砂地比大于0.55）和辫状河三角洲前缘亚相（砂地比小于0.35）为主，储层厚度为200~300m，横向上分布稳定，平均孔隙度为5.2%~9.6%[23]。

3. 煤层气

中国广泛发育含煤盆地，煤层含气量较高，资源丰富。含煤层系主要发育在华北地区石炭系—二叠系和华南地区二叠系煤盆地、西部侏罗系含煤泛盆沉积和东北部侏罗系含煤断陷。其中，鄂尔多斯盆地东缘和沁水盆地的沁水区带为最有利区，是近期实施勘探开发的目标区；鄂尔多斯盆地的南缘、川南黔北盆地群的松藻、宁武盆地的宁武、太行山东麓的安阳—鹤壁等区带为有利区，可作为中长期发展规划的目标区。

中国煤层气自2008年开始进入快速发展阶段。2011年，中国抽采煤层气为 $115×10^8 m^3$，利用量为 $53×10^8 m^3$，地面煤层气钻井总数约6000余口，主要分布在鄂尔多斯盆地东部、二连盆地、准噶尔盆地、山西沁水盆地和四川盆地等地区。2011年中国建成煤层气地面产能为 $30×10^8 m^3/a$，年产量为 $23×10^8 m^3$，在沁水、鄂东、阜新、铁法等地区已实现了商业化生产。

中国山西省拥有丰富的煤层气资源，埋深小于2000m的地质资源量约为 $10×10^{12} m^3$，其中沁水和河东煤气田资源量分别为 $5×10^{12} m^3$ 和 $4×10^{12} m^3$，占全省煤层气资源量的90%。目前在山西省境内已经有包括中国3大国有石油公司在内的数十家中外石油公司开展煤层气勘探开发业务。截至2011年底，山西省煤层气累计探明地质储量被证实约为 $3600×10^8 m^3$，占中国煤层气累计探明地质储量的87%，年生产能力达 $25×10^8 m^3$，占中国煤层气产量的83%。

沁水盆地南部樊庄—郑庄区块已探明煤层气地质储量为 $832×10^8 m^3$；截至2013年，中国石油已在沁南地区完钻了多口直井和多分支水平井，建成产能 $8×10^8 m^3$。配套地面建设、中央处理厂、外输管线建设也已全面铺开，建成了以沁水为首站到西气东输阳城增压站的外输管线，全长为44km，2009年后输气量为 $120×10^4 m^3/d$[24-26]。

4. 天然气水合物

2007年，在中国南海北部神狐海域，中国地质调查局成功收集到天然气水合物的实物样品，使中国成为首个在南海海域获取天然气水合物实物样品的国家。该水合物样品采自于海底183~225m处，呈分散浸染状分布，含水合物层段厚度为18~34m，水合物饱和度为20%~43%，释放出的气体中甲烷含量达99.7%~99.8%。2009年9月，中国在青海发现天然气水合物，这是世界上第一次在中低纬度冻土区发现天然气水合物。同年10月，中国自主研发的世界第一艘配置较完善的综合性地质地球物理调查船"海洋六号"在广州下水，开始对中国海域的天然气水合物进行进一步的勘探。2010年，"海洋六号"调查船上搭载了中功率可控源电磁发射机，在南海东沙群岛海域开展首次深海条件下用于天然气水合物探测的海洋可控源电磁探测试验。从2011年开始，中国正式启动新的国家天然气水合物计划，根据不同勘探程度，分层次对南海海域和青藏高原冻土区天然气水合物资源进行勘查，通过进一步勘查与评价，锁定富集区域，为今后中国海域及冻土区天然气水合物开采及开发利用、实现产业化奠定基础[27-29]。

5. 致密油

中国致密油分布也十分广泛，主要分布在鄂尔多斯盆地、四川盆地、松辽盆地、准噶尔盆地和吐哈盆地等，具有广阔的勘探前景。其中鄂尔多斯盆地致密油地质资源量 $30×10^8$t，松辽盆地 $22.4×10^8$t，渤海湾盆地 $20×10^8$t，准噶尔盆地 $19.79×10^8$t，合计 $62.19×10^8$t，占总资源量的73.3%。截至2018年，已探明致密油地质储量 $6.28×10^8$t，剩余地质资源量 $119.52×10^8$t。已探明地质储量集中在松辽、鄂尔多斯、渤海湾盆地，其中松辽盆地探明致密油地质资源量 $2.588×10^8$t，剩余地质资源量 $19.82×10^8$t；鄂尔多斯盆地探明致密油地质资源量 $1.006×10^8$t，剩余地质资源量 $28.99×10^8$t；致密油剩余资源主要集中在鄂尔多斯、松辽、准噶尔和渤海湾4个盆地，是今后致密油勘探的重点盆地。在鄂尔多斯盆地三叠系延长组、准噶尔盆地二叠系芦草沟组、松辽盆地白垩系青山口组—泉头组、四川盆地中—下侏罗统和渤海湾盆地古近系沙河街组等致密油层系已开展了工业化生产，致密油已成为中国非常规石油中最现实的勘探领域之一[30]。

6. 油页岩

中国油页岩资源丰富、分布范围广，主要分布在松辽、鄂尔多斯、伦坡拉、准噶尔、羌塘、柴达木、茂名、大杨树、抚顺等9个盆地。中国油页岩固体矿产总资源（埋深0~1000m）为 $9734×10^8$t，查明资源储量为 $1122×10^8$t，潜在资源量 $8612×10^8$t。油页岩油总资源为 $534×10^8$t，查明资源储量为 $57×10^8$t，潜在资源量 $477×10^8$t。可回收油页岩油总资源为 $131×10^8$t，查明可回收资源储量为 $19×10^8$t，潜在可回收资源量 $112×10^8$t。松辽盆地油页岩资源 $3974×10^8$t，占全国的40.8%；鄂尔多斯盆地油页岩资源 $3558×10^8$t，占全国的36.5%；准噶尔盆地油页岩资源 $652×10^8$t，占全国的6.7%；伦坡拉盆地油页岩资源 $383.98×10^8$t，占全国的3.9%[31]。

7. 油砂

中国油砂主要分布于准噶尔、柴达木、松辽、鄂尔多斯、四川等盆地，具有一定的资源潜力。全国油砂油地质资源量 $59.7×10^8$t，可采资源量 $22.6×10^8$t（国土资源部油气资源战略研究中心，2009）。郑明（2019）研究表明，中国石油矿权范围的油砂点多面广，调查评价了10个盆地，在其中发现了规模不等的油砂出露，共评价出油砂油地质资源量 $12.55×10^8$t，可采资源量 $7.67×10^8$t。其中0~100m埋深的油砂油地质资源量 $7×10^8$t，可采资源量 $4.89×10^8$t；100~200m埋深的油砂油地质资源量 $5.55×10^8$t，可采资源量 $2.78×10^8$t[32]。

四、中国非常规油气资源勘探开发技术

由于非常规油气储层特性和油气在储层中赋存方式不同、空间展布特征不同和成藏机理不同，它与常规油气地球物理勘探开发技术存在一定的差异，地球物理勘探技术在非常规油气勘探开发中起着越来越重要的作用，目前处于快速发展阶段。在技术层面上，非常规油气的地球物理勘探技术与常规油气勘探不存在本质上的差异，但研究的重点内容则存在较大的差异，为此，现有技术方法、研究思路和流程则不能复制和移植。对于非常规油气勘探而言，急需形成具有针对性的地球物理勘探技术体系，即综合野外露头、岩心、钻井、测井、井下电视、核磁测井等资料，开展岩石物理特征研究、地震响应特征分析、地震识别敏感参数优选和地震反演、地应力建模等技术联合攻关，形成针对非常规油气勘探的地球物理勘探技术体系[33,34]。

工程技术进步促进了非常规油气的经济有效开发。井筒和压裂技术是页岩油气、致密气等非常规油气开发的关键。页岩气开发技术的突破使得页岩气产量快速增长。北美页岩气、致密油等非常规油气"革命性发展"，主要得益于微地震监测、水平井压裂钻完井、平台式"工厂化"生产、"人工油气藏"开发等4项核心理论技术的重大进步。

以下按照非常规油气种类分别探讨勘探开发技术进展。

页岩气开发求产的关键是开发技术的进步，目前已推广应用大规模水力压裂技术、微地震监测技术等，取得明显效果。通过页岩气勘探开发先导试验的持续攻关，中国初步实现了目的层埋深3500m以浅的三维地震勘探与压裂微地震监测、水平井钻完井、大型体积压裂、平台式"工厂化"生产模式等页岩气勘探开发关键技术、可钻式桥塞等重要装备与主要地质评价体系的国产化及规模应用。

中国已掌握和应用的致密气有效开发关键技术主要包括：富集区预测与优化布井技术、低成本快速钻井技术、增产改造技术、井下节流与低压地面集输技术、排水采气技术和数字化管理技术。具体而言如下。鄂尔多斯盆地的苏里格气田和大牛地气田资源丰富，但储层物性差，孔隙度为4%~10%，渗透率为0.1~3.5mD，单井产量低，产量递减快。针对该盆地的低渗透致密砂岩储层，油田现场开展了大量的勘探开发技术攻关：①全数字地震勘探技术实现了薄气层的有效预测；②针对苏里格地区高阻、低阻气层并存及孔隙结构复杂的特点，研发了感应—侧向联测法、视弹性模量系数法等6种低渗低阻气层识别技术，提高了气层判识能力；③钻井方面大力推广应用不动管柱分层压裂合采技术，有效提高了储层动用程度。四川盆地川中地区须家河组致密气储层物性也较差，孔隙度为6%~10%，渗透率为0.1~5mD，而且其储量丰度较苏里格气田更低，勘探难度大。该地区致密气开发过程中，采取了下列开发工程技术：①大力推广水平井钻井，提高储层动用率；②推广水平井分层压裂新工艺，有效提高单井产能；③针对须家河组储层纵向分布特征，采用2种压裂技术改造，效果显著。储层较厚（40~50m）的地区，采用较大规模加砂压裂技术改造；储层较薄或隔层较厚的地区，采用分层压裂技术改造。

随着煤层气实现商业化开发，中国已经掌握部分煤层气有效开发技术，主要包括高煤阶煤层气选区评价技术、煤层气直井压裂技术、定向羽状水平井开发技术、低渗透煤层气井排水采气技术和煤层气地面工程工艺技术。具体如下：①丛式井钻完井技术。广泛应用丛式井钻井技术，建立合理的井身结构，选择适当的钻具组合，优选钻井参数，确保井身

质量，加快钻井速度，缩短煤层浸泡时间，保护煤岩产气层，有效降低生产成本。②水平井分段改造技术。水平井分段改造技术日趋成熟，形成了6套主体技术，包括双封单压分段压裂技术（15段）、滑套封隔器分段压裂技术（6段）、水力喷射分段压裂技术（10段）、裸眼封隔器分段改造技术（10段）、快速可钻式桥塞分段改造技术（15段）、液体胶塞分段压裂技术（特殊技术）。2007—2010年累计改造水平井572口，压后稳定日产量6.5t油当量，是直井的3.9倍，增产效果显著。

探索适用配套技术、降低成本是加快致密油发展的基本理念。中国现阶段致密油尚处于起步阶段，要加快发展，一方面要不断学习借鉴国外致密油勘探理论与技术，另一方面，要结合中国陆相地质条件的重要实际，加强试验攻关与技术创新，形成具有中国特色的致密油勘探技术系列。致密油勘探与地质评价的核心是综合优选甜点，选准靶区，探索技术，提高单井产量，降低成本，勘探阶段不仅要发现并搞清储量规模，更要提前探索适用配套的水平井加体积压裂与商业开发的技术路线，证实资源的开发价值，实现致密油规模储量的有效动用。目前，创新完善了以致密油甜点区预测和提高单井产量为目标的地震预测、测井评价、水平井钻探和体积压裂4项关键配套技术。一是建立了多参数岩石物理图版为基础的"甜点"综合解释技术，有效识别岩性、预测厚度、裂缝和脆性，综合预测甜点区。评价优选"甜点区"是致密油勘探的核心，始终贯穿整个勘探过程，该技术的创新点是建立了多参数岩石物理图版为基础的致密油储层地震预测技术，通过综合评价优选甜点，为致密油勘探选准靶区与水平井部署提供依据。二是建立了以测井新技术为主体的"七性"（岩性、电性、烃源岩、物性、含油性、脆性、地应力和各向异性）评价方法体系，实现储层品质和工程品质评价，为水平井钻井选层、井眼轨迹和压裂造缝设计提供依据。该技术的创新点是利用新的测井技术和方法开展油层"七性"评价，优选储层改造有利层段。三是形成了以钻井优化设计为核心的优快钻井技术系列，实现了长水平段水平井安全钻进，钻井提速和降低成本效果明显，"工厂化"钻井工程示范工程进展顺利。目前，形成了优化设计、优快钻井和水泥浆体系三大技术系列、9项技术创新。四是初步建立了以自主压裂工艺技术和优化设计为核心的储层改造技术，实现"万方液、千方砂"大规模体积压裂。目前，在压裂优化设计和压裂工艺方法方面取得了9项创新，形成了水力喷砂和裸眼封隔器滑套分段压裂等多项主体技术，水平井体积压裂取得初步成效，单井产量一般为直井的5倍以上。

油页岩开采的主要技术是热采，从这一点讲，它与重油和油砂的开发具有共性，但具体技术并不相同。迄今为止，全球几乎都是用露天开采和地下采矿的方法，将采出的油页岩输送到加工设备（干馏器），通过加热使其中的干酪根转化成为石油和少量的天然气，并将烃类与其他矿渣分开。干馏器处理后的石油还要进行深加工，提高品质，然后送到炼油厂进一步提炼。这种直接开采方法，适合于埋藏浅的矿床开采，但可能对生态环境有较大影响。

页岩气面临的挑战如下：中国页岩气形成与富集机理尚不清楚，页岩气资源不确定性较大；优质页岩气储层精细地震识别与预测精度不够高；"穿针式"水平井精准地质导向技术还不成熟；压裂效果微地震监测与评估方法需要完善；山地—丘陵地区"小型工厂化"生产模式仍在探索中；高效开发理论与产能评价处于起步阶段；低压、低产井增产重复压裂技术需要攻关；较高水资源消耗与环境保护有待改善；全过程低成本勘探开发模式还没有形成；有效组织与管理方法需要进一步深化。

煤层钻井面临的技术难题：煤岩具有特殊的物理力学性质，钻井方式、工艺、钻井液、完井方式与常规油气钻采明显不同，传统经验及钻采方式无法满足复杂结构井钻进煤层需要。在探索新技术、新工艺过程中，井壁失稳、煤层损害、完井效果差等难题一直困扰着煤层气的高效勘探开发。煤层气是一种非常规天然气资源，其独特地质特征及钻采技术难题，要求我们必须解放思想，创新思维，加大投入，不断完善煤层钻井技术及配套。

致密油有效开发面临的挑战：中国陆相致密油突出的低孔、低渗、低压等特征，导致开发过程中产量递减快、能量补充困难、动用效果差，有效开发面临诸多挑战。第一，储层发育微—纳米级孔喉，提高储量有效动用率面临挑战。第二，储层低压、低渗，提高单井产量面临挑战。第三，补充地层能量难度大，提高采收率面临挑战。第四，投资成本高，提高开发效益面临挑战[35-39]。

第二节 基于专利地图和 TRIZ 理论的技术预测模型构建

一、专利地图、TRIZ 理论与技术预测的相关性分析

1. 专利地图与技术预测

在技术预见中，关键技术选择和子要素确定是技术预见的重要环节，而专利作为技术的主要载体，是关键技术和子要素确定的主要信息来源。因此，作为专利分析工具的专利地图对技术预见的实施具有重大的促进作用，具体表现如下。

①从定量角度对技术预测方法进行完善。目前较为常用的技术预测方法主要包括头脑风暴法、德尔菲法、情景分析法等定性方法，而这些方法成功预测的关键在于所选专家的知识储备量，以及专家的选择偏好，具有较大的主观性。相比于这些定性为主的方法，专利地图法通过使用软件对专利进行检索整理，对专利发明人、专利权人、地区分布、专利申请时间等信息进行分析总结，具有客观性。将定性与定量进行综合分析，对于完善技术预测方法体系具有重大意义。

②专利地图能够提供技术预测的准确度。技术预测主要是以该领域所具有的技术现状为前提，而现状分析主要依赖于专家组的主观判断，这容易受专家个人利益与眼界的限制。专利定量描述着技术的发展过程，专利地图采用图表化形式清晰地描述了技术现状，这使得技术预测更加客观、实际、合理。

③规避专利陷阱，提高自主创新能力。技术预测的最终目的在于为技术创新提供方向性指导，但如果在技术创新过程中遇到专利陷阱，技术创新无功而返，那么技术预测显然是失败的。将专利地图应用于技术预测中，可以在明确技术本身发展规律的基础上，寻找技术发展路线上的空白区域，规避专利陷阱，从而提高技术创新成功率[40-42]。

2. TRIZ 理论与技术预测

TRIZ 理论中的技术进化理论属于技术预测理论的范畴，TRIZ 理论在技术预测中具有较高的应用价值，主要体现在以下几个方面。

①技术发展现状描述方面。目前技术预测通用方法中技术现状描述是依据专家的主观理解，没有统一的表述，只有依靠专家的主观描述，这容易造成信息交流过程的缺失

甚至丢失，使得技术预测失真。而 TRIZ 理论中的"S"曲线可以清晰地描述当前技术处于哪个阶段，及应该采取什么措施去应对等，使在技术预测的信息传递过程中确保信息清晰完整。

②技术的功能分析方面。随着社会发展，人们对技术的认识不断加深，逐步由原来的"内在因素决定论"发展到"内外相互作用论"，即技术的发展由技术内部矛盾和经济社会相互作用决定的。因此，技术预测同时考虑技术本身规律和经济社会需求。TRIZ 理论认为，技术是一个系统，即技术系统，技术系统由多个子系统组成，且技术系统处于一个更大的系统中，经济社会均处在这个大系统中。TRIZ 理论中的创新思维方法可以从系统论的观点对技术系统进行功能结构分解，从更深层次剖析技术系统发展动力，使技术预测更加合理、准确。

③关键技术选择方面。在现有的技术预测方法中，专家的判断居多，具有更大的随机性和不确定性。而 TRIZ 理论中的技术进化方法可以明确技术内在发展规律，进而确定待发展的关键技术[43-47]。

3. 专利地图、TRIZ 理论与技术预测

专利地图和 TRIZ 理论均可以用于技术预测，提高技术预测水平。将两者相互结合共同作用于技术预测，可以完善技术预测理论体系，提高技术预测水平，主要体现在以下方面。

①专利地图和 TRIZ 理论均是从专利的基础上发展起来的，有很多理论具有相似性，可以相互结合，共同作用于技术预测。如在技术现状表述方面，专利地图通过专利数量、专利权人、发明人等信息表示，TRIZ 理论用技术生命周期表示，内涵相同，只是表现方式不同，双方可以互为佐证。

②专利地图和 TRIZ 理论侧重点不同，相互补充。专利地图侧重专利数量上的分析，而 TRIZ 理论侧重专利内在规律的分析。可以说 TRIZ 理论是专利地图分析的延伸，从外在到内在的继承。将专利地图和 TRIZ 理论相结合，可以使专利信息的挖掘更加全面透彻，有效提高技术预测的准确性。

总之，专利地图和 TRIZ 理论共同起源于专利，为两者的相互结合提供了基础，同时由于两者的侧重点不同可以相互补充，将两者结合用于技术预测可以更大限度地提高技术预测的准确性、客观性和合理性[48-50]。

二、技术预测模型提出

1. 技术预测模型的基本思想

专利是技术信息的有效载体。对专利信息进行检索可以得到图表式的技术信息情报，汇总为专利地图，并进一步分析技术目前的发展状况，得到下一步的发展态势。TRIZ 理论是基于大量的专利知识分析而总结出来的一种解决发明问题的工具，通过技术成熟度预测和进化理论来把握技术发展方向。

专利地图和 TRIZ 理论均是专利分析工具，虽然在技术预测方面侧重点不同，互有长短，但是可以相互弥补，相互借鉴。将专利地图和 TRIZ 理论相结合应用于技术预测，可以形成一种全新的技术预测模式，其基本思想如下（图 1-1）。

①运用 TRIZ 理论中的系统分析方法对现有技术系统进行需求分析，结合统计方法并

运用专利分析软件对行业或者领域的技术专利进行统计分析，提出关键技术特征，进而对关键技术特征进行聚类得到要素，确定技术组成的子要素组合。

②运用 TRIZ 理论中的技术成熟度预测模型对现有技术系统及其各个要素进行成熟度预测，分析各个子要素的发展程度，并对现有技术系统进行反馈，得出各个子要素与系统发展所处阶段差异，为下一步的技术进化预测奠定坚实的基础。

③在上述分析的基础上，构建现有技术系统和各个子要素的专利地图，结合 TRIZ 理论的技术进化法则对行业或者领域的技术发展方向给出建议。

技术预测模型通过整体化前瞻、系统化选择和最优化配置三个阶段把握技术的发展趋势，其中整体化前瞻是前提，系统化选择是重点，最优化配置是结果，三者相互呼应，缺一不可。而且，三者具有螺旋上升的态势，最优化配置是下一次整体化前瞻的基础，进而形成了技术预测模型完整的体系。

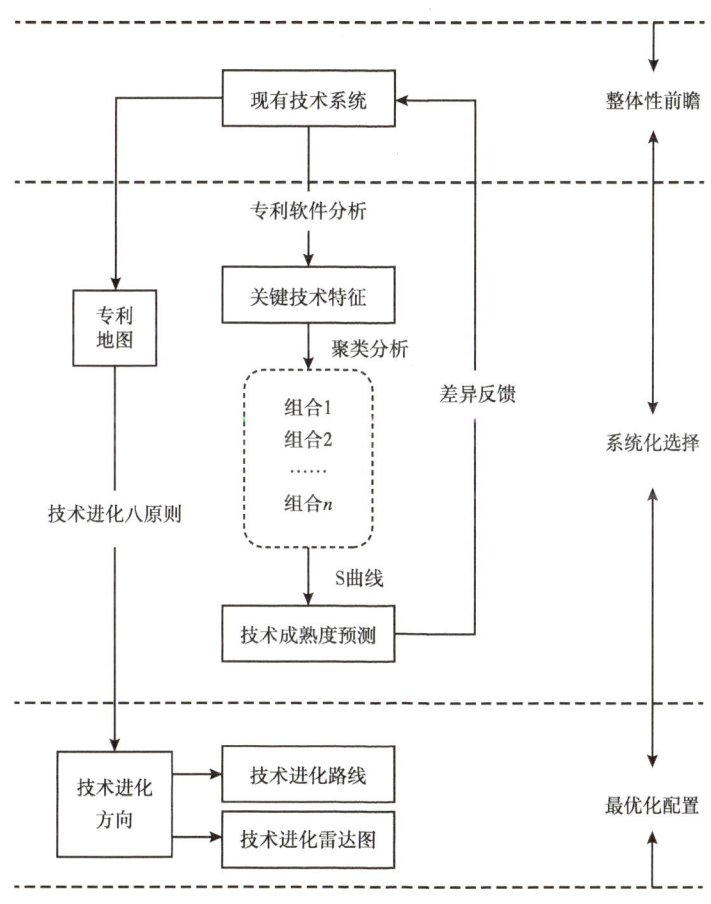

图 1-1　技术预测模型的基本思想

2. 技术预测模型的实现流程

基于上述模型构建的基本思想，提出基于专利地图和 TRIZ 理论的技术预测模型实现步骤，如图 1-2 所示。

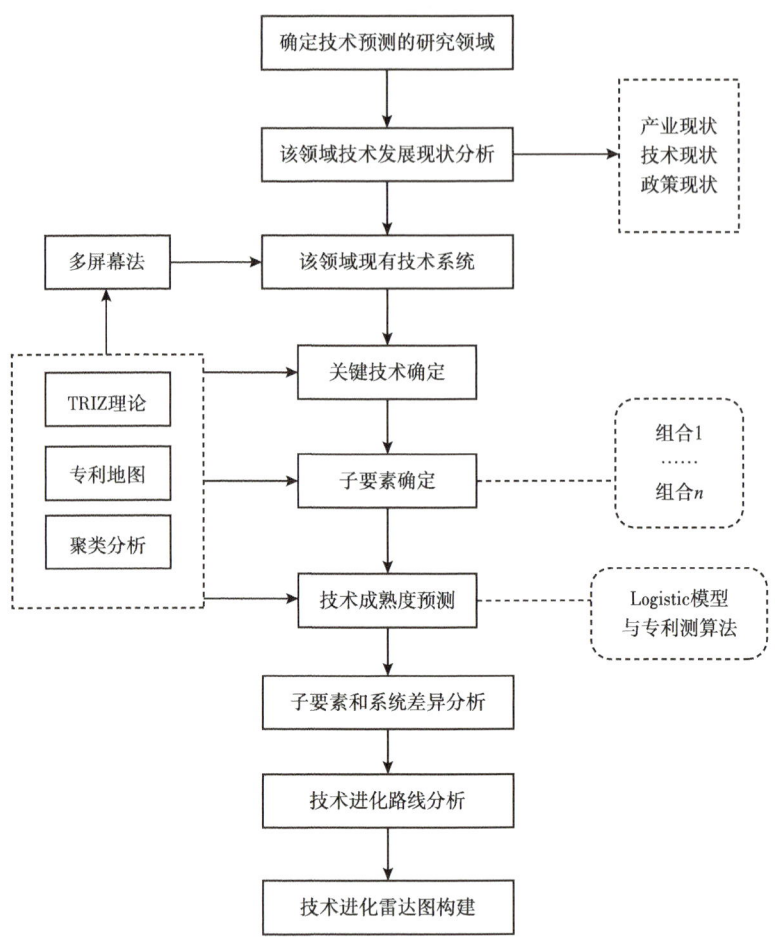

图 1-2 技术预测模型实现步骤

①确定技术预测的研究领域。通过确定需要进行技术预测的领域，运用 TRIZ 理论中的系统分析方法对该领域技术发展现状进行解读，对技术系统所处的产业现状、科技现状和政策现状进行定性分析，同时，运用专利分析软件收集整理并分析该领域相关的专利文献，将技术系统进行功能结构分解，剖析技术系统的子系统，得出关键技术特征。

②子要素确定。子要素是进行技术预测的关键指标，通过分析技术系统的子要素发展现状，并与技术系统进行对比，可以发掘出目前技术系统的发展瓶颈，为下一阶段的技术创新提供目标导向。不同领域的技术系统子要素组成是不一样的，通过对关键技术特征进行聚类分析，得到该领域的若干个子要素，为技术成熟度预测奠定基础。

③技术成熟度预测。对整体领域的技术系统和系统子要素分别进行技术成熟度预测是技术预测的核心部分，通过技术成熟度判定可以实现该技术系统是否有创新的必要，以及从哪方面可以最大程度地进行创新。运用 TRIZ 理论的 S 曲线预测技术系统和系统子要素的技术成熟度，并分别运用不同的方法对技术成熟度进行分析比较，得出技术系统和系统子要素的发展程度。

④技术进化路线分析。TRIZ 理论的技术进化八大法则用来帮助技术人员,给他们指明创新路径,以解决目前的技术瓶颈。结合专利技术地图,运用技术进化八大法则,预测技术系统走向,加强创造性技术设计问题的解决。

⑤专利地图构建。专利地图可以了解技术发展变化趋势以及影响这些变化的技术因素,具体以专利雷达图、技术生命周期图等表现。通过对比分析技术系统和子要素之间发展程度的差异,构建出专利雷达图等专利技术地图,分析技术发展趋势。

三、技术专利要素分析

专利文献作为技术信息的重要载体,是提供技术内容的最佳信息源,某领域的专利能够反映该技术领域当前的技术水平。因此,对技术系统的关键技术特征进行选择必须建立在专利信息分析的基础之上。通过专利的检索与筛选,深入了解该行业或领域的技术发展水平,为后续的研究奠定基础。

目前的专利信息检索主要依据 IPC 国际专利分类表展开,只能检索分析某一行业或领域的技术专利,而且信息来源多种多样、检索结果繁杂无序,无法实现该技术系统的技术构成和原理再现,不能给技术人员创新性的方向指引。TRIZ 理论的工程参数、发明原理等工具是基于大量专利信息的统计分析得出的,是表述技术性能的通用指标,将其反作用于专利检索,对于实现检索关键词的选取、关键特征聚类分析等有积极作用。

1. 专利技术特征提取

为了更加全面深入地挖掘技术系统的变化状态,全面透视新技术专利文献的主题内容,以更全面地提取技术系统的专利技术特征,可以采用如图 1-3 所示的专利分析流程来进行专利检索和分析。

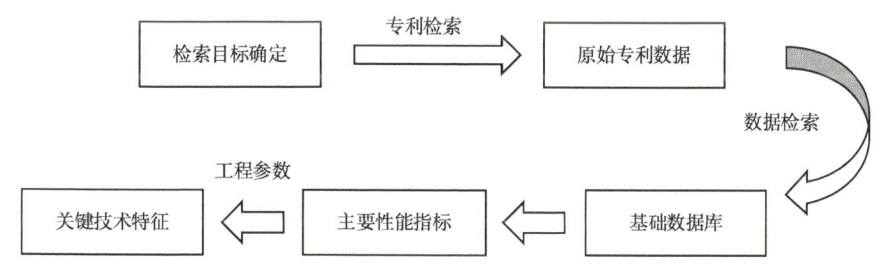

图 1-3 专利技术特征提取

1)专利数据检索

运用专利分析软件对目标行业或领域的相关专利进行统计分析,得到最原始的专利数据。当前互联网技术很发达,网上有很多可供选择的专利资源查询数据库,比如国家知识产权局下属的中国专利查询系统。对于该技术领域的相关专利可以通过国际专利分类号(IPC)进行查询,也可以直接查找技术中包含的名词,比如煤层气开采技术专利在 IPC 中分布较广,共有七大类,所以可以用这七类国际专利分类号检索,也可以用"煤层气开采"进行检索。

目前世界上大部分国家都有自己的专属专利库,因此在选择检索该技术领域的专利时可以根据技术系统的自身发展情况和竞争环境,选择某个或者某些专利库。对于国内发展比较落后的技术，其所用的检索专利库应该选择在该类技术中处于世界领先地位的国家专利库，以免出现预测不准确的现象。

"专利信息服务平台"是集专利信息检索、下载、分析与管理于一体的平台系统，可以对专利信息进行纵向一体化的检索分析。中国的煤层气开采技术经过近十年的快速发展，与国际上其他国家的煤层气开采技术水平逐渐接近，而且中国的地质情况比较复杂，与其他国家的煤层气开采有相同的借鉴之处，但更多的是要满足根据自身情况进行技术创新的需要。因此本书采用专用数据统计分析软件——"专利信息服务平台"对中国煤层气开采技术的专利进行检索分析。

2）专利数据筛选

通过关键词或者 IPC 检索出来的相关技术专利信息不一定就是该行业或领域进行技术预测所需要的数据，因此需要人工对专利数据进行筛选，剔除不需要的信息，形成数据库。比如，要对煤层气开采技术进行技术预测，通过用"开采"来检索就会有很多与煤层气无关的技术专利，但是用"煤层气开采"就会缩小范围，因为有些专利的标题和摘要不包含"煤层气"，就会把这些专利信息忽略掉。

3）关键技术特征

挖掘出数据库内各个专利的主要性能指标，按照 IPC 分类号对其进行统计分析，挖掘出技术系统的相关专利关键词，将之聚类得到主要的技术要素，为下一步的要素聚类奠定基础。

2. 关键技术要素分析

技术要素作为技术系统的基本组成单元，就如细胞于人体，是指解决技术创新时影响目标实现或者解决问题的相关要素及其周围环境，在技术系统中具有极其重要的地位。无论是离散过程创新还是连续过程的技术进化，技术要素均是技术系统进行创新活动中必不可少的因素。技术要素的完整性、全面性和可靠性直接影响着技术系统进行创新进化的方向和结果。因此，需要结合该行业或领域的技术特点，对上述的关键技术特征进行聚类分析，挖掘出影响该领域创新的技术要素。

聚类分析是数据挖掘的重要领域，其特点在于对数据进行无监督分类，将研究对象集合按照属性或者参数进行重组，使同类数据的属性或者参数尽可能在同一组。聚类分析包括四个步骤：数据预处理、确定距离函数、聚类和结果输出。

目前，技术创新发展迅速的行业或领域包括电子信息、仪器仪表、新材料、生物医药、加工工程、机械装置及运输、消费品及土木工程等，具体见表1-1。不难发现，各领域的创新均是一项涉及多主体、多要素的复杂系统工程，其中技术系统的子要素既具有差异性又有相似性。其中，差异性主要指各领域创新过程的技术特征不同，技术要素多且重要度不一致，比如生物医药领域的创新可以从药学研究、动物实验、临床试验等方面进行研究，机械装置领域的创新则比较重视工艺、零部件结构等方面；相似性主要指各领域创新过程的管理特征具有一致性，比如新材料领域的技术要素可以归纳为工艺流程、加工材料、加工环境等，而土木工程、建筑、采矿等领域的技术要素则是施工（开采）流程、建筑材料（施工设备）、施工环境等，归纳起来均受到流程、材料、环境的影响。

第一章 基于创新方法的非常规油气资源开发工程技术需求集成分析研究

表1-1 创新分布领域

分类	子领域
电子信息	电气设备及电气工程、声像技术、通信技术、信息技术
仪器仪表	半导体技术、光学技术、分析及测量控制技术、医学技术、原子核工程技术
新材料	精细有机化学、高分子化学及聚合物、化学工程、表面加工及涂层、材料及冶金技术
生物医药	生物技术、药品及化妆品、农业及食品等技术
加工工程	石油工业及基础材料化学、搬运及印刷、农业和食品加工、机械和设备、材料加工、纺织及造纸、环境技术等
机械装置及运输	机床、发动机、泵、叶轮机、热处理及设备、机械组件、运输、航天技术及武器等
消费品及土木工程	消费品及设备、土木工程、建筑、采矿等

进一步分析可以发现，不同领域的技术要素主要表现在时间类（工艺、工序等）、空间类（结构、方位等）、机理类（效应、功能等）、材料类（材料状态、复合等）、环境类（温度、压力等）5方面。因此，结合技术要素的差异性与相似性特征，本书将技术要素归纳概括为时间维、空间维、机理维、材料维、环境维5个维度。

1）时间维技术要素

不论是流程类、材料类还是组织类的创新，均需要运用新的操作程序、方式方法和规则体系等提高技术水平、产品质量和生产效率，以体现出动态化、周期化、频率化、柔性化等与时间密切相关的特征。比如新产品的开发需要工艺流程的创新、生产步骤的改进，新材料的发现需要考虑各原材料的工序组合。因此，本书将与时间相关的技术要素归为时间维。

2）空间维技术要素

空间维是从结构、方位方面进行的创新技术要素。其中，结构创新涉及到形状、尺寸、位置、数量、组合方式等，常见于机械、设备、产品的结构设计；方位创新主要体现在能源开采、采矿技术等与空间地理位置相关的创新活动，如钻孔的方位、采煤作业的方位等。

3）机理维技术要素

机理维是指为了实现某一特定功能、作用或效应，改变系统结构中要素的内在工作方式或在一定条件下改变要素间的作用原理。它可能导致基于产品功能系统创新性重新配置（功能系统重建）和技术颠覆性、渐进性的创新。

4）材料维技术要素

材料维技术要素一般体现在：①为满足强度、刚度、硬度、耐磨、耐蚀等性能要求，利用材料的力学和理化性展开的材料复合、重组等创新活动；②利用材料的电、磁、声、光、热等效应以实现某种功能，如半导体材料、磁性材料等；③生产过程、工艺工序中介质材料的改变，如气体、液体、固体的转换等。

5）环境维技术要素

该维度技术要素体现在改变内、外部环境，比如化工和材料领域的温度、压力、状态、作业对象的状态、形态等基本特征。此外，还涉及提高能效、降低排放、节约资源等领域的持续改进。

通过大量专利数据的分析发现，目前大部分行业的技术要素可以归纳为这五个技术要素，在对某些具体行业或领域进行研究时，可以根据行业技术的具体情况，结合该领域或行业的关键技术特征，从时间、空间、机理、材料、环境等方面逐一挖掘影响该领域的技术要素，利用专家经验法剔除冗余、重复、重要度低的技术要素，从而确定有效的技术要素组成。

四、技术成熟度预测模型构建

目前的技术成熟度预测方法中，具有代表性的是基于专利分析的技术生命周期、技术功效矩阵等方法，但由于部分技术性能指标的历史数据过于久远，与现行的数据无法匹配，同时还有某些技术获利能力的数据较难获取，导致了这类方法预测的精准性有待提高。为了寻求一种技术成熟度预测的方法能够适应各行各业，具有一定程度的普适性，本书在综合分析目前技术成熟度预测方法的基础上，将 Logistic 模型应用到技术成熟度预测中，并与现行的专利测算法进行对比分析，以证明模型的有效性和普适性。

1. 基于 Logistic 的技术成熟度预测模型构建

1）Logistic 模型介绍

Logistic 模型又可以称为 Logistic 生长模型，最初是由分析人口增长规律的马尔萨斯（T. R. Malthus）研究的一个曲线方程，后来荷兰数学家威赫尔斯特（Verhulst）在同事的帮助下将其改进成为一般的数学公式，并在后来的研究中流行发展起来。马尔萨斯在研究人口增长规律时提出净增长率等于常数，并且主要考虑自然资源和环境条件对人口增长的影响，以 N_m 为自然资源环境条件下所能允许达到的最大人口数，然后用人口增长的速率除以当时的人口数得到的数值就是人口的净增长率。按照这个定义，在马尔萨斯的人口模型中：

$$\frac{1}{N(t)} \times \frac{\mathrm{d}N(t)}{\mathrm{d}t} = k \tag{1-1}$$

在此研究基础上，荷兰人威赫尔斯特提出了一个新的假设前提：人口的净增长率会随着 $N(t)$ 的增加而减少，并且当 $N(t)$ 趋于 N_m 时，净增长率趋近于零。因此，人口方程可写成：

$$\frac{\mathrm{d}N(t)}{\mathrm{d}t} = r\left[1 - \frac{N(t)}{N_m}\right]N(t) \tag{1-2}$$

式中 r 为常数，公式（1-2）就是 Logistic 人口模型。假设初始条件为 $t=0$，$N(t)=N(0)$，并令 $\alpha=(N_m-N_0)/N_0$，则可得公式（1-2）的解为：

$$N_t = \frac{N_m}{1 + \alpha \mathrm{e}^{-\beta t}} \tag{1-3}$$

公式（1-3）就是 Logistic 模型，观察发现此方程式为三个参数非线性模型。通过对 Logistic 方程求解可以发现，其有两个平衡点：$N(t)=0$ 和 $N(t)=N_m$，对平衡点 $N(t)=0$

而言，特征根 $f'(0)=\gamma>0$，对平衡点 $N(t)=N_m$ 而言，特征根 $f'(m)=-\gamma<0$，所以 $N(t)=N_m$ 是渐进稳定的平衡点，而 $N(t)=0$ 是不稳定的，在注意到二阶导数的符号，我们就可以大致描绘出 Logistic 模型的积分曲线。

$$\frac{\mathrm{d}^2 N}{\mathrm{d}t^2}=r\left(1-\frac{2N}{N_m}\right)\frac{\mathrm{d}N}{\mathrm{d}t}=\gamma^2\left(1-\frac{2N}{N_m}\right)\left(1-\frac{N}{N_m}\right)N \qquad (1-4)$$

在图 1-4 中，$N(t)=N_m$ 下方的 "S" 形曲线（S 曲线）就是 Logistic 曲线，Logistic 曲线所代表的增长率就是逻辑增长率。通常这种 S 曲线可以划分为五个阶段，如表 1-2 所示。

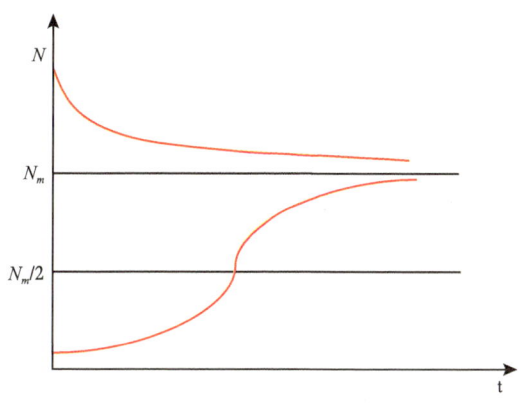

图 1-4　Logistic 曲线

表 1-2　Logistic 曲线五阶段

阶段名称	特征介绍
开始期	种群个体数较少，增长率较慢
加速期	随着个体数的增加，增长率逐渐加快
转折期	当 $N(t)=N_m/2$ 时，增长率达到最大
减速期	当 $N(t)>N_m/2$ 时，增长率逐渐减小
饱和期	当 $N(t)=N_m$ 时，个体数达到饱和程度

Logistic 模型之所以有如此高的地位和深远的影响力，是因为其 S 曲线给予了 Logistic 方程极大的吸引力和生命力。因为在地球上，所有的种族包括个体都经历了从出现到消亡、从发展缓慢到快速增殖、从个体饱和到种族灭绝的相似阶段。在初期的发展阶段，因为整体处于弱势地位，刚开始增长，速度比较慢；而到后期的阶段，又由于环境等要素的限制，整个发展进度停滞不前，甚至于衰减；只有在中期发展阶段，才是种群增殖的黄金时期，不仅个体增长速度较快，而且环境等条件还处于支持发展阶段。这种速率由慢到快再到慢的变化规律，使得种群的密度变化随着时间的增长接近于一个 S 曲线，同样这条曲线也适应于生物个体的体积和重量变化。

不仅如此，甚至很多社会现象也有这种规律。比如一件产品刚上市，由于用户对其不熟悉，其销量是较少的；随着广告效应的增加和用户的试用阶段后，销路拓宽，销量会逐渐增加；当达到高峰期后，一方面由于社会上这种产品已经接近饱和，另一方面会有新的产品来替代，原来的销量就会慢慢地降下来，直至产品被淘汰或者维持在一个常数水平。在此后的研究中证实了在某些假设条件下，被置于与世隔绝的岛屿上的动植物的增长现象、封闭环境中的细菌繁衍观察、某些使用周期长的商品普及情况和流行性产品的累计销售额等，从自然科学到人文科学的很多分支领域都适用 Logistic 模型，而模型的曲线也成为描述自然现象和社会发展的一条普遍曲线。

2）Logistic 模型与 S 曲线的相关性分析

TRIZ 理论的技术成熟度 S 曲线分为婴儿期、成长期、成熟期和衰退期 4 个阶段，技术系统能够持续进化的关键之处是新老技术的交替，在图 1-5（b）中表现为不同的 S 曲线跳跃性进化。早些年的 TRIZ 理论学者在研究技术进化理论时认为当现有技术系统的成熟期达到时，下一代的技术系统的萌芽也会在这个时间节点出现，而且往往当前技术系统的现有性能指数会高于新的技术系统的初始技术指数，如图 1-5（b）中曲线 X 所示。然而随着理论的发展，学者 Domb E. 认为这一观点有不妥之处，他经过研究发现新的技术系统的初始技术指数是完全有可能高于当前技术系统的现有性能，如图 1-5（b）中曲线 Y 所示。这一发现表明技术系统的跳跃性进化不一定遵循"迂回"发展模式，在技术进化过程中技术系统的性能不一定会出现暂时"倒退"的现象。这种"兼容式"进化方式不仅能节省大量的研究经费，也能大幅度提升技术系统的"理想化水平"。不过这种现象的具体产生机制有待研究人员开展进一步研究和探讨，本书只对技术系统的当前性能进行 S 曲线研究。

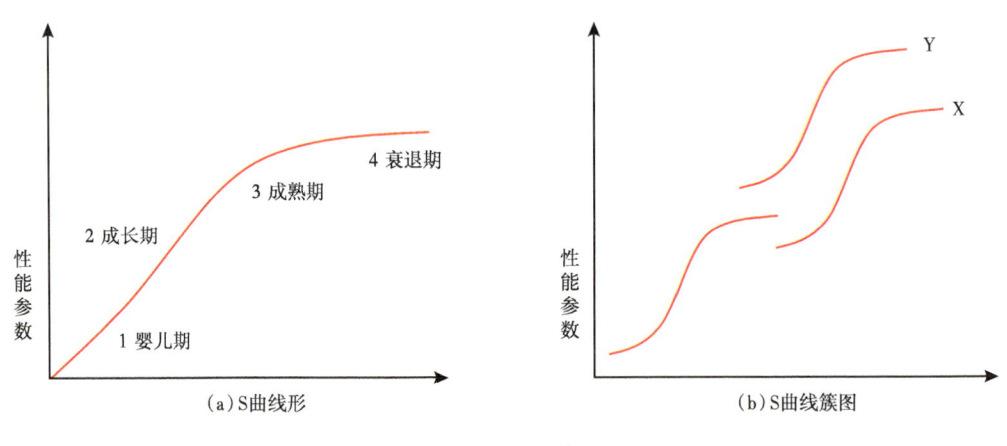

图 1-5　S 曲线簇图

将 TRIZ 理论的技术成熟度预测 S 曲线与 Logistic 模型曲线进行对比分析可以发现，二者有很大程度的相似，Logistic 模型曲线的五个阶段均可以在 TRIZ 理论 S 曲线中找到对应之处，如表 1-3 所示。

从表 1-3 中可以看出，二者在刚开始发展时期是相同的，TRIZ 理论 S 曲线将 Logistic 模型曲线的加速期和转折期合称为成长期，并将减速期和饱和期称为成熟期。由此可以发

第一章 基于创新方法的非常规油气资源开发工程技术需求集成分析研究

现运用 Logistic 模型曲线来拟合并预测技术系统的成熟度是可行的。

表 1-3 Logistic 模型曲线与 TRIZ 理论 S 曲线的相似分析

Logistic 模型曲线	TRIZ 理论 S 曲线
开始期	婴儿期
加速期	成长期
转折期	
减速期	成熟期
饱和期	

3）Logistic 模型的应用

（1）Logistic 模型的相关参数

将 Logistic 模型公式与 TRIZ 曲线的相关参数进行映射，即在 $N_t = \dfrac{N_m}{1+\alpha e^{-\beta t}}$ 中，α 的公式涵义代表了 S 曲线的变量在此处的变化，也就是曲线的斜率，即曲线的成长性；β 是曲线凹凸型变化对应的时间点，即曲线的反曲点（midpoint）；N_m 则代表曲线所能达到的最大值，即饱和点（saturation），其定义为 [N_m*10%, N_m*90%]，就是技术从成长期发展到成熟期所需的时间长度；t 是相应的技术进化时间；N_t 则是对应的累计专利数量。

三项参数的含义如下：① saturation：某项技术成长所能达到的最高点，映射到技术成熟度预测的 S 曲线即为专利累计数量的最高值。② growth time：某一技术成长达到最高点的 10%~90% 所需要花费的时间。③ midpoint：S 曲线的反曲点，即二次微分由正转负的零值点。这三项参数可以自行判断给定，比如三项参数可以通过最小二乘法确定，定义偏差平方和：

$$E(N_m,\alpha,\beta)=\sum_{i=1}^{n}\left[N(t_i)-N_i\right]^2 \tag{1-5}$$

当 $E(N_m, \alpha, \beta)$ 取最小值时，得到参数 N_m，α，β，这种求解方法就是最小二乘法。这三个参数也可以由系统自动计算得出。

（2）Logistic 模型的应用流程

将 Logistic 模型应用到技术成熟度预测中，对数据进行拟合分析以及对未来发展做出预测，基本步骤如图 1-6 所示。

（3）Logistic 模型的检验

运用 Logistic 模型进行专利数量曲线的拟合后，还要对曲线的拟合进行检验，观察结论是否正确。本书采用柯尔莫哥洛夫拟合检验法进行验证。

柯尔莫哥洛夫拟合检验法需要假设总体 X 的分布函数为 $F(x)$，$F(x)$ 是 x 的连续函数，$X_1, X_2, \cdots, X_n$ 是来自 X 的样本。检验假设 $H_0: F(x)=F_0(x)$ 和 $H_1: F(x) \neq F_0(x)$，其中不等号至少对某一点成立。$F_0(x)$ 是已知的分布函数。

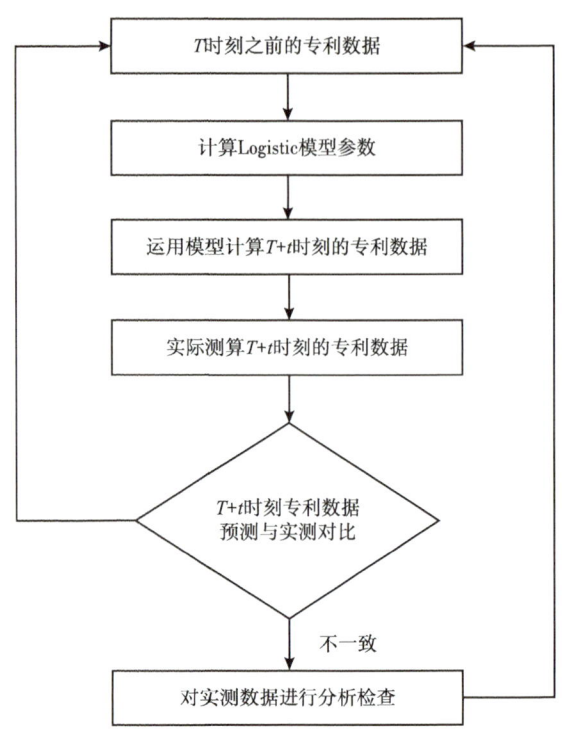

图 1-6 Logistic 模型的应用流程

检验步骤如下：

①当 n 充分大时，样本经验分布函数 $F_n(x)$ 是总体分布函数 $F(x)$ 的优良估计，$F_n(x)$ 和 $F(x)$ 的偏差相对很小，然后用 $F_n(x)$ 和 $F(x)$ 之间偏差的最大值来构造一个统计量：$D_n = \underset{-\infty < x < \infty}{SUP} |F_n(x) - F_0(x)|$，并且得到这个统计量 D_n 的精确分布和极限分布。

② $H_0: F(x) = F_0(x)$ 为真时，则 D_n 的值应该较小（n 充分大），假如 D_n 的值较大就应该拒绝 H_0，于是对给定的显著性水平 α，有 $P\{D_n \geq b|H_0\} = \alpha$，公式汇总的 b 为相对适当的正常数值。b 可以利用柯尔莫哥洛夫定理确定，设总体分布函数 $F(x)$ 连续，$(\xi_1, \xi_2, \cdots, \xi_n)$ 为 ξ 的一个样本，样本容量为 t，$t=1, 2, \cdots$，当 $H_0: F(x) = F_0(x)$ 为真时，有 $P\left\{D_n < \dfrac{\sigma}{\sqrt{n}}\right\} = K(\sigma)$，其中 $K(\sigma)$ 表达式为：当 $\sigma > 0$ 时，$K(\sigma) = \sum\limits_{k=-\infty}^{+\infty} (-1)^k \exp\{-2k^2\sigma^2\}$；当 $\sigma \leq 0$ 时，$K(\sigma) = 0$。根据这个定理编制柯尔莫哥洛夫分布的分位数表，从表中可以查到 $D_{n, 1-\alpha}$。

③在显著性水平 α 下，用 D_n 检验法检验假设。

若 $D_n > D_{n, 1-\alpha}$，则认为拒绝 H_0，即认为 $F_n(x) \neq F_0(x)$。

若 $D_n \leq D_{n, 1-\alpha}$，则认为接受 H_0，即认为 $F_n(x) = F_0(x)$。

2. 专利测算法

专利测算法是对现有的专利进行专利计量分析，利用得到的数据分析判断技术系统在 S 曲线的位置，并采用相应的和合适的创新方法进行技术进化。比如对于处在 S 曲线"婴儿期"或者"成长期"的技术，由于技术不成熟，创新空间大，可以对其基础结构和功

第一章 基于创新方法的非常规油气资源开发工程技术需求集成分析研究

能模块进行优化;而处在 S 曲线"成熟期"或者"衰退期"的技术,由于创新空间比较小,需要尽快研发新的核心技术保证 S 曲线进行跳跃性进化,达到下一阶段的曲线,重新开始循环进化。

运用专利测算法进行技术成熟度预测的计量参数比较多,几种常用的参数如表 1-4 所示。

专利测算法的相关参数一般以自然年为计量单位,在表 1-4 中,a 表示当前自然年该技术系统发明专利申请数量,b 为当前自然年该技术系统申请实用新型专利数量,c 为当前自然年该技术系统申请外观专利数量,A 为追溯前五个自然年该技术系统累计的发明专利申请数量。

表 1-4 中的前三个公式分别用于判定技术系统的成长期、成熟期和衰退期,第四个公式不仅可以预测新技术特征强,而且此时若 a 的增长率大于 b 的增长率,表明该系统具有巨大的发展潜力。通过对专利数据的统计分析得到这些参数的数值,基于此对技术成熟度进行预测,并与 Logistic 模型的预测进行对比分析。

表 1-4 专利测算法的相关参数

计量参数	计算公式	统计意义
技术成长率 v	$v=a/A$	若 v 值持续增大,代表该技术处在婴儿期或者成长期
技术成熟系数 α	$\alpha=a/(a+b)$	若 α 值逐渐减少,说明该技术系统正在成熟
技术衰老系数 β	$\beta=(a+b)/(a+b+c)$	若 β 值渐小,代表该技术逐渐衰退
新技术特征系数 N	$N=\sqrt{v^2+\alpha^2}$	N 值越大,表明该技术特征越强

五、技术系统进化分析

技术成熟度预测是对技术系统和子要素的专利数据进行分析得到的相关结论,企业决策者要的不仅是这样一份分析报告,还要根据分析结论选择下一阶段的技术发展战略,是对当前技术继续研究,还是在当前技术的基础上研究新的技术。这个问题取决于技术成熟度的预测,也依赖于技术进化路线的选择,因为不同的技术成熟度是选择技术发展战略的基础,不同的技术进化路线是选择技术发展战略的方向。

目前学术界对技术系统进化模式和技术创新路线进行了很多研究,主流的理论有 TRIZ 理论的技术进化模式、Mann D 的 11 种技术系统进化模式等。其中 TRIZ 理论的技术进化八大法则理论提出的时间最早、内容最经典、影响也最大,是其他理论的思想源泉。因此本书采用专利技术地图和 TRIZ 理论的技术进化模式预测技术系统未来的进化方向。

1. 基于 TRIZ 理论的技术进化路线

不同的技术成熟度,有不同的技术发展战略可以选择。当技术系统处于婴儿期或者成长期时,技术系统可以选择优化当前的技术以延长成长期的时间,为企业带来更大的利润和行业发展期。当到达成熟期和衰退期时,技术系统要及时进行技术创新,开发新技术取代现有技术,与当前的 S 曲线形成 S 曲线簇图,实现新的技术发展优势,进入下一个技术循环,如图 1-7 所示。

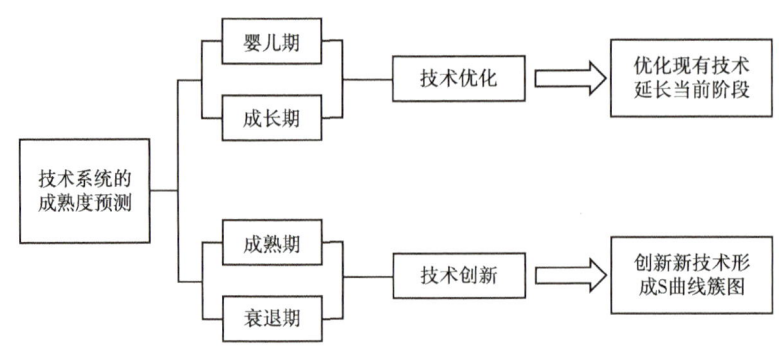

图 1-7　不同技术成熟度的发展战略

阿奇舒勒通过总结提出了 TRIZ 理论的技术系统进化八大法则，即为八个进化路线，具体如下。

①完备性法则：一个完整的技术系统包含动力、传输、执行和控制四个部分，缺一不可，否则某些功能必不可实现。

②能量传递法则：一个技术系统的功能能够完美地展现需要能量从源头到所有部件之间能够传递，而且进化的方向应该是向着能量传递路径减小的方向发展，以减少能量的损耗。

③动态性进化法则：技术系统的动态性进化是指技术结构要向柔性、移动性和控制性增强的方向发展，如技术系统的柔性进化方向是刚性—铰链—柔性体—液态—气体。

④提高理想度法则：理想化是技术系统进化的最高准则，是指技术系统向着理想的系统方向进化，表现为系统的功能增强，性价比提高，系统效率由低到高等。

⑤子系统不均衡进化法则：技术系统是由若干个子系统构成的，但每个子系统有自己的进化曲线，通过改善最不理想的子系统来推动整个技术系统向前进化。

⑥向超系统进化法则：通过子系统的进化来简化原来的系统，使整个技术系统的性能提高。

⑦微观进化法则：系统元件从最初的标准向着基本粒子方向进化却能够更好地实现系统功能。

⑧协调性法则：技术系统的各个功能部分是在结构、性能参数和工作频率协调一致的前提下充分实现。

TRIZ 理论提出的这些技术系统进化法则把各行业或领域的核心技术的进化规律都基本涵盖在内，而且每条法则又包含了若干条进化路线。技术人员在进行技术创新时不仅可以按照单独一条进化路线进行研究，也可以将不同的进化路线进行综合分析，这样就能最大程度化进化路线，挖掘出更多有可能的发展方向，开发出富有竞争力的核心技术。

2. 技术进化雷达图构建

S 曲线作为研究工具对技术成熟度进行预测研究，可以简单直观地确定技术系统目前的发展阶段和潜力，但是缺点同样存在，即无法运用 S 曲线对技术系统未来的发展方向给出建议。Mann D 为了解决这个问题，提出了技术进化潜能和雷达图这两个概念。他认为所有的技术系统都有一个发展的极限状态，技术进化潜能就是当前的技术系统与其极限进化状态之间的差距。差距越小，说明该系统的发展潜力就越小，当前的系统已经与极限状态很接近了；反之说明当前的技术系统与进化的极限状态还很远，发展潜力较大。雷达图就是为了将这个潜能形象直观地表现出来的可视化图表，其与 S 曲线最大的不同就是可以将技术系统的各个方向的进化路线直观地展现在图中。

技术进化雷达图的构成如图 1-8 所示，图中的中心是技术系统的起源，中心和多边形的每个顶点的连线代表了一个进化方向，多边形的外缘就是技术系统可以选择的进化路线的最终理想解。图中阴影部分在和中心与顶点连线的各个交点处代表目前技术系统各个进化路线的发展状态，也就是阴影部分表示当前技术系统的总进化状态，空白部分就是未来的进化潜能。各个进化路线上的刻度表示各进化路线的级数。技术进化雷达图可以指引技术系统向潜能较大的方向进化，减少向已经达到或接近极限的进化方向提供资源，能够用来调整技术发展的方向，优化技术系统的结构。

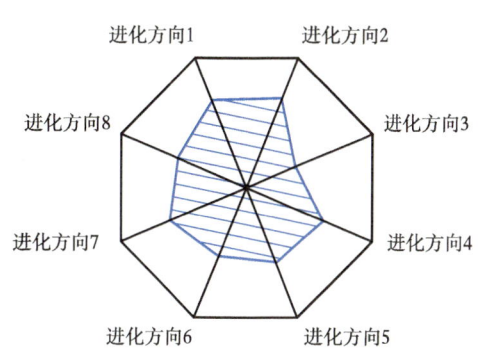

图 1-8　技术进化雷达图

通过前述对技术系统和子要素的技术成熟度预测，分析其在由 TRIZ 理论的八个进化法则所提供的不同进化路线中所处的位置，分别构建技术系统和子要素的雷达图，如图 1-9 所示。然后观察各子要素的进化状态，由于瓶颈对系统的限制，继续发展图中级别高的子要素不是最优选择，应该优先提高级别较低的子要素的技术水平，以带动提高整个系统的性能水平。最后结合八个进化法则对技术未来的发展进化分别给出不同的建议和方向。

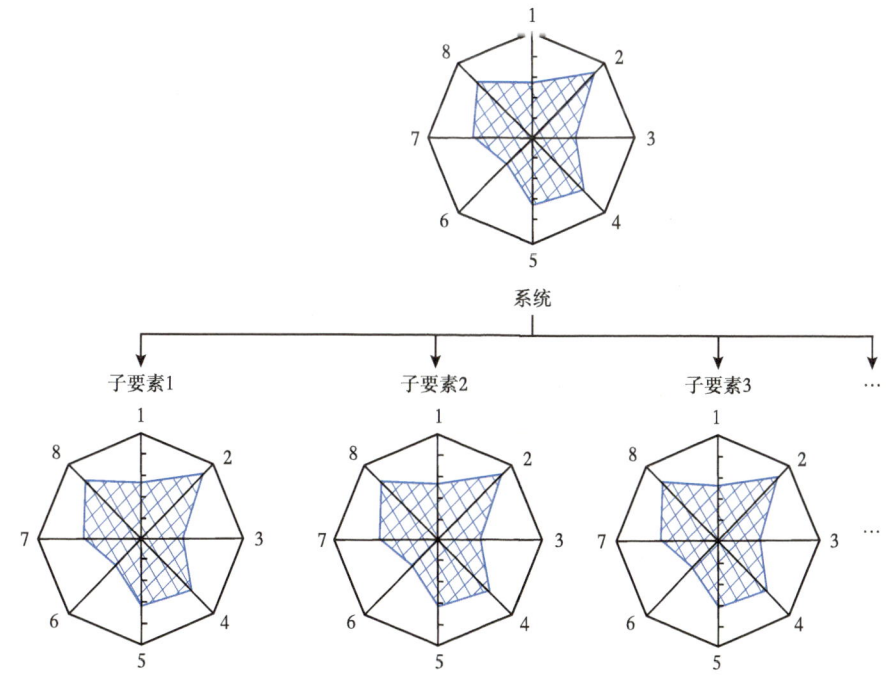

图 1-9　雷达树状图

第三节　技术预测模型在非常规油气资源勘探开发中的应用——以煤层气开采为例

本节采用基于专利地图和TRIZ理论的技术预测模型对非常规油气资源勘探开发进行技术预测，并采用相应的数学统计方法对中国非常规油气资源开采技术的未来发展趋势做出预测。非常规油气资源与常规油气资源的不同之处在于常规油气资源的勘探开发方法已经不适用于非常规油气资源，存在特有的开发技术，鉴于非常规油气资源的勘探开发技术大致相同，因此本研究以非常规油气资源中的煤层气勘探开发为例进行技术预测，为中国非常规油气资源的勘探开发技术创新提供方向指导，丰富相关文献。

一、煤层气开采技术发展现状分析

煤层气开采技术的发展受到多种因素的影响，如煤层气产业的发展、现有技术、国家政策等，这些因素也是在技术预见中需要考虑到的因素。在进行技术预测前，需要对上述因素加以分析。

1. 产业发展现状

近年来，随着中国能源和环境问题的凸显，国家对煤层气开发愈加重视，尤其是"十二五"以来，中国煤层气产业得到了迅速发展，其在清洁能源、安全生产、生态环保等方面的综合效益逐步显现。中国在煤层气开采方面具有以下特点。

①资源储量丰富。中国煤层气分布广泛，储量丰富。据国际能源机构统计，中国煤层气资源量居世界第三，仅次于俄罗斯和加拿大。最新一轮全国煤层气资源评价结果表明，中国埋深2000m以浅煤层气资源为$36.81\times10^{12}m^3$，与中国陆地上常规天然气资源量相当，其中可采资源量为$10.87\times10^{12}m^3$，具备规模开发的资源基础。

②市场需求大。由于煤层气的特性与常规天然气基本相同，可以与天然气同输同用，这为煤层气的利用提供了广阔空间。据市场调查研究显示，中国2013年的天然气需求量为$1676\times10^8m^3$，但产量不足需求量的一半，而煤层气可以作为常规天然气的重要补充，用来弥补供应缺口。

③规模化开采逐步形成。经过20多年的发展，中国煤层气产业正在由小规模商业开发阶段向大规模商业开发阶段迈进，中国地面煤层气产量有了一定的增长，从2004年的$0.1\times10^8m^3$增长到2013年的$29.26\times10^8m^3$，累计实现产量$111.86\times10^8m^3$，加上井下抽采利用量逐年增加，煤层气产业规模化进程不断推进[51]。

2. 科技发展现状

中国煤层气开发利用经历了20多年的发展历程，在煤层气钻井、压裂增产理论和排采技术及装备等方面取得了较为丰富的成果。

在钻井方面，中国煤层气井井型主要有垂直井和多分支水平井两种，垂直井技术最为成熟，费用较低，操作简单，是国内煤层气开发活动中普遍采用的方式，多分支水平井还处于探索阶段；煤层气取心技术以绳索取心技术为主，该技术经济可靠，基本能够满足目前煤层气工业发展的要求；套管完井是目前中国煤层开发最主要的完井技术，该技术成熟可靠，已成为中国的主导完井技术；中国采用的固井技术主要有低密度泥浆固井、控制泥浆返高等技术，并用声辐测井和变密度测井检查固井质量。

在增产方面，压裂是中国目前最主要的增产技术，以水基压裂液施工为主，部分煤层气井进行了线性胶和交联冻胶试验；注气技术是增产的有效手段，但由于技术还不够成熟和气源问题，其在中国应用得不广。

在排采技术方面，国内外煤层气排采方法多种多样，主要有有杆泵法、电潜泵法、螺杆泵法、气举法等，但是排采设备的选择与多种因素有关，如煤层结构、井深、出水量和出砂量等，目前中国应用较为广泛的举升方式有有杆泵和螺杆泵法[51,52]。

3. 政策现状

自 20 世纪 90 年代以来，中国的煤层气产业经历了较为漫长的探索时期，虽有国家优惠政策的扶持，但到 2005 年中国煤层气产业仍未能够进入规模开发阶段。为促进中国煤层气的开发利用，国家于 2006 年颁布了《煤层气开发利用"十一五"规划》，规划中预计中国煤层气产量将在 2020 年达到 $500 \times 10^8 m^3$，同时政府也采取政策措施来鼓励煤层气开采，包括税收减免、煤层气市场价格不限制、政府补助等，有力地推动了中国煤层气产业的顺利起步。

"十二五"期间，政府加大了对煤层气产业的扶持力度，根据《煤层气开发利用"十二五"规划》，"十二五"期间煤层气地面开发总投资 604 亿元，井下总投资 563 亿元，除了要严格落实煤层气企业税收政策、煤层气价格不限制等政策外，规划中把技术创新作为煤层气开发的重中之重，继续实施国家科技重大专项、科技支撑计划、"973"计划、"863"计划，加强基础理论研究，加快关键技术装备研发，着重解决煤层气产业发展中重大科学技术问题。2009 年底，由中联煤层气有限责任公司牵头，山西晋城无烟煤矿业集团有限公司、中国石油天然气集团华北油田公司、华晋焦煤有限责任公司、中国石油大学（北京）、煤炭科学研究总院等 14 家致力于煤层气产业技术进步的企业、高校和科研院所共同参与的"煤层气产业技术创新战略联盟"在北京成立，并于 2010 年正式列为国家试点的产业技术创新战略联盟。2013 年，国务院办公厅印发了《关于进一步加快煤层气抽采利用的意见》着重提出了科技创新的重要性，一是要加快科技研发的应用，继续实施国家重大科技攻关计划；二是要加强创新平台建设，促进煤层气开采技术联合创新。

由上可知，国家对于煤层气开采已经从开始的鼓励到现在的引导，促进煤层气开采技术创新，这为煤层气开采技术的发展提供了良好的政策环境。

4. 主要存在问题

煤层气开采技术作为煤层气开发利用的先决条件，开采技术的发展对煤层气开发利用起着至关重要的作用。中国煤层气开采技术大多借鉴国外开采技术，创新力不足，主要体现在以下两个方面。

①技术适配性问题。目前制约中国煤层气产业发展的主要因素是技术突破问题，尤其是技术的适配性问题，包括区域适配性好、对构造软煤和深煤层的适配性问题。就钻井技术而言，普遍存在的问题是钻探成本过高，尽管选用欠平衡钻井有很多优点，但仍存在很多问题，而空气钻井和泡沫钻井只是用于浅煤层，深部煤层还需使用泥架钻井技术，但是泥浆钻井液钻井技术容易伤害煤层，降低煤层渗透率；国外大多采用裸眼完井技术，但中国多为软煤层，使用裸眼完井容易造成洞穴坍塌，造成事故。因此，在借鉴国外先进开采技术的同时，注重开采技术的适配性，研发适合中国特殊煤储层的开采技术是煤层气开采

技术发展的问题之一。

②经济利益问题。企业生产以经济利益为目的。由于煤层气开采方式的限制,煤层气开采成本居高不下。然而,煤层气和天然气的特性相同,其价格也一直受到天然气的限制,但是天然气涉及民生领域,其价格受到国家限制,仅为原油价格的30%。虽然煤层气开采有政府补贴,但是,煤层气开采还是很难实现盈利,这就降低了企业对煤层气开采的积极性,开采技术创新更是无从谈起。这需要政府在政策上对煤层气产业给予更大的扶持,同时更要引导煤层气开采技术创新,降低开采成本[53]。

二、煤层气开采技术主要理论及增产技术

煤层气以游离状态、吸附状态和溶解状态三种形式赋存于煤层中,而其中以吸附态为主。为了能使煤层气顺利产出,需要经过钻探、增产、排采三个步骤。钻探为煤层气产出提供稳定的通道,增产是增加煤层气解吸扩散的过程,排采是煤层气生产,三个系统构成了煤层气开采技术系统,同时,煤层气开采系统也属于煤层气开发与利用超系统。

根据TRIZ理论的多屏幕法,煤层气开采技术系统组成如图1-10所示。

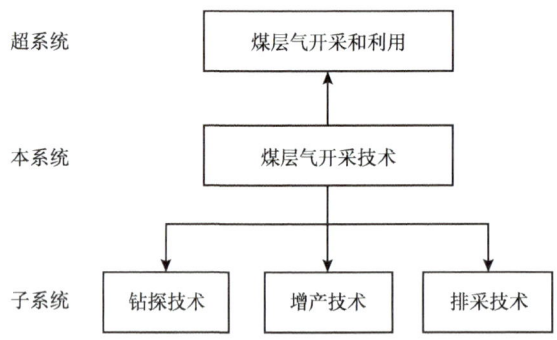

图1-10 煤层气开采技术系统组成

在钻探技术方面,主要有钻进、取心、完井和固井四个阶段。就目前而言,煤层气井钻井普遍存在的问题是成本高,占整个煤层气开采成本的50%以上,许多钻井设备基本依赖进口,费用昂贵,很难实现大规模推广。同时,由于中国煤层低渗透特性,在钻井过程中还要求减少对煤储层的伤害,这对许多国外钻井技术有了一定的限制。煤层气井作为煤层气运输通道,井壁稳定是煤层开采的先决条件,在完井和固井过程中,需要既保持井壁稳定,又要尽量减少对煤储层的伤害。

在增产技术方面,由于中国煤层气非均质性强,使井网整体降压的作用难以发挥,因此中国绝大部分煤层气井都需要经过压裂,但是压裂容易破坏煤层,降低煤层渗透率,因此压裂技术包括压裂液的使用需要改进。同时,气体驱替技术可以在不破坏煤层的情况下增产煤层气,但是由于技术问题和气源问题,在中国应用不广。

在排采技术方面,煤层气排采方式主要有地面抽采和地面钻采。目前世界上对煤层气资源化开发利用较高的国家主要采用的是地面钻采。煤层气的排采伴随着排煤排水,这对排采设备和工艺提出了更高的要求[54]。

三、煤层气开采技术专利分析

1. 煤层气开采技术专利检索

本书以专利信息检索软件——专利信息服务平台（http://search.cnipr.com）提供的专利信息数据库作为专利信息数据来源，在此平台上对中国煤层气开采技术的相关专利进行检索和分析。为了尽可能提高数据检索的准确性和完善度，经过反复试验检索，最终确定检索方案如表1-5所示。

表1-5 煤层气开采技术专利检索方案

数据来源	专利信息服务平台（http://search.cnipr.com）
检索目的	对煤层气开采技术相关专利进行分析预测
检索时间	2019年8月
检索范围	中国发明专利、实用新型专利以及外观设计专利（不包括港澳台地区）
时间范围	1999—2019（按申请年计算）
检索主题词	名称，摘要，权利要求书："煤层气开采" or "瓦斯开采" or "煤层气抽放" or "瓦斯抽放" or "煤层气抽采" or "瓦斯抽采"

按照上述检索方案对中国煤层气开采技术进行检索、搜集、筛选，并提出不相关的部分专利，然后汇总共得到煤层气开采技术的相关专利共1994项（其中发明专利1247项，实用新型专利731项，外观设计专利16项）。将相关专利申请数量的变化情况按照年份列出近20年的统计结果，如表1-6所示。需要指出的是，由于专利申请和公示的时滞原因，2019年的部分专利未能检索出来，因此这一年专利的申请数量仅供参考，不具有比较意义。将相关数据输入Excel表中，形成煤层气开采技术专利数据库，运用Excel的分类汇总和图表绘制功能对专利数据进行统计分析，并绘制出相关可视化的图表。

表1-6 中国煤层气开采技术专利历年申请数量

申请年份	发明专利数量	实用新型专利数量	外观设计专利数量	专利数量
1999	0	0	0	0
2000	0	0	0	0
2001	0	0	0	0
2002	0	0	0	0
2003	2	0	0	2
2004	0	0	0	0
2005	1	0	0	1
2006	1	0	0	1
2007	8	0	0	8
2008	7	0	0	7
2009	14	6	0	20
2010	45	16	0	61
2011	43	25	1	69
2012	68	54	0	122
2013	83	72	2	157

续表

申请年份	发明专利数量	实用新型专利数量	外观设计专利数量	专利数量
2014	113	68	1	182
2015	134	68	1	203
2016	160	77	2	239
2017	236	160	2	398
2018	245	183	5	433
2019	87	2	2	91
总量	1247	731	16	1994

2. 煤层气开采技术专利地图分析

专利地图可以将专利信息进行缜密剖析整理，制成多种可分析解读的视觉直观图表，使其具有类似地图的指向功能，以分析技术分布态势、指明技术发展方向。专利地图在技术分析和预见中起着承上启下的作用，承上指通过专利数据源检索而得到的专利数据，经过整理、统计形成专利地图，用于定性分析和定量分析；启下作用体现在通过对专利地图进行对比、分析和研究，预测和判断技术动态和趋势，进而得出准确的预见结果。

本书以上述检索到的 1994 项专利信息为研究对象，通过专利地图分析，来明确中国煤层气开采技术的专利布局情况。

1）历年专利数量动向图

通过对煤层气开采技术专利申请数量进行分类统计，可以得到历年专利数量动向图，如图 1-11 所示。由图可以看出，煤层气开采技术专利申请数量在 1999—2008 年增长速度缓慢，数量较少，2008 年金融危机席卷全球，能源行业受到冲击，煤层气产业受到影响，专利申请数量增长缓慢。2009 年以后，煤层气开采技术专利申请数量呈现快速增长趋势。从发明专利、实用新型专利和外观设计专利三个维度可以看出煤层气开采技术的专利申请的基本格局。从 2006—2018 年，煤层气开采技术的发明与实用新型专利数量呈现明显的逐年上升趋势，而外观设计专利呈现出较为平缓的状态。

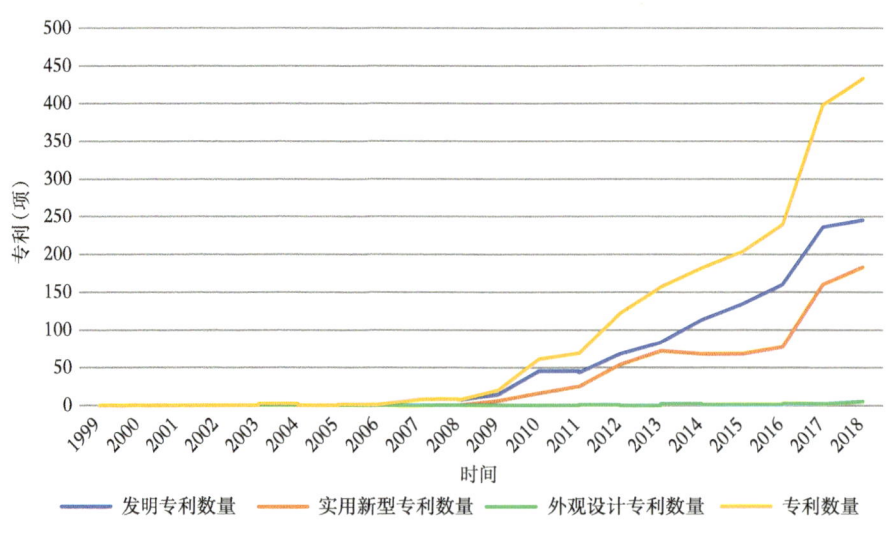

图 1-11 历年专利申请趋势图

第一章 基于创新方法的非常规油气资源开发工程技术需求集成分析研究

2)专利权人分布图

在检索到的1994项技术专利中,共包含专利权人450个,其中专利数量大于10的专利权人见表1-7。

由表1-7可知,在35个专利权人分布中,高等院校有13个,企业有20个,科研机构有2个。在高等院校中,中国矿业大学拥有263项煤层气开采技术专利,占国内煤层气开采技术专利总量的13.2%,充分体现了中国矿业大学在煤层气开采技术领域的主导地位。在矿业企业中,淮南矿业集团有限责任公司拥有63项煤层气开采技术专利,占到总数的3.2%,远远领先于其他企业。总体来看,中国煤层气开采技术专利权人分布在产学研各个领域,但还是以高校为主,企业的创新不足。

表1-7 主要专利权人

序号	专利权人	专利数量	序号	专利权人	专利数量
1	中国矿业大学	263	19	神华集团有限责任公司	17
2	河南理工大学	147	20	郑州光力科技股份有限公司	17
3	淮南矿业(集团)有限责任公司	63	21	中国神华能源股份有限公司	17
4	中煤科工集团重庆研究院有限公司	60	22	中国平煤神马能源化工集团有限责任公司	16
5	山西晋城无烟煤矿业集团有限责任公司	57	23	陕西煤业化工技术研究院有限公司	15
6	中国石油天然气股份有限公司	47	24	煤科集团沈阳研究院有限公司	14
7	太原理工大学	43	25	河南工程学院	12
8	重庆大学	42	26	山西青科恒安矿业新材料有限公司	12
9	辽宁工程技术大学	39	27	中国石油大学(华东)	12
10	安徽理工大学	36	28	贵州大学	11
11	西安科技大学	30	29	煤炭科学研究总院重庆研究院	11
12	山西潞安环保能源开发股份有限公司	29	30	四川大学	11
13	贵州盘江精煤股份有限公司	26	31	中石油煤层气有限责任公司	11
14	中煤科工集团西安研究院有限公司	25	32	平顶山市安泰华矿用安全设备制造有限公司	10
15	山东科技大学	23	33	山西蓝焰煤层气集团有限责任公司	10
16	华北科技学院	20	34	神华乌海能源有限公司	10
17	平顶山天安煤业股份有限公司	18	35	中煤科工集团西安研究院	10
18	平顶山市铁福来机电设备有限公司	17			

3)专利地区分布图

对上述检索到的专利按申请人所在省区进行统计,结果如表1-8所示。同时,将专利分布地区以百分比表示,画出专利地区分布图(图1-12)。

表 1-8 主要专利分布地区

序号	省份	专利数	占比（%）
1	河南省	363	18.2
2	山西省	327	16.3
3	江苏省	268	13.4
4	北京市	226	11.3
5	安徽省	160	8
6	重庆市	130	6.5
7	陕西省	112	5.6
8	山东省	97	4.9
9	辽宁省	75	3.8
10	贵州省	66	3.3
11	河北省	50	2.5
12	四川省	40	2

从图 1-12 可以看出，在中国公布的煤层气开采技术专利中，河南和山西属于第一梯队，专利申请量占据较多的比例，分别达到 18.2% 和 16.3%。这两个省均是中国煤层气资源大省，有较多的煤层气开发企业和科研院校，技术创新速度快。江苏、北京和安徽属于第二梯队，专利申请的比例分别为 13.4%、11.3% 和 8%。由于这些省份拥有相关专业的高校或科研机构，因此在煤层气开采领域也领先于其他省份。还有一些省份没有煤层气开采方面的专利或专利数量较少，所占比例不足 1%，本书未列出。

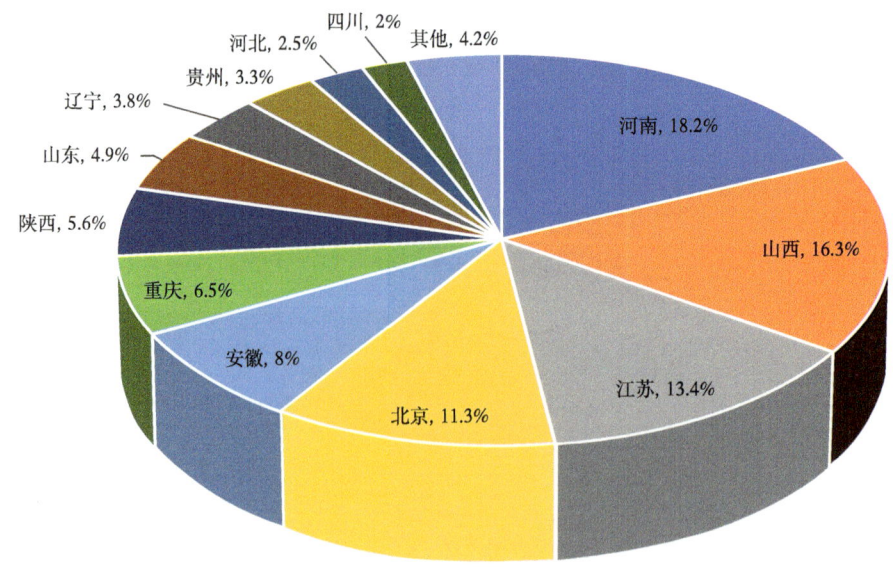

图 1-12 专利地区分布图

3. 煤层气开采技术专利特征提取

1）煤层气开采技术专利 IPC 分类

对 Excel 表格中的单个专利数据进行挖掘分析，将专利的名称、摘要和权利要求书中体现技术性能的指标挖掘出来，按照国际 IPC 分类号进行统计分析，由于部分 IPC 类所占比例太小，考虑到实际情况，只取所占比例前十的 IPC 分类号，得到如图 1-13 和表 1-9 所示的煤层气开采技术 IPC 分类号的主要分布情况。

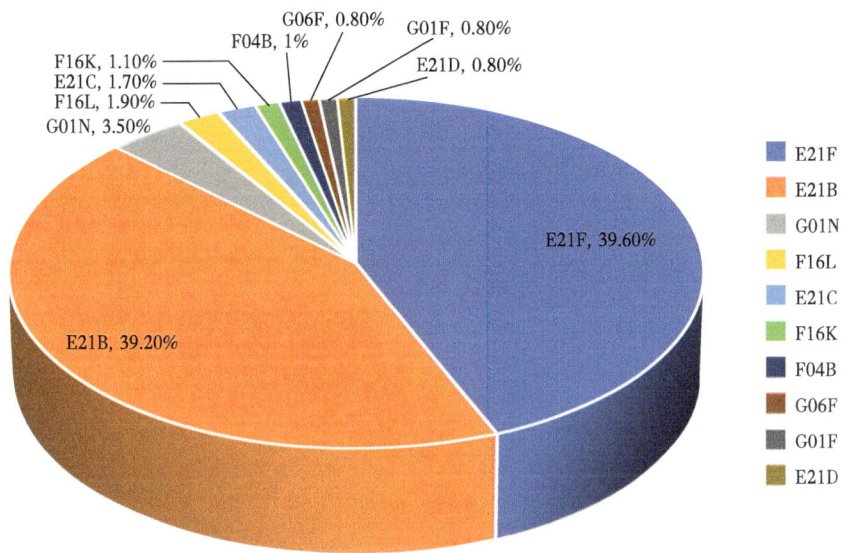

图 1-13 煤层气开采技术构成 IPC 分析

表 1-9 煤层气开采技术专利 IPC 分析

IPC 类	技术特征	专利数量	占比（%）
E21F	矿井或隧道中或其自身的安全装置，运输、充填、救护、通风或排水	790	39.6
E21B	土层或岩石的钻进；从井中开采油、气、水、可溶解或可熔化物质或矿物泥浆	782	39.2
G01N	借助于测定材料的化学或物理性质来测试或分析材料	69	3.5
F16L	管子；管接头或管件；管子、电缆或护管的支撑；一般的绝热方法	37	1.9
E21C	采矿或采石	34	1.7
F16K	阀；龙头；旋塞；致动浮子；通风或充气装置	22	1.1
F04B	液体变容式机械；泵	20	1
G06F	电数字数据处理	16	0.8
G01F	容积、流量、质量流量或液位的测量；按容积进行测量	16	0.8
E21D	立井；隧道；平巷；地下室	16	0.8

对专利进行IPC分析，可以看出目前煤层气开采技术的主要研究领域和实用热点，其分析结果对目前的技术发展具有很强的代表意义。从图1-13中可以看出E21F和E21B两种IPC所占比例为78.8%，是煤层气开采技术中比例最大的两种技术特征。从表1-9中所列的各个IPC分类号所代表技术特征可以看出E21F和E21B两个IPC分类号分别代表了"矿井或隧道中或其自身的安全装置，运输、充填、救护、通风或排水"和"土层或岩石的钻进；从井中开采油、气、水、可溶解或可熔化物质或矿物泥浆"，从侧面说明现阶段煤层气开采主要技术特点是在煤层钻进和矿井抽采综合运用。但是在G01N——借助于测定材料的化学或物理性质来测试或分析材料、F04B——液体变容式机械和泵等领域的研究还有很大的发展空间，说明中国煤层气开采技术在化学材料对煤层气的影响机理研究或机械设备等领域还有待提高。

2）煤层气开采技术关键词分析

通过分析各个IPC分类号所代表的技术特征，按照IPC各大类分类号的具体内涵对获得的专利文本进行挖掘，统计相关专利技术关键词的出现频率，为下一步的技术要素聚类分析奠定基础。本书的技术关键词提取权限设置为：标题30%、摘要30%、权利要求30%、全文10%，以此为基础对上述的中国煤层气开采技术专利10项IPC分类进行二次检索，挖掘聚类专利文本的技术关键词。中国在煤层气开采领域的专利可以按照专利技术关键词的关联程度分为十大类，具体分布情况见表1-10。

表1-10 中国煤层气开采专利聚类情况分布表

排名	技术关键词	数量	占比（%）
1	煤层、煤层瓦斯、钻孔	408	20.46
2	放水、管路、瓦斯抽放管路	393	19.71
3	聚氨酯、钻孔、膨胀	277	13.89
4	煤层气、煤层气开采、水平井	251	12.59
5	传感器、控制器、瓦斯抽放泵	147	7.37
6	瓦斯抽放管、煤矿瓦斯、不锈钢	139	6.97
7	钻头、钻孔、分离装置	126	6.32
8	煤矿井、接头、螺纹	102	5.12
9	地面钻井、套管、瓦斯管	77	3.86
10	分离器、除尘装置、除尘器	74	3.71

由表1-10所示，在中国煤层气开采专利中出现频次较高的技术关键词分别是：煤层、水平井、放水、管路、钻孔、瓦斯抽放等关键技术，这说明中国的煤层气开采技术专利申请主要围绕在煤层气开采方位、水平井钻进方式、钻井技术和装备以及煤层气抽放技术和装备等方面开展研究，并且之间的交互式融合研究也取得了阶段性成果，得到了大量的相关技术专利。与此同时，在具体的机械装备方面如传感器、控制器、除尘装置和分离装置等设备方面也均存在部分专利成果，但分布比较零散，尚未形成规模化效应，与具体的煤

第一章 基于创新方法的非常规油气资源开发工程技术需求集成分析研究

层气开采方式之间还未实现交互式融合研究。

通过对煤层气开采技术专利 IPC 分类以及在此基础上的技术关键词聚类分析研究,获得了相关的专利数据,对中国煤层气开采技术的发展现状有了初步的了解,为下面的煤层气开采技术要素聚类奠定了基础。

4. 煤层气开采技术要素聚类

由于煤层气开采技术专利多达 1900 多份,从中挖掘技术要素比较困难,而在上一小节中利用专利分析软件进行文本挖掘得到的技术关键词代表了目前中国煤层气开采技术的发展现状和技术水平,因此以煤层气开采技术关键词为对象,将得到的 25 个关键词(剔除掉意思相似或相近的关键词)作为聚类样本。

技术要素的选择要遵循代表性、广泛性及权威性等原则,因此本书运用聚类分析的相关方法对初步选定的 25 个技术关键词进行分析,确定最终的技术要素。

因为本书选用的软件——专利信息服务平台内置有聚类分析的选项,因此选择此软件对 25 个关键词进行聚类分析,将相关数据输入数据编辑窗口的主菜单中,以专利数量和技术属性为聚类变量,聚类数选择为 3 类,系统自动生成结果。最后根据各类中技术拥有的专利数量进行排序,构成最终的中国煤层气开采技术要素组群,具体见表 1-11。

表 1-11 中国煤层气开采技术要素组群

序号	技术关键词	所属类别	技术要素
1	煤层	开采方位	空间维技术要素
2	煤层瓦斯	开采方位	空间维技术要素
3	水平井	开采方位	空间维技术要素
4	地面钻井	开采方位	空间维技术要素
5	煤矿井	开采方位	空间维技术要素
6	煤层气开采	开采方位	空间维技术要素
7	煤层气	开采方位	空间维技术要素
8	管路	开采方式	机理维技术要素
9	放水	开采方式	机理维技术要素
10	钻孔	开采方式	机理维技术要素
11	膨胀	开采方式	机理维技术要素
12	聚氨酯	开采方式	机理维技术要素
13	瓦斯抽放管路	开采方式	机理维技术要素
14	瓦斯抽放泵	开采方式	机理维技术要素
15	不锈钢	开采装置	材料维技术要素
16	传感器	开采装置	材料维技术要素

31

续表

序号	技术关键词	所属类别	技术要素
17	控制器	开采装置	材料维技术要素
18	分离器	开采装置	材料维技术要素
19	除尘装置	开采装置	材料维技术要素
20	瓦斯管	开采装置	材料维技术要素
21	套管	开采装置	材料维技术要素
22	接头	开采装置	材料维技术要素
23	螺纹	开采装置	材料维技术要素
24	钻头	开采装置	材料维技术要素
25	分离装置	开采装置	材料维技术要素

从技术组成来分析，煤层气开采技术关键词主要分为三类：开采方位、开采方式和开采装置。开采方位主要从结构、方位方面进行分析，指的是能源开采、采矿技术等与空间地理位置相关的创新活动，如钻孔的方位、采煤作业的方位等；开采方式就是为了实现煤层气开采，加入某种作用力来改变原有的煤层组织结构、加快煤层气解析的作用原理；开采装置则是为了满足从开采方位和开采方式进行煤层气开采而进行的机械设备保障。这三类专利技术分别对应的技术要素组就是空间维技术要素、机理维技术要素和材料维技术要素。

为了进一步分析这三类技术系统子要素的专利申请情况，以各个子要素的技术关键词为基准对煤层气开采技术相关的 1994 份专利进行二次检索，检索方案如表 1-12 所示，分别得到煤层气开采技术空间维技术要素 671 个，机理维技术要素 883 个，材料维技术要素 440 个。将各个子要素相关专利申请数量的变化情况按照年份列出近 20 年的统计结果，如表 1-13 所示。

表 1-12 煤层气开采技术系统子要素检索方案

数据来源	煤层气开采技术相关的 1994 份专利
检索目的	对煤层气开采技术的子要素进行分析预测
检索时间	2019 年 11 月
检索范围	中国发明专利、实用新型专利以及外观设计专利（不包括港澳台地区）
时间范围	1999—2019 年
空间维技术要素检索关键词	技术关键词：煤层气 or 地面钻井 or 水平井 or 煤矿井 or 煤层 or 煤层瓦斯
机理维技术要素检索关键词	技术关键词：管路 or 放水 or 膨胀 or 聚氨酯 or 钻孔 or 瓦斯抽放 or 瓦斯抽采
材料维技术要素检索关键词	技术关键词：分离装置 or 钻头 or 螺纹 or 接头 or 套管 or 瓦斯管 or 除尘装置 or 分离器 or 控制器 or 传感器 or 不锈钢

第一章　基于创新方法的非常规油气资源开发工程技术需求集成分析研究

表1-13　煤层气开采技术系统子要素专利申请变化

申请年份	空间维技术要素专利数量	机理维技术要素专利数量	材料维技术要素专利数量
1999	0	0	0
2000	0	0	0
2001	0	0	0
2002	0	0	0
2003	2	0	0
2004	0	0	0
2005	1	0	0
2006	1	0	0
2007	4	2	2
2008	2	2	3
2009	10	6	4
2010	27	24	10
2011	24	24	21
2012	35	59	28
2013	52	70	35
2014	58	85	39
2015	69	92	42
2016	78	108	53
2017	135	177	86
2018	142	196	95
2019	31	38	22
总量	671	883	440

根据表1-13中的数据制作出煤层气开采技术三类子要素相关专利的数量变化趋势图，如图1-14所示。从图1-14中可以看出，三个子要素的发展趋势与技术系统的发展趋势大致是相同的，即在2010年之前处于缓慢的起步阶段，从2011年开始进入快速发展阶段，专利申请数量出现井喷式提高，但在细微处三者之间还是有些区别。首先，中国煤层气开采技术在空间维开始研究较早，从2003年已经有申请的专利了，而材料维则

33

从 2007 年才开始有第一个，之后几年的专利申请数量也不多，这符合先有方法和理念，后有开采装备的逻辑思维。其次，在 2011 年空间维和机理维出现专利申请数量下滑时，材料维的专利申请则基本保持了上一年的数量，说明对煤层气开采装置的研究一直受到研究人员的重视。

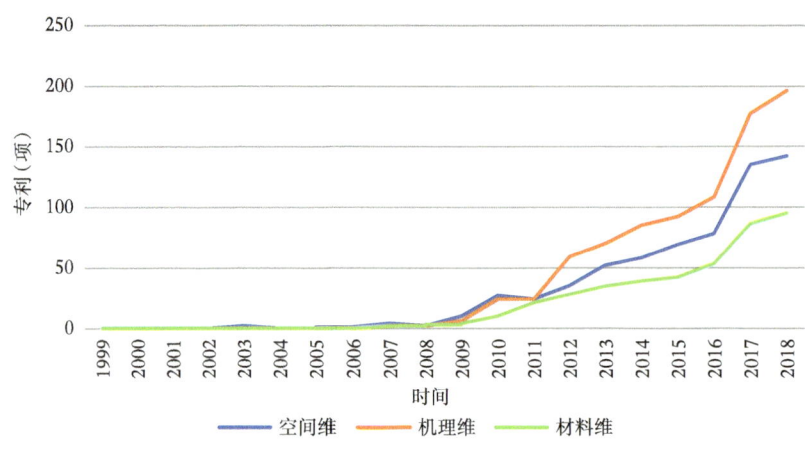

图 1-14　煤层气开采技术三类技术要素专利数量历年变化趋势

四、煤层气开采技术成熟度预测

在上述中国煤层气开采技术专利数据检索和分析的基础上，本书得到了整个技术系统和三个系统子要素的专利数量曲线，但是由于专利数量曲线是不规则的，需要对曲线进行拟合。为了实现准确的曲线拟合，本书采用 Logistic 模型对专利数量曲线进行分析，得到拟合曲线后，对比分析 TRIZ 理论的 S 曲线，得到煤层气开采技术发展所处的阶段；然后采用专利测算法计算煤层气开采专利的相关参数，预测煤层气开采技术发展趋势；最后对二者进行对比分析。

1. 基于 Logistic 模型的技术成熟度预测

1）专利数量曲线图拟合

本书以 Logistic Growth 模型为基础，以历年专利数量为纵坐标、年份为横坐标，对中国煤层气开采技术系统和三个子要素的专利数量曲线图进行拟合，并预测推算未来的生长曲线，包括最大饱和度（saturation）、反曲点（midpoint）和成长时间（growth time）这三项变量通过软件计算得出，并生成 4 个相应的未来若干年技术和要素发展 S 曲线趋势图以及拟合的参数统计分析。

如图 1-15 至图 1-18 所示，煤层气开采技术系统和空间维、机理维、材料维的专利数量曲线拟合图中实心点代表的是实际的专利数量，虚线是经过拟合之后的专利预测数量，从图中也可以看出，四条拟合曲线和数据点的拟合度较好。在曲线拟合过程中的相关统计量参数如表 1-14 所示，统计量的自由度均为 16，其中统计参数 "Adj. R-Square" 的值分别为 0.97714、0.96615、0.98134 和 0.97287，均接近于 1，证明了所选择拟合函数的正确性。

第一章 基于创新方法的非常规油气资源开发工程技术需求集成分析研究

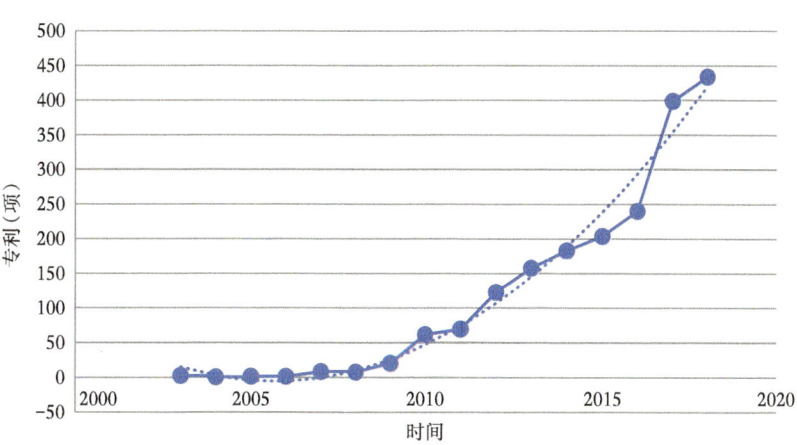

图 1-15 煤层气开采技术系统专利数量曲线拟合

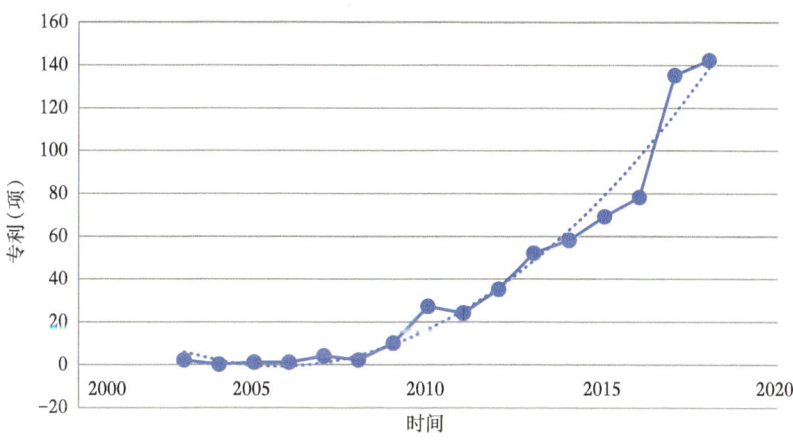

图 1-16 空间维技术要素专利数量曲线拟合

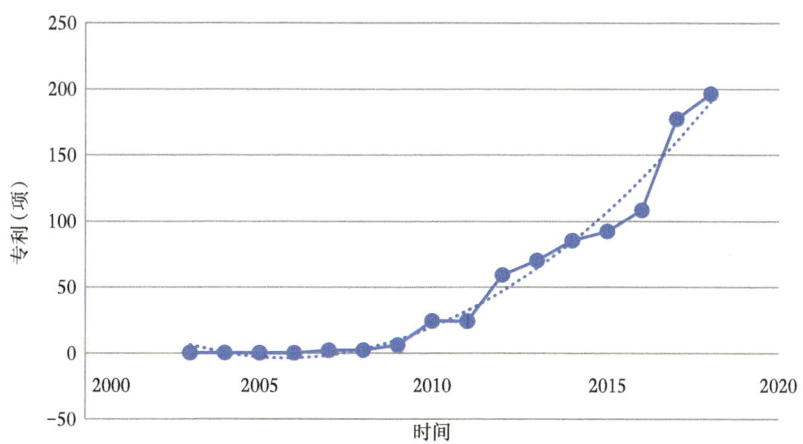

图 1-17 机理维技术要素专利数量曲线拟合

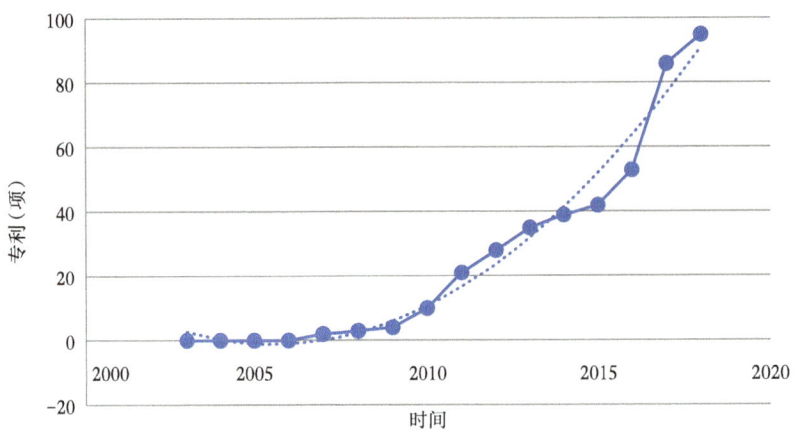

图 1-18 材料维技术要素专利数量曲线拟合

表 1-14 煤层气开采技术系统及子要素发展趋势拟合统计参数

统计项	技术系统	空间维	机理维	材料维
Number of Points	20	20	20	20
Degrees of Freedom	16	16	16	16
Reduced Chi-Sqr	314.49798	40.60129	51.84776	24.70799
Res. Sum of Squares	5031.96761	649.62067	829.5641	395.32776
Adj. R-Square	0.97714	0.96615	0.98134	0.97287
Fit Status	Succeeded（100）	Succeeded（100）	Succeeded（100）	Succeeded（100）

2）变量分析

通过软件估算可以得到煤层气开采技术系统和三个子要素对应模型的变量取值，如表 1-15 所示。从表中可以看出煤层气开采技术系统和三个子要素目前的专利申请量相比各自的饱和度还有提升的空间，而各个的反曲点和成长时间也不相同。

表 1-15 Logistic 模型相关变量取值

变量统计	技术系统	空间维	机理维	材料维
饱和度	449.82	154.45	203.62	102.24
反曲点	21.07	22.57	17.11	12.54
成长时间	15.89	14.63	14.12	11.87

结合 Logistic 模型拟合得到的 S 曲线和相关变量取值，分别计算出煤层气开采技术系统和三个子要素的专利发展阶段，结果如表 1-16 所示。

第一章 基于创新方法的非常规油气资源开发工程技术需求集成分析研究

表 1-16 技术系统及子要素的技术成长阶段

技术领域	婴儿期	成长期	成熟期	衰退期	目前阶段
煤层气开采技术	2003—2008 年	2009—2019 年	2020—2024 年	2025 年	成长期
空间维技术要素	2003—2009 年	2010—2020 年	2021—2024 年	2025 年	成长期
机理维技术要素	2007—2010 年	2011—2020 年	2021—2025 年	2026 年	成长期
材料维技术要素	2007—2010 年	2011—2019 年	2020—2022 年	2023 年	成长期

（1）各个技术领域的阶段分析

观察四张数据拟合图（图 1-15 至图 1-18）可以发现煤层气开采技术系统和空间维、机理维、材料维的发展速度已经放缓，曲线逐渐趋于平滑。对比表 1-16 进行分析，可以发现目前煤层气开采技术系统和空间维、机理维、材料维等技术要素已经处于成长期末端，正在向成熟期进化。

①煤层气开采技术从 2003 年开始出现专利申请到 2008 年处于缓慢的增长阶段，这一时期是婴儿期；从 2009 年开始进入成长期，专利申请数量快速增加，并且 2010 年到 2018 年呈现井喷式状态；预期的成熟期是 2020 年到 2024 年，这一阶段自然年的专利数量将会呈现减少的趋势，但总量依旧会增加；从 2025 年进入行业调整期，专利数量会逐步减少。

②空间维技术要素是从 2003 年到 2009 年处于婴儿期，发展缓慢；进入 2010 年之后专利数量快速增加，到 2019 年这段时间增加的数量逐步减少直至 2021 年进入成熟期，此后经过近 5 年的稳定发展，从 2025 年开始从开采方位方面研究煤层气开采技术的将会越来越少。

③机理维技术要素开展研究较晚，从 2007 年出现专利申请，但是发展速度比较快，从 2011 年开始进入成长期，每年申请数量都得到提升，并且成长期比较长，在 2020 年结束；之后经过 4 年的成熟期，从 2026 年开始衰退。

④材料维技术要素同样开展研究较晚，2007 年到 2010 年是其婴儿期；从 2011 年进入成长期之后，2019 年结束；2020 年至 2022 年是其成熟阶段，2023 年之后开始衰退。

（2）各个技术领域的阶段对比

结合中国煤层气开采技术系统和空间维、机理维、材料维等技术要素的 S 曲线和预期发展阶段，可以发现技术系统和技术子要素之间的发展轨迹大致是相同的，但是在一些发展阶段各个技术要素有各自的特点，出现了不同的时间节点。正如中国煤层气开采的特点，刚开始是针对煤层以及巷道穿孔作业抽采煤层气，所以空间维技术和煤层气开采技术系统的发展阶段大致是一样的。随着科技发展和技术成熟，水力压裂、松动爆破、气体驱替以及生化作业等抽采方法的出现，并伴随着机械装置的研发，因此机理维和材料维技术要素专利申请出现得比较晚，但发展得比较快。并且抽采方法的作用机理比抽采装置的研究周期要长，所以机理维比材料维的发展周期也长。

2. 基于专利测算法的技术成熟度预测

运用专利测算法对历年专利数量之间的比值进行计算，分别得到中国煤层气开采技术和空间维、机理维、材料维等技术要素专利的技术生长率、技术成熟系数、技术衰减系数和新技术特征系数，以此为基础判断技术所处的发展阶段以及对技术成熟度进行预测。根据表 1-6 和表 1-13 中的数据计算出上述四个技术领域的技术生命周期参数，如图 1-19 至图 1-22 所示。

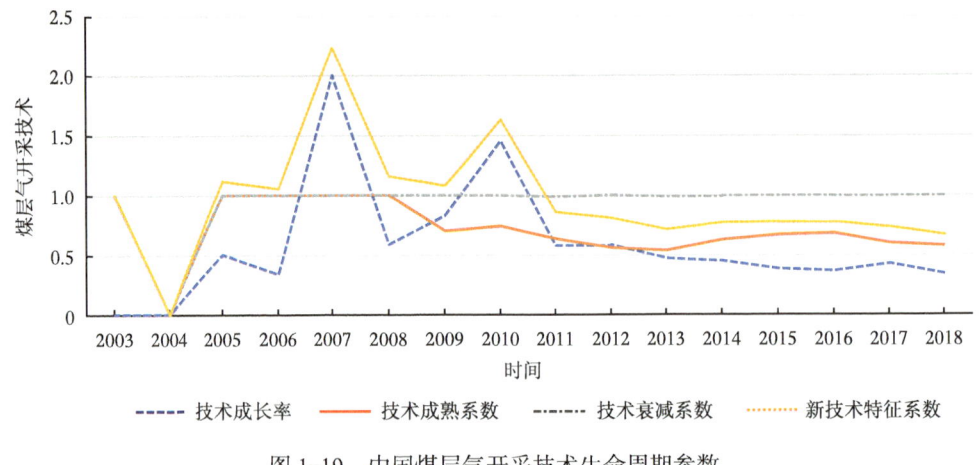

图 1-19　中国煤层气开采技术生命周期参数

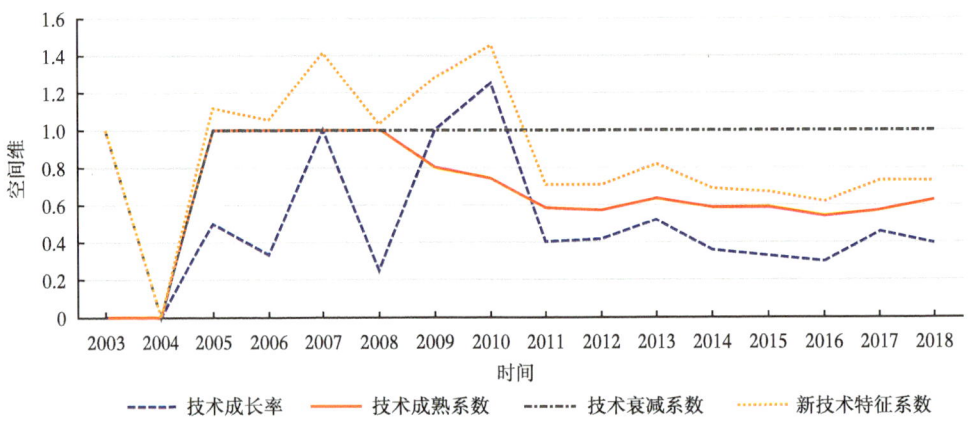

图 1-20　空间维技术要素技术生命周期参数

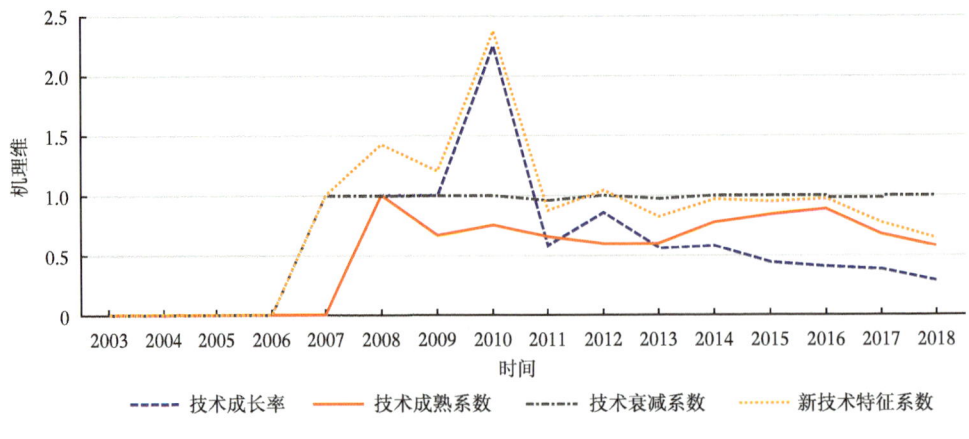

图 1-21　机理维技术要素技术生命周期参数

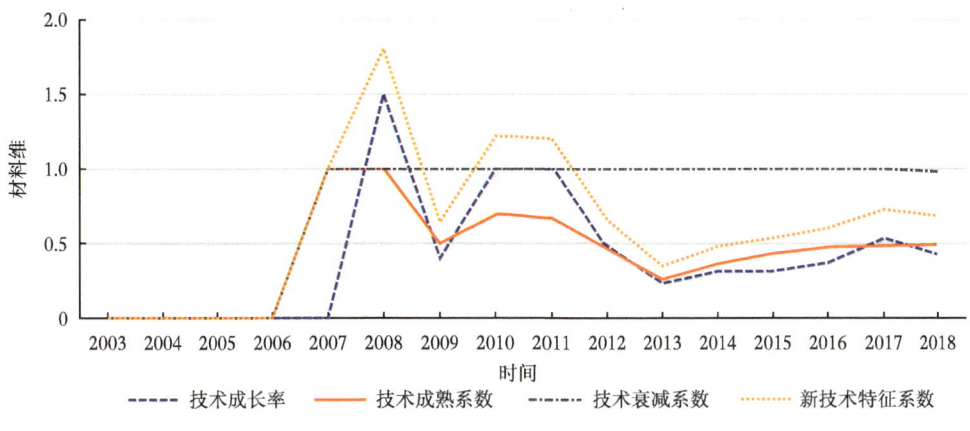

图 1-22　材料维技术要素技术生命周期参数

根据技术生长率、技术成熟系数、技术衰减系数和新技术特征系数对图 1-19 至图 1-22 的技术生命周期进行分析可以得到以下结论。

①对于技术生长率，若其值持续增大，说明该技术处于快速增长期。四组数据虽然有些波动，但是都保持了较强的增长态势。在 2005—2006 年，空间维技术要素的生长率下降，可能受制于该领域的研究处于起步阶段，尚不成熟。在 2007—2011 年期间，煤层气开采技术系统和空间维、机理维、材料维等技术要素的技术生长率都出现过下降态势，在之后又持续走高，说明目前四个领域还处在成长期阶段，但在部分年份因为经济或者其他原因导致了技术生长率下降。

②技术成熟系数的值逐渐减少代表了该领域的技术正在成熟。煤层气开采技术系统和空间维技术要素的技术成熟系数在技术研究初期有些起伏，之后保持了小幅度的增长，机理维和材料维的技术成熟系数一直在增大。说明目前四个领域虽然还没有达到成熟期，但随着增长幅度越来越小，离成熟阶段也越来越近。

③随着技术衰减系数减小技术也会逐渐落后。对于四个领域来说，技术衰减系数都保持在较高的水平线上，距离衰退期还比较远。

④新技术特征系数的值越大代表技术特征越新。由图中可以看出新特征技术系数的变化与技术生长率的变化基本同步，虽然略有起伏，但一直处于较高的水平线上，说明四个领域的技术特征都是比较新颖的，技术潜力还有较大的发掘空间。

⑤总体来说，对于四个参数，煤层气开采技术系统和三个子要素虽然处在成长期阶段，但随着增长幅度的减小，距离成熟期越来越近。同时，煤层气开采技术系统和三个子要素的变化区间和方向基本是相同的，在进入领域的时间上稍有区别，机理维和材料维相比另外两个领域在时间上要晚一些。

3. 对比分析

本书采用了 Logistic 模型和专利测算法对中国煤层气开采技术系统和空间维、机理维、材料维三个子要素的发展阶段进行了分析，预测了四个领域的技术成熟度，通过对比总结出以下异同点。

1）两种预测结果的相同点

两种方法的技术成熟度预测结果是一致的，中国煤层气开采技术系统和三个子要素的专利申请数量经过2003年到2008年的初步研究，目前的发展阶段都达到了成长期末段，临近成熟期阶段，各项技术发展的速度很快，新技术和装置发展潜力很大。而且两种方法使用不同的表达方式说明了机理维和材料维子要素的研究比煤层气开采技术系统和空间维子要素开始的晚了几年，发展周期也各有不同。

2）两种预测结果的差异处

运用Logistic模型进行技术成熟度预测，通过拟合专利数据的曲线与TRIZ理论的S曲线相对比，预测出目前的技术领域所处的发展阶段，还能够根据模型参数大致估算出来技术领域的各个阶段的时间范围，能够从宏观上更直观地帮助企业和研究人员了解行业的技术发展和未来走向，但缺乏对目前阶段发展水平详细的描述。

专利测算法对技术成熟度预测依据的是各类专利数量之间的比值关系，得到的是更加详细的数据对比，能够更微观地将四个发展阶段分为前期、中期和后期。这样有利于企业针对行业变化制定较为详细的发展战略。这类方法虽然对当前技术领域分析更透彻，但缺乏对未来发展阶段的预测。

因此将两种方法结合起来，不仅能够详细地分析当前行业的技术发展，还能预测整个技术系统的发展趋势，可以更好地为研究人员服务。

五、煤层气开采技术进化分析

不同的技术成熟度决定了技术领域所选择的技术发展战略的不同，根据对中国煤层气开采技术系统和三个子要素的技术成熟度预测结果选择煤层气开采技术进化路线。

1. 煤层气开采技术进化路线分析

1）中国煤层气开采技术系统进化路线分析

当前中国煤层气开采技术系统处于技术成长期阶段，需要对所属技术领域进行技术优化。运用TRIZ理论的技术系统八大进化法则对中国煤层气开采技术进行详尽的解读，找出其技术进化路线。

①技术进化路线1：完备性法则。此前的中国煤层气开采技术系统包括了动力来源、传输装置和执行设备部分，但缺少控制部分。通过引入控制流程和设备，对整个煤层气开采技术系统进行监控，将大大提高煤层气开采效率。重视对系统控制环节的掌控将是未来煤层气开采技术进化的方向之一。

②技术进化路线2：能量传递法则。通过减少不必要的能量损失，提高整个系统的工作效率，如在煤层进行钻进过程中，直接用钻头在煤层作业所需能量要比使用钻头采用旋转的方式进行作业所需能量多。因此在钻井作业中选用损耗能量更少的作业方式是未来的技术进化方向之一。

③技术进化路线3：动态性进化法则。为了减少在煤层钻进过程中煤层受到的伤害，对使用的钻井液进行改进。煤层的压力比较低，使用近似固态的泥浆液容易因为其密度高压力大对煤层造成伤害，因此可以采用低固相或者无固相的钻井液、清水进行钻进。甚至随着技术的进步，使用气体进行钻井也是未来的技术进化方向，目前的空气钻井技术正在研究中，这类技术不仅成本低、钻速快，还能保护外力对产煤层的伤害，因此将会大大降低综合钻进成本。

④技术进化路线4：子系统不均衡进化法则。本书将煤层气开采技术系统分为了空间

维、机理维和材料维三个子要素，根据"木桶效应"，提高木桶的最短板将会提高整个系统的性能。目前三个子要素都处于成长期阶段，发展速度相差不多。在未来若某个子要素成为系统的最短板，可以加大对其的研究力度，提高子系统的性能，这样整个系统也会进化。

⑤技术进化路线 5：向超系统进化法则。通过将各项技术组合一起形成一个超系统来提高效率。直井、水平井的钻进和完井、煤层气增产是单独的三个技术部分，通过将这三类技术组合起来形成一个集钻井、完井和增产于一体的超系统——多分支水平井。这种新型的煤层气开采技术更加适应于低渗透率的地区，这项技术系统整合了多个单独的技术单元，能够更大限度地沟通煤层间隙，增加煤层中的卸压面积，减少钻井数量，提高了抽采率和经济效益。

2）空间维技术要素进化路线分析

①技术进化路线 1：向超系统进化法则。在空间维技术要素中，煤层气开采方位一般都是单独在某个区域进行抽采，近年来，为了加强抽采技术之间的联合，进行了立体抽采试验。在此技术中，地面钻孔对开采层进行压裂、抽采瓦斯以及对采动影响卸压瓦斯和采空区瓦斯进行抽采，同时井下钻孔对煤储层进行抽采，实现立体方位抽采。

②技术进化路线 2：协调性法则。在对煤层气井进行固定时，由于地质原因和技术原因，煤层气井容易坍塌，而且固井液也容易对煤层造成伤害。为了协调技术系统的工作频率，需要在保证固井质量的前提下，减少对煤层的伤害，目前的技术思路还是直接对井壁进行固定，但从空间方位角度进行构思，可以通过导流管绕过煤层进行固井，这样不与煤层接触，避免了对煤层的伤害，这是未来进化的方向。

③技术进化路线 3：提高理想度法则。随着垂直井、水平井和多分支水平井、定向羽状水平井等技术被开发出来，煤层气开采技术系统的开采效率被极大地提高，系统的理想度也越来越高，但这些新技术尚有关键技术点有待创新，将是以后的进化重点。

3）机理维技术要素进化路线分析

①技术进化路线 1：动态性进化法则。当前的增产技术常用的是水力压裂，其原理是将液体作用于煤层之间的缝隙，使这些缝隙变得更大更宽，并由于排斥作用，诱导煤层再次发生次生裂缝，提高了煤层的渗透率和煤层气的产量。随着技术的成熟，现在有利用气体替代液体进行压裂的趋势，虽然作用原理是一样的，但气体对煤层的伤害小，保护微小隙缝，因此是未来技术发展的方向。

②技术进化路线 2：向超系统进化法则。通过将完井技术和材料装置组合一起形成超系统，来更好地满足中国煤层气开采所需，这也是未来的技术进化方式之一。如将套管下入到煤层中，然后再进行割缝或者射孔作业。

③技术进化路线 3：协调性法则。在对煤层作业时，要充分考虑到对煤层的伤害，保护煤层是重要的技术指标。如在对煤层进行压裂作业时，容易产生煤粉，堵塞通道，造成压力过大，增加作业难度，因此压裂作业时煤层气增产和降低渗透率就是需要协调的两个技术指标，通过进行技术创新来同时实现煤层气增产和渗透率降低，这也是未来研究的一个重点。

4）材料维技术要素进化路线分析

①技术进化路线 1：能量传递法则。因为机械设备和装置的运行必不可少的就是能量的传输。因此在设备运行中减少能量的浪费、提高使用效率应该是未来的材料维技术进化

方向之一。

②技术进化路线2：向超系统进化法则。通过系统集成将设备和装置结合到一起，形成超系统，这样能够减少人力的控制，降低人力成本，提高系统的智慧化水平，这必将是未来的研究方向。

③技术进化路线3：微观进化法则。提高设备的智能化水平，降低设备的尺寸，减少运营成本，提高整个行业的效率。

④技术进化路线4：协调性法则。机械设备是煤层气开采过程中必不可少的组成部分，由于工艺复杂，需要的设备多种多样，因此砂卡和磨损是阻碍设备发展的重要因素。虽然目前已经开始关注这些问题，但解决效果都不甚理想，这个研究方向将是未来材料维技术进化关注的重点。

2. 煤层气开采技术进化雷达图

通过上述对中国煤层气开采技术系统和子要素技术进化路线的分析，将各个技术领域的进化路线对应为各自的发展方向，制作煤层气开采技术进化雷达图，如图1-23所示。

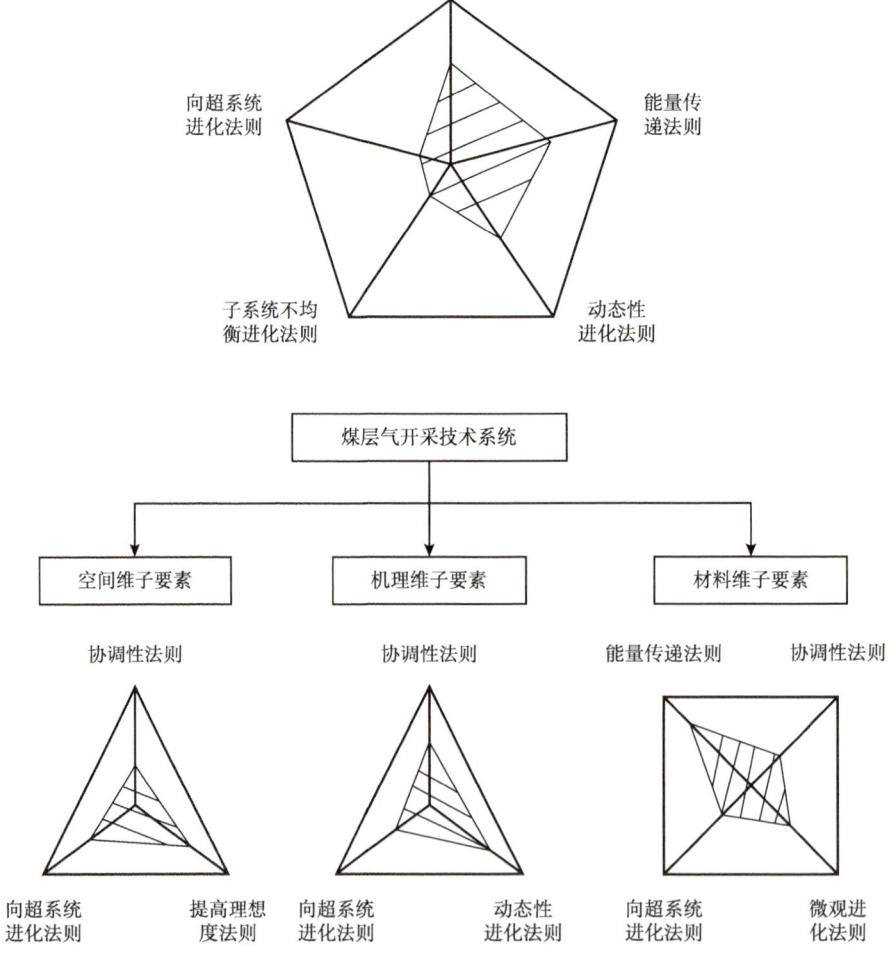

图1-23 煤层气开采技术系统及子要素技术进化雷达图

第一章 基于创新方法的非常规油气资源开发工程技术需求集成分析研究

针对中国煤层气开采技术系统和三个子要素的技术发展趋势，本书所提到的各个技术领域的进化方向部分发展迅速，距离临界点比较近，但部分进化方向尚处于快速发展期，距离极限较远，这也说明四个技术领域尚有发展潜力。由于煤层气开采自身的特点，系统完备性和能量传递法则的技术进化比较成熟，在这些方向上的研究可以适当放缓。目前四个技术领域的技术进化集中在协调性法则、向超系统进化法则、动态性法则和子系统不均衡进化法则这几个方向，而且这几个技术进化方向的发展潜力较大，技术前景较好，因此，本书预测未来煤层气开采技术的研究多集中在技术系统集成、技术柔性化方向以及改善子系统的不均衡发展。

六、非常规油气资源开发潜力和发展前景

由于非常规油气资源勘探开发的复杂性和新兴性，目前的研究主要集中在非常规石油资源的战略作用和前景分析方面。随着油砂、页岩油气等非常规油气资源在一些国家（如美国和加拿大）规模化开发并取得可观的经济和社会效益，页岩气成为非常规天然气资源和热点发展方向，油砂和致密油则成为非常规石油资源发展的"亮点"类型。从乐观者的角度而言，非常规石油资源尤其是油砂和超重油在延缓石油生产峰值和国家能源安全中起着很大的作用。然而，石油对外依存度是一个动态的问题，它不仅仅取决于石油的供应和需求程度，还是长短期市场能力博弈和调整的结果。目前，对于美国而言，页岩油气大规模的商业化开发，使其只要制定出稳健的、协作的能源政策，就完全可能实现能源独立，而不必仅仅依靠石油外交政策。

通过对全球常规—非常规油气资源潜力及趋势预测得出：非常规油气革命确实可以延长石油工业生命周期，并能有效缓解常规油气资源供应日趋紧张的形势。委内瑞拉超重油和加拿大油砂项目大规模的成功开发也确实证明了非常规油气资源开发可以有效缓解石油生产峰值的到来。著名石油专家严陆光等也开展了非常规油气资源的论证，一致认为其对满足日益增长的石油需求和保障国家能源安全均有着重大意义。中国非常规油气资源潜力远大于常规油气资源，加快非常规油气资源的勘探开发对于提高中国油气资源供应能力具有极为重要的现实意义。值得注意的是，要想提高中国非常规油气资源发展前景和油气资源自给能力，加强非常规油气资源的探索性研究和技术准备，同时制定其长远发展规划是关键内容之一。

根据中国非常规油气资源勘探开发前景与未来的发展战略，未来 10~20 年，中国非常规油气产量将显著增长。根据英国石油公司发布的研究报告可知，到 2035 年，中国的页岩气产量将占全球页岩气产量的 13%，届时中国和美国将共同提供 85% 的全球页岩气产量。同时，借鉴北美海相页岩气开采图片的成功经验，陆相页岩油工业化也有望在中国率先突破。中国油砂资源分布广，开发潜力大，随着技术的不断引进和创新，油砂开发商业化和规模化将成为可能，而且中国油砂资源埋藏浅、含油率高和开采价值较高等特点，为油砂资源经济化开采提供了基础保证。目前致密气已成为全球非常规油气资源勘探开发的重要领域之一，中国致密气开发技术相对较为成熟，如苏里格油气田的致密气开采。如果能够采取有效的政策激励措施，则致密气的开采将具有较大规模的产量，发展潜力更大。

由于非常规油气资源发展前景和其资源量密切相关，不少学者都希望能较为客观真实地评价其资源量和发展潜力，研究非常规油气资源评价方法以希望能较为准确地估测，但

有关的结果却和许多机构及人员的研究结果相差较大。

  从目前资料分析，页岩气资源极有可能成为一种未来大行其道的非常规天然气资源，20世纪90年代以来，人们不仅重视煤层气与致密砂岩气的勘探开发，随着北美页岩气的成功开发利用，人们更是将目光转向了资源更丰富、开采周期长、产量高的页岩气资源上，虽然页岩气产量目前尚不及煤层气，但其发展速度之快，大有后来者居上的势头。丰富的资源基础和良好的产业起步为页岩气发展提供坚实保障的同时，体制机制不断健全为页岩气发展提供了强大动力。页岩气被确定为独立矿种，勘探开发的体制障碍部分消除。两轮探矿权招标的探索为完善页岩气矿权竞争性出让和建立矿权退出机制积累了有益经验，多种性质市场主体合资合作开发模式的建立也为吸引和扩大页岩气投资提供了宝贵经验。随着油气体制改革的全面推进，市场准入进一步放宽、基础设施实现公平接入、价格市场化机制建立和行业监管不断完善等，都将为页岩气发展提供公平竞争、开放有序的外部环境[55]。

第二章 基于创新方法的非常规油气资源开发工程研发流程集成设计

技术研发指新品种、新技术从创新构思的产生直至品种、技术审核确定的环节,是研发人员或研发机构根据市场现实或潜在的需求,通过一定的材料和技术路线,采用适当的方法和手段,筛选出具有能满足市场需求或能更好地满足市场需求的新品种、新技术、新服务。

技术研发流程按其逻辑性可以划分为六个阶段:概念、计划、开发、测试、发布、生命周期。而研发流程改进也是个持续的过程,需要不断地持续改进研发流程。

第一节 技术研发流程演进

自20世纪50年代末期开始,伴随着欧美国家业界最佳实践的积累,技术研发体系经过多次演变,当前已经演进到第四代。目前国内企业的技术研发体系大多数还处于第三代,部分企业正在研究并借鉴欧美国家的第四代技术研发体系,建立以满足客户需求为基础、市场发展趋势为导向的自主技术研发体系[56]。

一、第一代技术研发流程

第一代技术研发流程属于单打独斗的发明创造阶段,从20世纪50年代末至60年代初。在这个阶段,企业家为了实现某种想法召集一批科学家以及工程人员,并提供大量的资金资源、先进的设备仪器让他们进行研究发明创造,最后把研究的成果转化为利润收入以及占领新的市场。技术研发主要集中于发明上,包括新的消费类技术的发明,如爱迪生发明了电灯,或者发明新型的生产设备,用于提高生产效率。

该阶段经常出现研发的技术与市场需求严重脱节的情况,这些科学家凭自己的想象进行技术的创作,工程师们往往局限于科学研究而不注重考虑市场需求,完全依靠科学家自身的能力,技术研发过程对于企业管理者来说就像一个暗箱。

二、第二代技术研发流程

第二代技术研发流程属于研发部门与其他部门串行协同作战阶段,从20世纪60年代至80年代末。第二阶段技术研发体系的主要特征是导入了比较严谨的项目管理手段,但往往是研发人员组成的项目管理团队。这个阶段国际项目管理协会(IPMA,1965)和美国项目管理委员会(PMI,1969)均宣告成立。

此阶段技术开发项目往往是由研发部门相关人员组成项目团队,由这个团队试图对项目的成功直接负责。以项目管理为基础搭建研发部门的整体战略框架，将公司除了研发部门之外的其他部门甚至包括公司的领导作为外部客户进行探讨，试图加强市场业务与技术研发之间的协作交流。

这种抛砖过墙式的研发管理模式，通过部门之间的串行过程，实现从市场调研、技术研发、技术试销与大规模生产、内测、营销再到售后服务的串行工作方式。项目管理往往是在研发体系内进行实践，把新技术开发仅仅是当作研发部门的事情，由于在技术开发项目管理上各部门目标不一致，公司内部各部门沟通协助困难。

三、第三代技术研发流程

第三代技术研发流程属于跨部门联合团队工作阶段，从 20 世纪 80 年代末至 90 年代末。第三代技术研发体系主要特征为：寻求创建一种跨职能部门，甚至在多个公司展开的技术研发团队，这种研发体系以公司的战略目标为导向。通过对公司的战略目标进行层层分解，确定技术开发的目标和方向。

从技术研发的表现可以看出，第三阶段研发管理的特点不仅包括市场规划、矩阵式组织结构、跨职能部门组建开发团队，而且还包括技术平台的规划、技术战略规划。

跨职能部门的技术研发团队，不仅可以通过市场业务部门及时了解市场的最新动态，而且在技术研发出现偏离轨迹时可以及时纠正，从而大大提高了技术研发获取市场成功的概率。

四、第四代技术研发流程

第四代技术研发流程属于技术研发以市场为导向和客户需求进行互动阶段，从 20 世纪 90 年代末至今。第四代技术研发关注市场和客户需求，通过企业内部各个部门的有效集成，把一组需求和思想转化为市场上成功的技术。在技术投放市场期间，企业不断地收集客户的反馈信息，使得能够更好地把握了解客户在售前、售中、售后各个时间段隐含和明确的需求和期望，这样一来技术可以在第一时间进入市场并快速建立领导者地位。

第二节 技术研发创新体系的思想和框架

集成产品开发的英文全称为 Integrated Product Development（IPD），来源于 PRTM 咨询公司提出的 PACE（Product And Cycle-time Excellence），即为产品及生命周期优化法，是经过对业界最佳的优秀实践精粹的吸取以及提炼，并且通过了 IBM、华为等大批国际知名公司的实践证明，显然 IPD 是目前最先进、最完整的产品研发流程改进的方法论[57]。集成产品开发（IPD）是一套优秀的、经过国内外实践证明的、可靠先进的产品开发管理模式、理念和方法论，本书基于 IPD 方法，对非常规油气资源勘探开发技术研发流程进行分析。

一、非常规油气资源勘探开发技术研发流程的核心思想

①基于市场和客户需求驱动的集成技术开发流程管理体系。进行任何技术研发前首先做好充分的市场调查，细分市场的选择、市场的发展趋势，市场需求分析的力度与好坏将

直接影响技术研发的成败。集成技术研发重点关注技术研发流程与市场需求管理流程有机结合，正确分析细分市场需求和技术概念规划是技术开发的第一步，也是技术开发过程中最重要的一步。

②关注商业成功，将技术开发作为一项投资进行管理。技术开发的决策评审是企业最核心的投资决策，不但要考量技术开发投入多少资源，而且还要深思目前市场有哪些机会以及企业的发展机会，一般情况下，公司的资源大多数时间是有限的，选择这个甲项目的同时就意味着不能将资源再投入另外的乙和丙项目。所以最好将公司有限资源投入到符合市场发展趋势的技术组合上，并且通过在技术开发过程中设置各个开发阶段相对应的投资决策和技术评审点来逐级降低投资风险，及时终止没有投资价值的项目。

③集成技术研发通过跨职能部门的研发团队，整合各个领域的专家智慧和相应的人力资源，并作出承诺为技术的成功共同负责。技术的研发流程不再局限于研发内部，而是联合好几个部门协作完成。集成技术研发中强调建立矩阵式的组织结构，搭建跨职能部门的团队实现技术端到端的开发，依据集成技术研发相关规范，各个部门的人员同时参与从而提高了技术的开发效率和技术的成功概率。

④采用异步开发模式，通俗地讲就是并行开发工程，主要通过精细严谨的计划、巧妙的接口设计，把之前串行开发模式的很多后续活动提前开发，从而提高技术的开发效率，缩短技术开发周期。异步开发是按照技术特点将技术进行层层分解，并进一步划分为各个子模块、共用基础平台、通用技术等不同层次的子任务，然后由不同的团队同时开发这些任务。任何两款技术之间都存在差异，集成技术研发的异步开发模式通过通用技术平台规划、共用技术的重用、设立共用知识库的方法不但没有牺牲技术间的差异化，而且提高了技术间共用基础模块的重用率，提高了技术的开发效率，加快技术的更新速度，从而帮助企业快速高效推出有竞争力的技术。

⑤使用结构化并行流程，将流程分为不同阶段，通过 DCP 决策实现 IPMT（投资方）和 PDT（承诺方）的互动，资源分批受控投入。

⑥技术开发与技术开发相互独立。目前越发激烈的竞争环境要求技术的需要在较短的时间内完成开发，如果在技术开发过程中再花费过多时间和人力来处理技术难题，不仅会导致开发延期，而且可能会让技术错过市场机会。因此集成技术研发建议把这些技术难题独立出来提前解决，技术开发则更多地强调运用已开发出来的关键技术，加入一些技术差异性的独特特性，来形成最终的技术。

⑦职能线和技术线均衡。技术的开发不仅仅需要技术线的努力，还需要其他职能部门的协同工作，技术能否顺利开发完成很大程度取决于技术线和职能线的共同努力，因此在提高技术线作业能力的同时，也需要提高职能部门专业领域的技能。

⑧与时俱进，灵活发展。集成技术研发虽然有一定的复杂性但不失灵活，通过不停地在解决问题过程中的积累和对业界的优秀实践精华的萃取实现持续改进优化。

二、集成技术研发的整体框架

集成技术研发的框架由市场管理、流程重组与技术重组三大模块构成，可进一步细分为客户需求分析、投资组合分析、衡量指标、跨部门团队、结构化流程、项目和管道管理、异步开发、共用基础模块等八个子模块。其逻辑结构如图 2-1 所示。

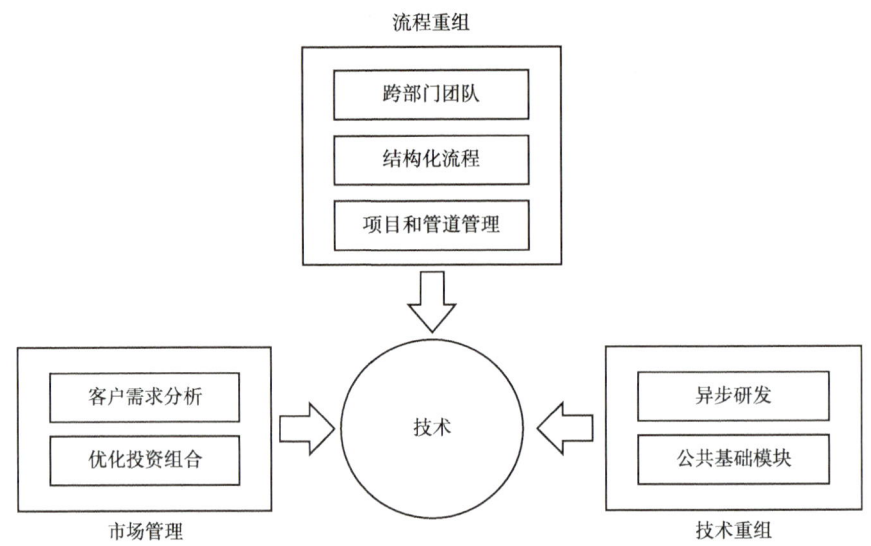

图 2-1 集成技术研发整体框架图

1. 市场管理

市场管理主要从客户需求、投资组合、市场环境状况等企业外部因素方面分析技术功能特色与开发周期，主要包括客户需求分析、投资组合分析以及技术衡量指标三个部分。

1）客户需求分析

集成技术研发以客户需求为导向，客户的需求是技术研发构思的源泉，在真正了解客户的痛点后，做出来的技术才会有客户愿意买单。所以客户需求分析是技术开发最关键的一步。

2）投资组合分析

集成技术研发关注技术在商业上的成功，重点强调技术投资组合投资效益分析。需要根据测定新技术的投资回报利润率，正确决策评审、判定企业是否投资开发一款新技术，以及合理地分配各个新技术的资金配额。如果企业通过投资组合分析确定了影响投资回报的有关决定因素以及这些动态或者动态因素的衡量标准，就能够帮助企业管理者做出正确的投资决策。

企业能否有效地做好技术投资资金分配的策略，获取良好的投资效果，提高回报效率，不仅是一个企业的战略问题，也是企业进行业务投资组合计划的首要目标。特别是对于经营多种技术的复合型企业，首先需要研究各个技术结构，以及企业各种技术的投入资金、预计上市时间、利润回报与市场占有率、市场成长性的关系，然后再决定对各个技术的投资分配额度。企业在进行技术投资前先要进行技术投资决策评审，只有符合企业的利益才能进行下一步的投资计划。企业的技术组合最终应该是覆盖多个层次的用户，而且是经济效益最高的组合。因此，投资组合需要考虑技术业务方向、市场竞争对手、用户需求、企业自身优势、企业的资源条件、投资回报目标等因素，合理规划技术线的投资组合。

投资组合分析一直伴随着整个技术的生命周期，在技术开发过程的关键节点设置检查点，通过公司高层的决策评审来决定项目投资是继续进行、暂停、终止还是重新规划方向。在技术开发的关键里程碑阶段，需要对每个阶段的输出物进行决策评审，通过评审鉴定是否能够进入下一步开发，从而可以最大程度地降低公司的资源浪费，规避没有意义的资源投入，及时把资源转移到有前途的技术上。

3）衡量指标

衡量指标是技术开发结果好坏以及技术开发团队成员工作成果进行评判的标准集合，并且还是集成组合管理团队（IPMT）进行技术决策评审的重要依据。比如技术开发阶段的考核标准有硬指标（像财务收益指标、技术开发效率等）和软指标（像客户满意度、技术稳定性等）；衡量标准有投资回报率、技术成长性、失败的项目数、技术开发周期、技术盈利能力、公共模块的重用使用率情况等。

2. 流程重组

集成技术研发的流程重组划分为跨职能部门组织结构调整、结构化并行开发流程优化以及项目和管道管理。

1）跨部门团队

企业组织架构是工作流程运作的支撑和保障，在集成技术研发中划分为两种跨职能部门的团队，一种是集成组合管理团队（Integrated Portfolio Management Team），简称IPMT，主要由公司的高层员工组成；另外一种是技术开发团队（Technology Development Team），简称TDT，主要由开发代表、测试代表、销售代表等执行层面的员工组成。

IPMT和TDT两个团队均由各个领域的人员组成，不仅包含技术专家、财务专家、销售人员，而且还包括解决方案人员、客户服务等，每个人的分工和工作重点都不相同。

IPMT团队是由公司高层人员组成，其工作是制定公司的技术规划战略和投资决策。TDT是具体执行技术开发的团队，其工作主要是根据技术开发计划执行并确保技术能够按时完成。TDT团队是一个虚拟化的组织机构，在技术开发过程中成员一起工作，当技术终止时团队也就随之解散，由TDT经理组织负责团队的日常工作活动。

2）结构化流程

集成技术研发流程可以划分为概念设计阶段、计划阶段、开发阶段、验证阶段、发布阶段以及生命周期阶段。在技术开发过程分段设置评审点，这些决策评审点及时地识别商业风险，主要关注技术在商业上的成功。决策评审点有公司制定的统一衡量标准，只有当前的决策评审通过了才能进入下一个阶段。集成技术研发流程可以描述如下：

①在概念阶段，市场人员将商业计划书提交给IPMT，如果通过IPMT的决策评审，将组建TDT团队。

②TDT成员到位以后，通过了解用户需求、市场收集的信息制定技术开发的业务计划。业务计划不仅包含市场行业调查报告、用户规格要求、技术大体功能概述、竞品分析，还包括技术开发计划、市场推广计划、技术服务支持计划、财务成本预算等方面信息，不仅要从技术角度分析，还要从业务角度去分析，保证技术最终能够成功盈利。

③业务计划制定完成之后，提交给IPMT进行概念决策评审，审核通过的项目可以进入下一个阶段，即计划阶段。

④在计划阶段，TDT经理根据现有的人力资源、开发时间、经费预算等综合因素，形成一个具有可操作性的详细业务计划。

⑤在技术开发阶段，主要由 TDT 团队负责从技术开始开发到推向市场的整个研发过程，并在研发的过程中设置相应的评审点，确保技术不会偏离市场。

3）项目和管道管理

项目管理可以帮助团队更好地团结起来，让团队高效地运转。首先项目会确定一个目标，这个目标一般是先将客户的需求通过过滤和梳理形成技术的规格说明书，然后制定详细的项目计划。从技术立项到技术上市的整个研发过程会涉及很多息息相关的关联活动。

然后按照活动的顺序和优先级进行资源分配，在项目实施的过程中按照项目计划并结合实际情况，可以做适当的调整，但是 TDT 团队的最终承诺要保持不变。TDT 团队在项目交付的整个过程中都会参与。

管道管理和项目管理是紧密结合的，管道管理就像中央处理器，根据公司的战略规划，对各个项目按照优先级进行资源分配。

3. 技术重组

技术重组主要关注异步研发和共用基础模块（Common Building Blocks，CBB），是集成技术研发流程提高研发效率的重要手段。

1）异步研发

异步研发模式的主要思想是把技术按照层次划分为平台通用层、子系统层、服务接口层等几个独立的部分。每个层次相互之间没有制约，可以安排不同的团队同时研发，从而提高技术研发效率、缩短技术的研发周期。

大多数情况在技术研发过程中，上层技术往往会依赖下层技术，因此一旦下层次的工作进度延期，将会造成上层工作的阻塞从而延长整个技术的研发周期。所以在技术设计时要尽可能地削弱技术研发层次间的相互依赖关系，顺利保障各个层次任务的异步研发。

2）共用基础模块

共用基础模块（CBB）指那些可以在不同技术线、系统、层次之间通用的平台、模块、组件及其他相关的经验或者技术积累。如果技术之间共用模块的程度较低，伴随着技术种类和版本的不断增长，这将导致技术维护成本逐渐升高等一系列问题。如果在技术研发过程中尽可能地使用已经非常稳定和成熟的公共基础模块，这将会大大地保证技术的质量、提高研发效率以及降低技术研发成本。因此，通过将公司技术进行重整，建立大量的共用基础模块（CBB）数据库，实现技术预研、基础模块、子系统以及零部件在各个技术之间的重用和共享，从而提高技术的研发效率、提升技术质量、降低技术维护和研发成本。

三、研究流程创新原则

1. 结构化原则

结构化主要是指所有的流程活动按照一个流程框架进行，并且这个框架可以为每个活动规范提供指导。

公司经营以及研发活动大多数都是可规范化、可管理化的。为了确保能够清晰地指导和管理规模庞大而又复杂的技术研发活动（包括决策评审活动），新的研发流程应该遵循结构合理、定义清晰的研发流程设计思路。在保障研发活动高质量和高效率的同时，又不会约束研发活动的创新性，反而可以有效地促进技术的创新。结构化地设计在研发活动

第二章　基于创新方法的非常规油气资源开发工程研发流程集成设计

中，让不同的专业技术活动以及不同的职能部门同时作业，从开始到结束各方面的人员都参与进来，提高技术开发效率，缩短开发周期，提升用户体验。

2. 全流程原则

研发全流程不仅是一个开发流程，更是一个跨职能部门的业务流程。它从技术立项到技术上市，将技术研发所涉及的各个角色和主要活动整合起来，从而保障技术开发计划的有效执行以及相关人员的配合，最终按时把满意的技术交付给客户。这就是说，研发流程需要将市场销售、开发测试、技术服务、采购供应链、质量控制、客户服务以及财务等部门各自的工作活动安排有机地结合起来。所以，研发全流程设计要遵循全流程的设计原则。

第三节　非常规油气资源开发工程研发流程集成设计

一、集成技术研发流程框架

在技术研发流程的各个阶段中清晰的定义了决策点，这些决策点不仅关注技术决策，更关注商业成功，只有决策评审通过，才能进入下一个阶段。整个技术研发流程不仅包含一般技术开发的七个阶段，而且还在这些开发阶段分别设置了五个公司高层决策评审点以及六个专家技术评审点（图2-2）。

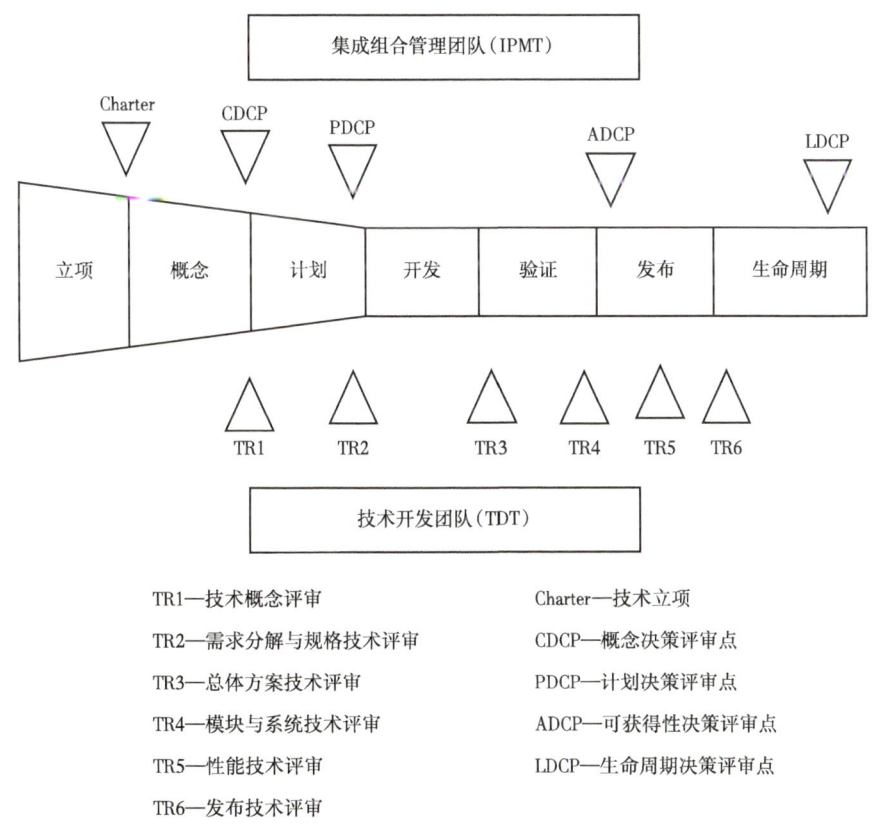

TR1—技术概念评审　　　　　　　Charter—技术立项
TR2—需求分解与规格技术评审　　CDCP—概念决策评审点
TR3—总体方案技术评审　　　　　PDCP—计划决策评审点
TR4—模块与系统技术评审　　　　ADCP—可获得性决策评审点
TR5—性能技术评审　　　　　　　LDCP—生命周期决策评审点
TR6—发布技术评审

图2-2　集成技术研发流程框架

1. 决策评审

1) 决策评审目的

技术研发公司通过决策评审保证公司发展方向的正确性，做正确的事。技术研发流程通过决策评审点（Decision Check Point）对技术研发的风险进行逐级收敛，技术研发时一个渐进明晰的过程，风险也是逐步来控制的，这个是要遵循客观规律的，所以在集成技术研发过程中设置不同的节点来控制。决策评审不仅仅避免研发投资的失败，更重要的是将有限的资源发挥出最大的价值。所以，设置决策评审点的意义是降低技术研发风险的同时将投资收益最大化。

2) 决策评审的主要活动

集成技术研发流程的决策评审主要是为整个研发过程保驾护航，实现风险收敛、投资最优，具体的决策评审流程如图2-3所示。技术通过立项决策评审点，意味着技术研发项目正式得到了IPMT的承认，高层团队为技术研发组建项目组，进入概念阶段；当概念阶段结束时召开概念决策评审（Concept Decision Check Point，CDCP）会议，该评审点通过，意味着高层团队同意TDT团队进入计划阶段，开展计划阶段的活动，并提供相应的资金和资源；计划阶段结束后召开计划决策评审（Plan Decision Check Point，PDCP）会议，该会议通过，表示该项目可以进入研发和验证阶段，这时候研发风险相对能够得到保障；直到验证阶段结束召开可获得性决策评审会（Availability Decision Check Point，ADCP），可获得性决策评审会议通过后，项目正式进入发布阶段；通过TDT团队的云总，直到GA点技术正式进入技术生命周期阶段。GA节点也就是技术研发项目正式结束的节点，该节点的状态要求客户能毫无障碍地买到，毫无障碍地得到服务，毫无障碍地使用所研发的新技术。技术上市后，直到技术形式发生变化，技术生命周期趋于过时，新的技术的涌现，或主动淘汰，当这些因素导致该技术的市场绩效不能满足企业要求时召开生命周期终止决策评审（Life cycle Decision Check Point，LDCP），通过决策主动地有计划地停止营销、停止服务、停止生产和停止采购。

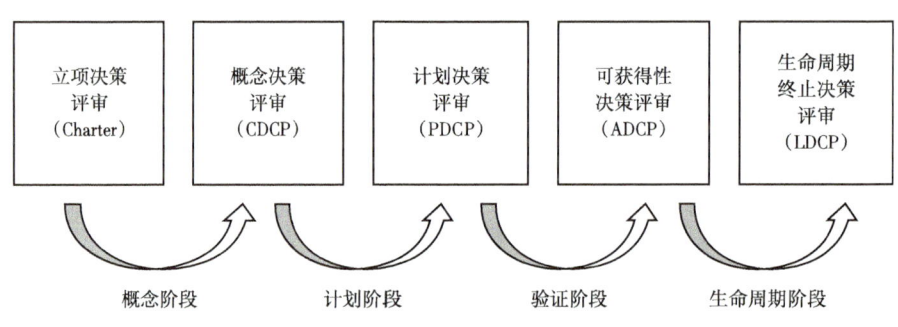

图 2-3 决策评审阶段

3) 决策评审的结果

在决策评审会议前，TDT团队和各位IPMT委员做好会前沟通，一方面保障IPMT中各委员和TDT各领域代表就本业务计划书中的对应内容达成一致意见，另一方面提高评审的效率。决策评审的结果只有通过和不通过两种情况，一旦决策评审不通过，整个产品开发将会被终止，TDT 团队也将被解散。

2. 技术评审

1）技术评审的目的

技术评审（Technical Review）是一个体系的概念，不仅仅代表技术评审会。技术评审是一系列分层次、多角度、跨领域的评审活动，以保证技术研发的过程质量和交付质量。

2）技术评审的主要活动

集成技术研发流程的技术评审体系，要求先在各个专业领域内进行技术评审，如软件编解码方案评审、软件总体设计评审、硬件总体方案评审、硬件接口电路评审，然后才是子系统评审，最后才是 TR 评审。TR 评审是对整个技术研发系统各个方案的评审。需要指出的是，TR 评审不仅仅包括研发领域的评审，还包括采购、制造、财务等领域的评审。因此技术评审是一个跨领域、多层次、多角度的评审。

TR 评审的负责人通常是由技术研发团队的 SE 来负责，并做好评审计划。跨部门团队中的各个成员要做好评审要素表的自检，SE 组织编写 TR 评审汇报材料，列出该阶段主要的工作和完成情况，做了哪些质量保障活动，发现多少问题，这些问题的解决情况如何，下一阶段的计划如何，主要存在的风险是什么？这些都要在汇报材料中展现。通过 TR 评审会展现成果并暴露发现的问题和风险，供专家和评审委员评估前期工作进行得如何，技术的成熟度如何，是否可以进入下一个阶段。

最终输出评审报告，将整个评审过程记录清晰，并给出主要的风险和改进措施，并形成明确的结论。TR 评审报告由 SE 给出，各个评审评委进行会签，项目经理根据各位评委的意见，最终给出评估结论。

TR 评审会后需要发布正式的 TR 评审报告，各相关人员按 TR 评审报告要求去改进闭环，并在下一次 TR 评审会上展示上次 TR 的遗留问题闭环情况。整个过程如图 2-4 所示。

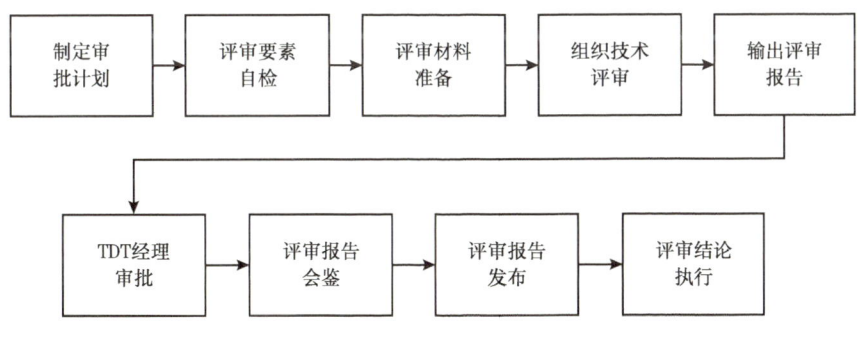

图 2-4　技术评审流程

3）技术评审的结果

技术评审的结果要输出正式的评审报告，评审的结论有三种情况：第一种是技术评审通过（Go），而且没有发现遗留问题或者只是一些类似界面文字调整的可以处理的问题；第二种条件通过（Go with Risk），遗留问题对系统部分功能具有一定的风险，但又可以不阻塞下一步活动的开展；第三种不通过（Redirect），遗留问题已经严重阻塞了下一步活动的继续进行，必须马上解决。

二、集成技术研发具体流程

流程是有输入和输出的若干活动的集合，活动的颗粒度有大有小，阶段是颗粒度最大的活动，可以将技术研发流程划分为立项阶段、概念阶段、计划阶段、开发阶段、验证阶段、发布阶段以及产品生命周期阶段（图 2-5）。

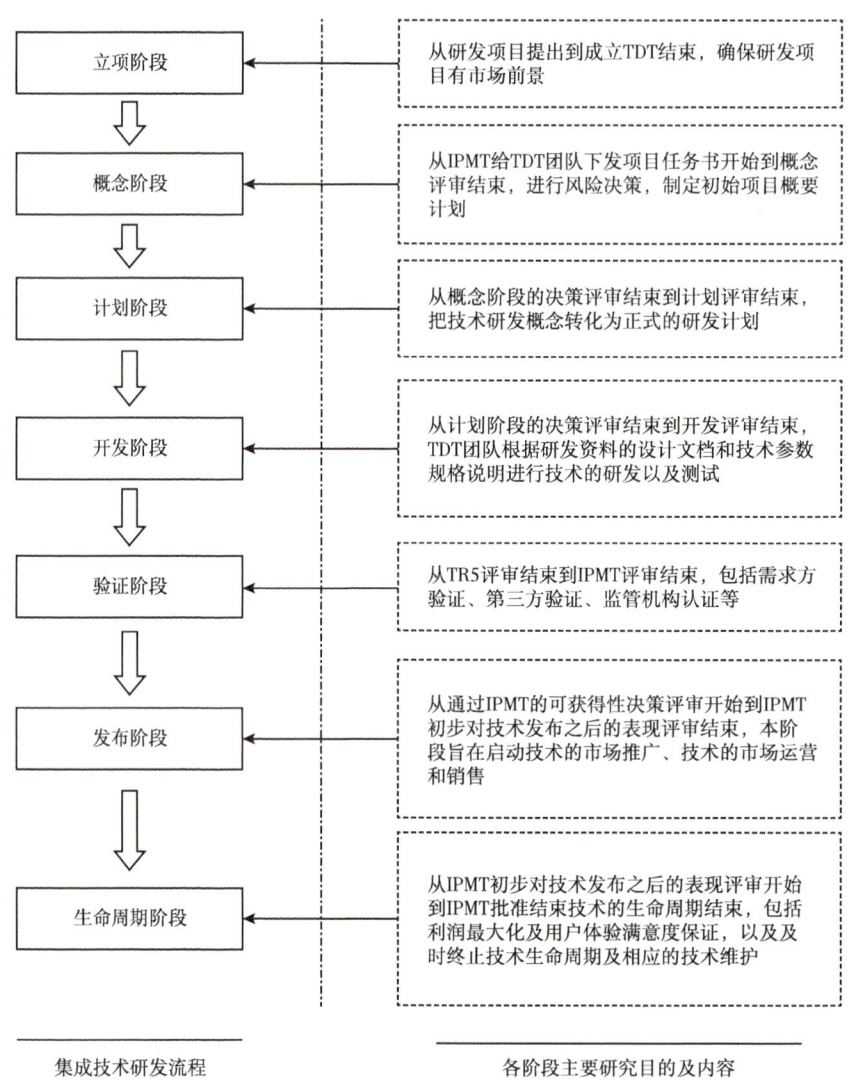

图 2-5　集成技术研发具体流程图

立项阶段：该阶段旨在分析现有技术的专利情况，进行市场评估及需求分析，预测技术的成熟度及发展趋势，编写研发计划书，提交给 IPMT 评审，评审通过，成立 TDT。

概念阶段：成立 IPMT，组建 TDT（TDT 是一个跨功能部门的技术研发团队，负责对技术研发的整个过程，从立项，到技术研发，到将技术推向市场，再到量产进行管理；TDT 的主要目标是根据 IPMT 下发的项目任务书中的要求，保证技术在财务和市场上取得成功);了解市场、收集信息、制定业务计划(业务计划包括市场分析、产品概述、竞争分析、生产和供应计划、市场计划、客户服务支持计划、项目时间安排和资源计划、风险评估和风险管理、财务概述);概念决策评审。

计划阶段:TDT 形成一个总体、详细、具有较高正确性的业务计划;综合考虑组织、资源、时间、费用等;TDT 提交 IPMT 评审。

研发阶段:按计划启动各研发活动;关注活动时间;关注活动费用;执行计划中的承诺;更改或修正。

验证阶段:TDT 开发输出技术;对技术进行功能、性能的指标测试;IPMT 决策;提交第三方测试;试验局检验;生产定型。

发布阶段:IPMT 决策批量生产;TDT 团队解散。

生命周期管理:IPMT 跟踪客户需求;直至产品退出使用。

1. 立项阶段

1)立项阶段的目的

首先通过立项阶段的决策评审,对技术的投资进行漏洞筛选,在确保有市场前景并且具有盈利能力后,再进行下一阶段的活动。其次,围绕着技术需求、技术研发构想与技术需求方进行反复沟通,以保证正确地理解技术需求方的需求,使得研发的技术符合市场需要,可以为企业带来现金流和利润。然后,分析类似技术的战略控制点,预测竞争对手未来的研发方向,剖析竞争对手技术的优劣势,将分析结论体现到技术研发构想中,保证技术的竞争力。最后,通过制定《商业计划书》清晰地表明技术研发的成效,以及实现该技术研发的关键路径策略。

2)立项阶段的主要活动

立项阶段的主要活动包括了市场评估、需求分析、规格定义、编写研发计划书、决策评审、成立 TDT 这六个部分,具体流程如图 2-6 所示。其中,市场评估和需求分析可以从专利规避的角度出发,通过分析现有技术专利的状况,可以预测该技术成熟度和发展趋势。

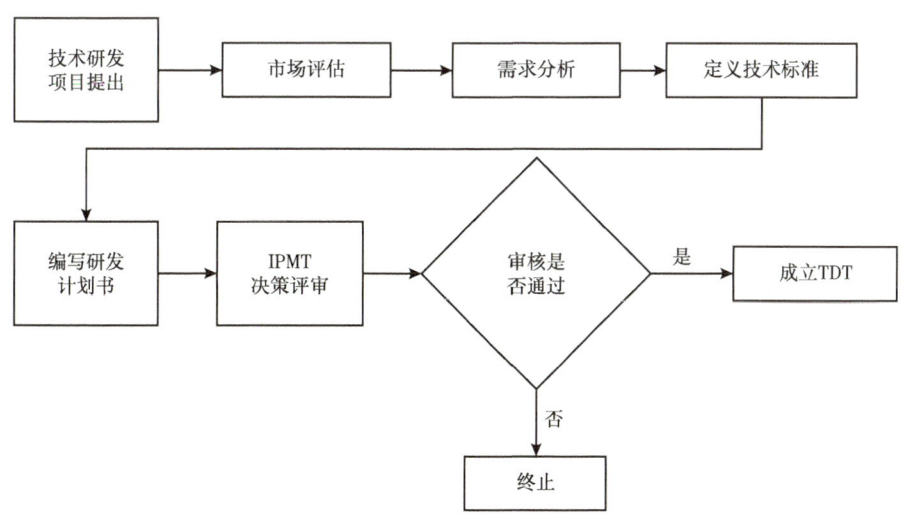

图 2-6 立项流程

3）面向创新的专利规避设计

专利作为一种具有法律保障的优势因素，已经成为市场竞争的关键手段，专利对某种技术的市场垄断不仅使企业获得最大的市场份额，还能从技术跟进者那里获益，但同时其他企业的专利也成为其进入该技术市场的障碍。随着中国市场的全面开放，跨国公司在一些重要行业进行了高密度的专利部署，导致中国企业在这些行业中遇到了非常多的专利壁垒，中国企业为了避开跨国公司的专利壁垒，必须投入巨资另辟蹊径进行新的技术研发。如何提高企业的自主创新能力和拥有自主知识产权技术，已经成为中国企业亟需解决的重要问题。

企业要提高核心竞争力，关键是要重视知识产权的创造与应用，重组技术创新和专利战略。专利获得某项技术垄断权的前提是公开技术的核心方案，专利中记载了丰富的技术信息，并随技术进步不断更新。欧洲专利局曾经统计过，世界上80%以上的科技信息首先在专利文献中出现过，善用专利信息，可以减少60%的研发时间和40%的科研经费。因此，利用专利进行产品的创新设计日益受到研究人员的关注。专利规避设计是指根据现有专利文献中提供的大量有用的技术信息和竞争情报，通过合理的专利规避策略指导，能够在现有技术的基础上进行更高起点的产品创新。本课题将发明问题解决理论应用于专利规避设计，将专利规避的原则与TRIZ的分析工具结合，选择合理的TRIZ工具进行现有专利的分析，并将该专利技术转化为TRIZ中的一般问题，根据专利规避的原则并结合TRIZ分析结果确定规避现有技术的发明问题，应用TRIZ知识库工具解决该发明问题，推动现有专利技术的进一步发展，实现对专利的创新规避。

专利规避已经由法律、专利策略等方面的规避转化为规避设计，通过重新对技术方案进行改进实现与现有专利保护范围不同的新技术。本书所指的专利规避设计的实质是技术研发活动，是在避免侵害某一专利申请专利范围的前提下进行的一种持续性创新设计，在现有专利技术的基础上，提炼其技术优势并寻找新的市场价值的创新点，以创新点为驱动力进行技术创新与新产品开发并对其申请专利保护，形成企业自有的知识产权。

（1）专利规避设计

专利规避设计起源于美国的合法专利权竞争行为，随着社会科技与知识的发展，企业之间的技术竞争越来越激烈，导致企业间的专利纠纷日益增多。因此，专利规避仅从法律角度的权利要求变化很难有效规避专利的技术保护范围，需要设计者进行深入的技术分析和研发，实现技术突破才能规避现有专利。Schechter将专利规避设计定义为企业在现有专利保护范围之外选择合理的技术研发方向进行新产品开发，绕开了现有竞争对手的专利权，并为企业赢得了一定的市场份额。

（2）TRIZ与专利规避结合的创新设计

TRIZ理论是一套供研发人员解决问题的系统化理论方法，其研究始于对先进技术创造性的发明存在普遍适用的原则，而当这些原则一旦能够为人们所定义和应用，它们就能指导人们去解决问题，实现技术突破与科学发明，并使发明的过程更具预见性。TRIZ理论认为，技术系统的进化存在客观的法则，人们可以依据这些进化法则预测产品的未来发展趋势，找到新产品开发方向。当遇到技术难题且不明确应该使用哪些科学原理法则时，TRIZ便能够提供解决问题的科学原理并指明解决问题的探索方向，TRIZ的各种算法与工具常会以不同的方式组合应用。

专利、TRIZ 和创新三者之间相互依存，将三者进行有效融合，可以实现有效的专利规避设计，如图 2-7 所示。图 2-7 清晰描述了专利、创新及 TRIZ 理论与专利规避的内在联系。专利是一种创新的激励制度，是通过专利授权保护发明人的权益来推动人们不断进行创新，从而开发新产品；TRIZ 理论是从专利分析中得来的创新理论，用于指导设计者进行有效创新；创新一方面需要以 TRIZ 理论等为支撑来辅助进行设计，另一方面也需要专利来保护创新的成果，因此通过创新方法作为指导规避设计可以有效开发出新技术来打破现有专利的垄断，TRIZ 理论正是来自专利中的创新方法。TRIZ 理论不仅有系统化的专利分析方法和工具，还通过应用 TRIZ 理论正确合理地获得相关专利的技术信息，为后续的产品创新提供理论支撑。

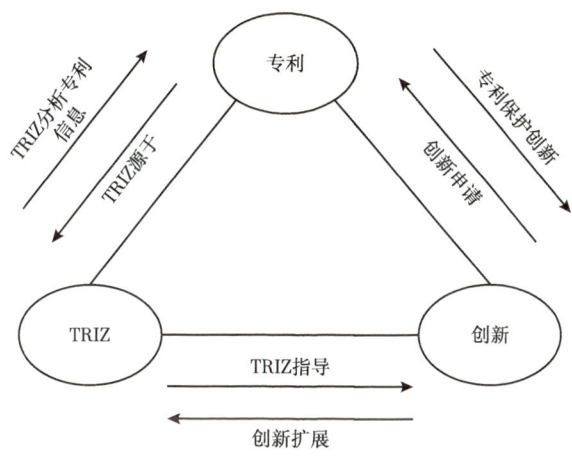

图 2-7 专利规避设计的创新概念界定

由此可见，专利规避设计的创新性是指在现有专利核心技术的基础上，通过分析权利要求书确定其专利保护范围中的漏洞，根据技术说明书找出该专利技术的优势及与市场需求之间的不足，以不侵犯专利权为目标，在充分发挥现有专利优势技术的基础上开发新的技术，从而规避该专利的技术垄断。专利规避设计的前提是对现有专利技术中可能存在的技术缺陷，以及该专利技术相关产品的市场需求变化进行充分分析，结合专利规避策略明确规避现有专利技术的研发方向（核心技术问题），应用 TRIZ 理论进一步将该问题转化为 TRIZ 的标准问题，选择合理的 TRIZ 工具来解决该问题，得到与现有技术不同的全新方案，并通过专利侵权判断保证不侵犯原有专利的保护范围。

4）基于 TRIZ 的专利规避设计方法

专利规避设计的关键是找到规避现有专利的技术突破口，市场需求提升和技术发展是推动创新的根本动力，专利规避设计的创新是将市场需求的变化作为主导，根据客户需求的变化来明确现有专利技术在新市场需求下存在的问题，确定新的专利规避设计的创新方向，同时吸收现有专利技术中的优势技术特征，将现有技术与新技术进行有机集成，形成一个全新的技术产品，并申请专利保护，开辟新的市场网格。因此，专利规避设计的前提是要应用 TRIZ 方法对待规避专利的相关技术分析，充分理解该专利技术的创新过程，以专利规避设计原则为指导，分析现有技术的性能指标与客户需求之间的差距，明确新的技术研发方向所要解决的核心技术问题，应用 TRIZ 的知识库工具解决该发明问题，实现最终产品创新，从而在整个专利规避设计中引入 TRIZ，指导规避专利的创新设计。

（1）基于专利创新级别的专利规避策略

根据所包含技术的创新性高低和技术关联性，专利分为基本专利和外围专利。基本专利指以某产品的核心技术所申请的专利，具有非常高的独创性，应用的价值和经济效益非常巨大；外围专利是在基本专利基础上的技术改进，是以基本专利为技术支持，开发面向不同市场应用技术所形成的专利。对于同一产品，基本专利的发明点不同，技术方案之间存在本质的区别；外围专利和基本专利之间存在技术依存关系，它是在基本专利技术基础上的拓展应用，其技术的实施必须依靠核心技术支撑。企业知识产权战略的重要内容是申请核心技术的基本专利，围绕该核心技术进行不断创新；对于已经存在的核心技术，企业一方面要围绕自身的基本专利进行技术的延伸，寻找更多的应用技术以扩大核心技术的产出，另一方面，对于竞争对手的基本专利，企业围绕核心技术申请许多外围专利包围该基本专利，与核心技术的专利权人进行市场份额的竞争。本书的专利规避设计根据 TRIZ 理论中预测技术成熟度时对专利创新等级的划分，来评价现有专利技术创新性的高低，进一步分析专利之间的技术依附关联，确定待规避专利属于基本专利或外围专利，根据待规避专利的发明等级与专利类别（基本或外围专利）建立如表 2-1 所示的专利规避策略。

表 2-1 基于专利发明等级的专利规避策略

发明级别	专利规避策略	专利分类
1	此类发明难以获准发明专利，一般为实用新型和外观专利；通过选择类似的本领域知识可以规避该专利技术	外围专利
2	该级别发明一般为某项核心技术的外围专利部署，通过包围核心技术取得交互授权/许可；此级别的发明可以通过对该专利所涉及功能/技术进行重新定义，应用冲突、标准解等确定新的技术方案	外围专利
3	此级别发明一般为基础专利，用来保护产品的某项核心技术；应用效应分析、功能裁剪等方法对现有核心技术进行改进	基本专利
4	此级别专利为重大关键专利，是某个产品的专利池或专利群所共享的技术特征；通过扩大相关技术专利分析范围，应用技术进化定律对该关键专利进行技术进化分析，选择替代技术，并应用效应等知识库开发新的核心技术	基本专利

专利规避设计的核心是在现有专利技术的基础上，发现现有专利技术存在的问题，以该问题为规避突破口进行技术创新。表 2-1 中的规避策略表明：对于外围专利，其规避难度较低，可以应用 TRIZ 理论中功能模型、冲突和标准解来建立现有专利技术解决问题的原理解模型，综合现有专利技术的研发稀缺点，确定规避现有专利技术的技术研发方向。对于基本专利，一种规避策略是利用该核心技术，开发新领域的应用技术并申请专利，但是这种情况必须得到基本专利权利人的授权才能实施该技术，因此本质上规避核心技术必须对核心技术进行重新开发，以效应知识为启发寻找替代技术方案。此外，通过建立核心技术方案的功能模型，在分析其需求与功能之间对应关系的基础上，根据新的客户需求裁剪功能模型，通过优化核心技术增加新的市场需求来实现快速有效的规避。

第二章 基于创新方法的非常规油气资源开发工程研发流程集成设计

（2）TRIZ辅助的专利规避方向分析

专利规避设计的产品创新是在分析现有专利技术优势的基础上，结合市场或技术的发展方向，明确专利规避的研发目标，进行产品的设计与开发。本书以现有专利规避原则（图2-8）为指导，根据待规避设计的专利创新级别，应用TRIZ的分析问题工具分析现有专利技术的技术创新知识，充分消化吸收现有专利中有用的技术信息；通过技术与市场的发展预测分析，根据专利规避原则确定技术研发的方向，明确分析现有专利技术的优缺点，分析待规避设计的专利技术与规避方向之间的差距，确定规避该专利技术的发明问题，从而引入TRIZ工具进一步解决该发明问题，真正实现创新性的专利规避设计。

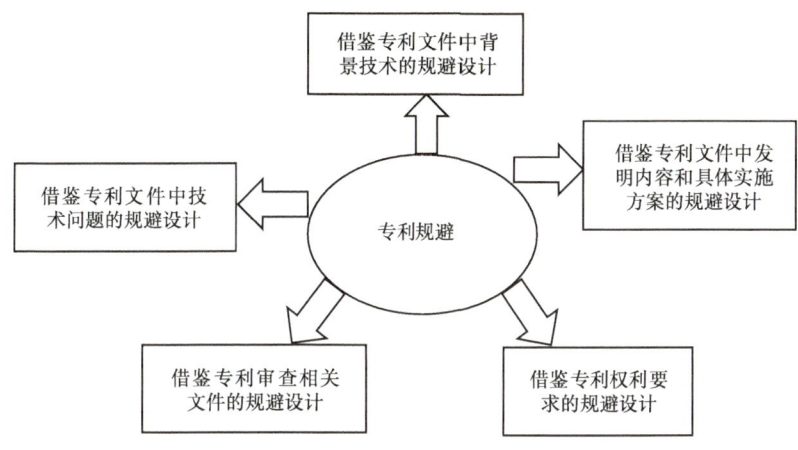

图2-8 专利规避设计的五大原则

专利规避设计首先深入剖析待规避专利的技术，通过分析现有专利技术方案，对比专利的权利要求与技术方案之间的关联关系，明确分析专利权人的创新思路，分析其技术特征与市场需求之间的对应关系，明确该专利技术的优势与存在的问题；根据专利创新级别的高低，明确待规避设计专利属于基本专利还是外围专利，通过专利规避的原则对现有专利技术的创新规避机会进行挖掘，将专利规避设计原则与TRIZ方法结合，依据专利规避设计原则的提示方向，应用TRIZ方法分析现有专利技术存在的问题或可能的改进设计方向，确定规避现有专利所要解决的发明问题。专利规避设计原则与TRIZ方法的对应关系如表2-2所示，其中第1列的序号与图2-8中的专利规避设计原则序号对应，表中的"+"表示其所对应的专利规避设计原则与TRIZ方法之间有应用的关联。

表2-2 专利规避设计原则与TRIZ分析问题方法的对应关系

序号	冲突	物质—场	功能模型	技术进化	效应
1	+	+		+	
2		+	+		
3					+
4			+		+
5				+	+

专利规避设计的创新是在明确专利技术创新级别的前提下，根据技术所对应市场发展的趋势，一方面应用 TRIZ 的技术进化分析确定新技术研发的方向、寻找替代技术，另一方面将专利的知识与冲突、物质—场、功能模型等结合，将其问题定义为发明问题。在明确专利规避设计的方向后，可以利用资源分析、发明原理、标准解和效应知识库求解该发明问题，得到全新的技术方案。专利规避设计原则与 TRIZ 分析问题方法相结合的专利规避方向分析方法具体如下：

①借鉴专利文件中背景技术的规避设计。综合分析现有专利文件的背景技术所描述的一种或多种相关现有技术，并指出不足，应用冲突、物质—场将该技术的不足转化为 TRIZ 标准问题，通过发明原理或者标准解组合形成新的技术方案来规避该专利，或者根据背景中技术发展趋势的分析，应用技术进化分析专利相近的技术文献，明确替代技术的研发方向。

②借鉴专利文件中发明内容和具体实施方案的规避设计。应用功能模型或物质—场模型建立现有技术的功能—需求对应关系，根据权利要求和技术内容之间的不对应性，确定权利要求的概括疏漏并根据该疏漏进行技术方案的裁剪变形，或通过标准解建立不同于权利要求保护的技术方案。

③借鉴专利审查相关文件的规避设计。针对专利权人在答复审查意见过程中所做的限制性解释和放弃的部分反悔的权利要求，以该权利要求为研发目标，通过效应分析选择实现该功能的新的技术原理来规避原有技术方案，能够高效地规避现有专利技术。

④借鉴专利权利要求的规避设计。构建待规避专利技术方案的功能模型，通过分析权利要求中的必要技术特征，找出权利要求各技术特征中最易缺省或替代的技术特征，应用功能裁剪对必要技术特征进行重组，或选择效应来实现对某核心技术的替代。

⑤借鉴专利文件中技术问题的规避设计。通过专利文件了解新产品的性能指标或技术方案解决的技术问题，应用技术进化对该核心技术问题进行多专利的技术发展过程分析，明确该核心技术问题的发展趋势，据此选择合理的效应，从而实现技术的升级。

（3）专利规避的创新流程

基于 TRIZ 的专利规避设计目标是应用 TRIZ，本书从现有专利出发进行产品研发，从技术创新的角度对现有专利技术进行改进或替换，开发出具有自主知识产权的新技术。专利规避设计过程分为两个阶段：

①从面向创新规避的角度应用 TRIZ 理论分析现有专利，即对现有专利的技术特征进行分析，从中找到可以利用的技术资源和信息，包括现有专利技术所处的技术生命周期中的阶段、技术发展潜力、未来技术发展的理想状态、未来技术失效的形式、当前专利所解决的冲突以及当前技术能力与预期目标之间的差距等。根据这些信息可以清楚地判断产品的发展趋势和技术特征，为后续相关新技术的开发提供技术支撑。

②建立 TRIZ 与专利规避策略之间的关系，在专利技术信息的基础上选择合理的规避策略并确定专利的规避方向，根据该方向确定实现规避专利技术的新技术要克服的问题，将该问题用 TRIZ 的标准工程问题形式描述，并采用相应的 TRIZ 问题解决方法解决上述问题，实现与原有专利技术特征完全不同的新技术来规避现有专利的技术垄断。

基于 TRIZ 的专利规避设计第一阶段的主要任务是通过对技术和市场的发展趋势分析，明确创新的方向，并结合专利规避策略确定专利规避设计中的发明问题；第二阶段的主要任务是应用 TRIZ 理论解决该发明问题，并在现有专利优势技术的基础上，根据原理解选择合理的技术进行技术集成。基于 TRIZ 的专利规避设计的设计步骤如下：

①面向规避的专利检索与筛选。通过市场调研确定待开发产品的类似产品，根据类似产品的技术特征定义关键词和关键策略，进行专利的检索；通过对专利权利人的分析发现该产品的主要竞争公司，通过国际专利分类（International Patent Classification，IPC）分析明确主要技术部类、重要专利和基础专利等信息；根据这些信息确定该领域的主要专利文献。

②面向规避的专利信息分析。从技术层面了解某专利技术的技术演变、扩散状况和研发策略，确定该专利设置的专利陷阱，即待规避的专利；分析专利权利要求书，确定专利的必要技术特征和从属技术特征；根据该专利技术对提高现有产品性能所做的贡献以及在市场中的占有率，结合 TRIZ 创新级别的划分确定专利的等级。

③基于 TRIZ 的专利技术创新性分析。根据待规避设计的技术特征进行专利筛选和级别划分，外围专利应用 TRIZ 理论的冲突、物质—场、功能模型等描述方法对专利技术的研发背景、技术特征、权利要求等进行分析，充分了解设计者的创新思路和解决问题的方法；基本专利应用 TRIZ 的技术成熟度预测方法，对相关专利群进行技术成熟度预测，确定现有专利技术所处的生命周期；由技术所处的生命周期明确研发策略，并选择合理的技术进化路线对该技术的未来发展潜力进行分析。

④专利规避设计发明问题的确定。分析专利权利要求书所描述的各技术特征的功效，确定产品的专利空白区、疏松区、密集区、地雷禁区等；根据专利分区划分应用市场，结合专利规避设计原则与 TRIZ 描述问题工具之间的对应关系，确定专利规避设计的研发目标；通过分析当前的技术特征与对应的市场需求发展趋势以及研发目标之间的差距来定义发明问题。

⑤TRIZ 辅助产品创新过程。应用 TRIZ 的分析问题工具建立发明问题的标准问题模型，并选择合理的解决问题工具解决该发明问题，明确解决问题的原理解；基本专利的技术替代方向，是在利用现有专利技术的基础上，引入新的效应来实现产品的功能目标，形成全新的技术方案。外围专利的技术改进方向，是通过应用冲突分析、物质—场模型对现有的专利技术进行标准化描述，将其转化为冲突或标准解来解决，或者利用功能裁剪对产品的结构进行重组，在满足功能要求的前提下选择替代的产品结构。

面向创新的专利规避设计是突破专利技术垄断的有效方法，TRIZ 理论是基于专利分析的基础总结出的创新设计方法。该理论应用 TRIZ 问题分析工具，如功能分析、冲突、物质—场、裁剪等方法，对现有专利进行分析，确定现有专利技术的创新思路和技术的优点，以技术的改进和替代为目标来选择合理的专利规避设计原则，通过 TRIZ 理论对专利进行技术特征分析，将规避其专利的技术问题定义为发明问题，将各种 TRIZ 解题工具用于处理问题的难点，得到系统原理解，根据该原理解并结合设计者的实际经验与灵感，确定规避现有专利的技术方案。

2. 概念阶段

1）概念阶段的目的

概念阶段需要对技术研发所面临的风险进行决策，决策评审的内容包括：当地的法律法规、国家政策、市场容量以及知识产权等方面。概念阶段的目的除了风险决策、构思所研发技术的原始概念，还要制定初始项目概要计划。技术初始概念评估要在概念阶段刚开始的时间就进行。概念评估主要包括技术需求、不确定的技术风险、不确定的质量标准与目标、技术研发的成本和研发进度预测，以及对技术研发公司财务指标影响进行评估和简单地归档。

在概念阶段后期，需要对 TDT 经理所准备的技术研发资料和研发计划书进行决策评审，如果 IPMT 评审通过则进入下一个阶段即计划阶段，否则终止技术研发项目或者重新确定技术研发方向。在概念阶段 TDT 团队通过了解市场和技术需求方的相关信息，在研发公司内部达成一致共识的前提下定义技术研发材料和编写研发计划书。这不仅要进行技术可行性分析、技术服务支持准备，还要通过市场调查和技术需求分析构建技术研发的主要子系统和核心模块的功能。通常情况下技术的市场营销战略、细分市场的选择和技术需求调研都要在进入概念阶段之前就准备好，这些将作为概念阶段开始时的输入，并为制作技术研发材料和研发计划书提供依据。如果通过了概念决策评审点（CDCP），经过评审的技术研发资料和研发计划书将被移交给 TDT 团队以及相关的部门，接着按照移交的资料制定技术研发计划。

2）概念阶段的主要活动

首先，概念阶段是以技术研发公司决策层 IPMT 给 TDT 团队下发项目任务书为起点。技术研发公司决策层 IPMT 制作的 TDT 任务书不仅包括项目的研发目标、细分市场的选择、目标技术需求群体，而且还包括竞争对手信息、技术研发概要信息和技术的质量要求。制作项目研发任务书的目的是为 TDT 团队进行技术研发时提供正确的方向指导。同时研发任务书里还任命 TDT 经理以及 TDT 各个领域代表成员。各个领域代表和 TDT 经理是 TDT 团队的核心层，这些成员的到位基本标志着 TDT 团队已经初步成形。项目研发任务书公布之后，相应的人力资源就放到了当前的项目中，并且 TDT 经理和各个领域代表会承诺对产品的成功上市负责。

其次，当 TDT 团队收到项目研发任务书之后，项目助理（POP）会根据相关规范协助 TDT 经理实施项目环境的搭建工作，主要包含按照一定规则生成项目编号，准备各种办公用品以及研发所需的服务器环境。

再次，TDT 经理会通过研发公司的研发项目概要计划模板，并结合项目的特点，设置技术开发过程的主要里程碑以及项目的概要研发计划。然后项目助理把研发项目概要计划分发给 TDT 全体成员。接下来 TDT 经理组织召开研发项目开工会，在研发项目开工会上 TDT 经理与 TDT 全体成员共同审阅学习研发项目概要计划和 IPMT 下发的项目任务计划书。这样不仅可以有效地保障全体成员目标一致，而且还可以明确每位成员的工作职责。

最后，研发项目开工会结束之后，TDT 各个领域代表根据项目概要设计梳理各自领域的关键活动以及与其他部门的关联关系。比如，TDT 市场代表根据当前市场的环境对项目概要计划进行补充和优化，以确保和项目相关的 TDT 级别的活动以及依赖活动都已经规划在市场部门的计划之内。最终会形成 TDT 各个领域的活动清单，同时对项目概要设计进行补充优化。TDT 经理将优化后的项目概要计划书交给 IPMT 进行概念决策评审，评审通过则进入下一个阶段即计划阶段，否则研发项目终止或重新调整方向。详细流程如图 2-9 所示。

3. 计划阶段

1）计划阶段的目的

技术研发公司根据项目合同签署的内容，明确技术需求方以及第三方的责任矩阵和项目边界，然后进一步细化项目计划。计划阶段的目的是通过增加技术开发在各个方面的细节内容，从而扩大初始的研发资料和研发计划书的范围，比如技术原始设计、研发进度和成本费用信息等，然后由 TDT 经理整理成《解决方案业务计划》，提交给 IPMT 进行决策评审，并且 TDT 团队做出对产品成功负责的承诺。计划阶段开始与概念阶段决策评审通过，该阶段的主要工作内容是把技术研发概念转化为正式的研发计划，其中包括对技术研发策略、市场推广策略、进度控制以及成本费用的正式规划。在技术研发计划时，主要的各个功能领域代表都要参与。一旦《解决方案业务计划》通过 IPMT 的决策评审，就将进入下一阶段即研发阶段，同时获得专拨资金以及使用资金的权力。

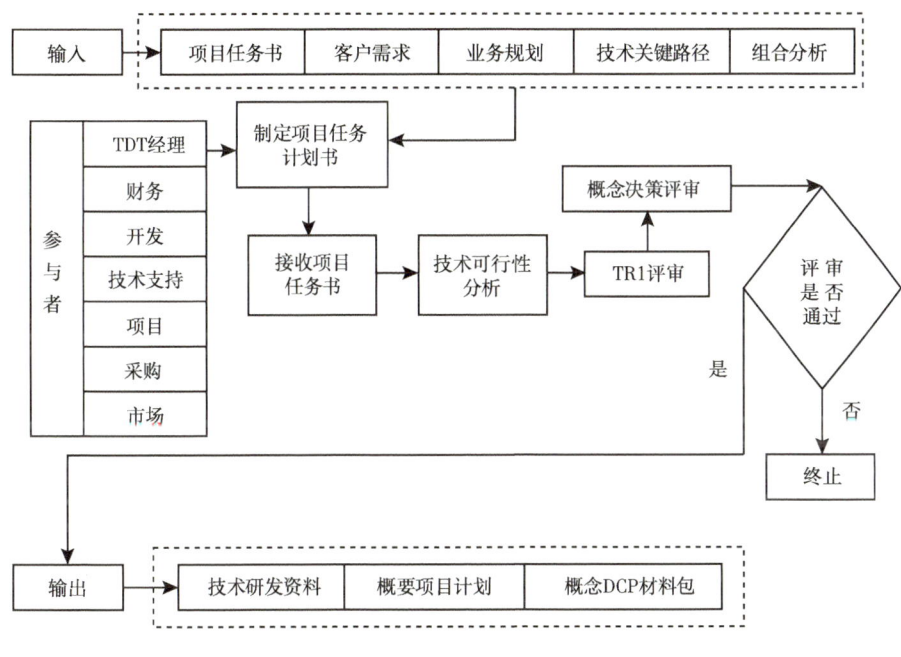

图 2-9　概念阶段流程

2）计划阶段的主要活动

首先，当通过了 IPMT 在概念阶段的决策评审之后，TDT 团队就进入了计划阶段。在这一阶段 TDT 经理开始准备和启动技术研发项目开工活动。第一步，根据项目特点确定需要怎样的技术和能力储备，然后寻找适合的领域专家，让他们加入到 TDT 团队，并让相应的职能部门作出承诺保证他们的参与。项目助理这时开始负责整理详细的团队组织与基础办公设备信息，如服务器访问权限、项目周报、会议记录以及项目合同信息等。

其次，开发代表根据《技术研发需求说明书》和《技术参数规格说明书》开始进行概要设计，设计完成后要经过计划专家 TR2 评审。TR2 评审通过之后，开始进入详细设计的编写，详细设计编写完成后再经过技术专家 TR3 评审。与此同时，采购代表根据技术研发需要制定采购计划，并且选择合适的供应商。市场代表开始寻找早期的试用客户进行谈判。

最后，TDT 经理把计划决策评审准备材料提交给 IPMT 进行计划决策评审，如果评审通过则进入研发阶段，否则项目将被终止或者重新确定方向。技术需求说明书在计划决策评审通过后就不能随意变动了。如果想要增加或者改变需求，需要经过需求变更委员会对需求变更影响进行评估和批准。详细流程如图 2-10 所示。

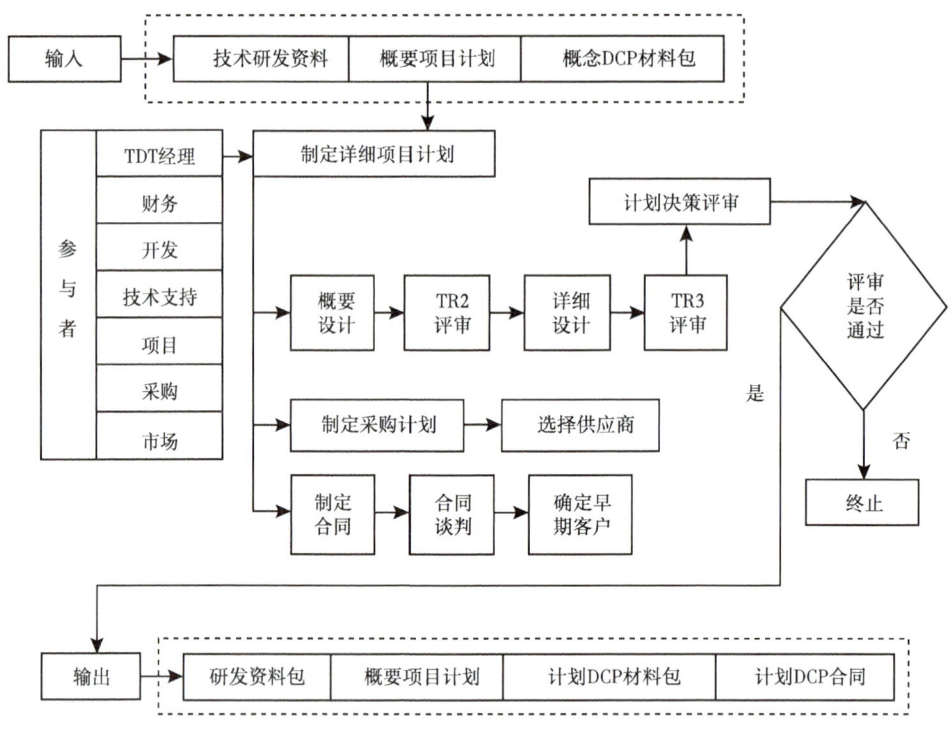

图 2-10　计划阶段流程图

4. 开发阶段

1）研发阶段的目的

研发阶段是技术研发公司进行技术研发的重要环节，技术研发的雏形将在这一阶段形成。研发阶段的主要目的是 TDT 团队根据研发资料的设计文档和技术参数规格说明进行技术的研发以及测试。计划阶段的决策评审通过就意味着研发阶段的启动。研发阶段不仅包括系统架构搭建、技术原型设计、集成测试、模块划分、代码开发，而且还包括系统压力测试、技术研发风险评估等其他方面的工作。TDT 团队按照技术研发规格完成系统的开发，并且通过所有的测试包括性能测试时，就可以准备对外正式发布。

2）研发阶段的主要活动

首先，当 TDT 提交的计划决策评审材料通过 IPMT 的决策评审，并且 TDT 团队和 IPMT 签订技术研发合同和业务承诺书后，就进入了研发阶段。在目前阶段技术的概要设计和详细设计工作已经完成，并且通过了技术专家的评审，技术研发的可行性得到了有力的保障。接下来技术的功能设计和研发以及集成测试将是本阶段的主要工作内容。

其次，前期的设计方案准备完毕后，TDT 经理召开研发阶段开工会，开工会上根据研发和测试工作量来确定是否需要增加人力投入。财务代表将记录和跟踪技术研发产生的成本费用，并定期进行更新。研发人员进入编码测试阶段，当系统开发完成时需要经过技术专家 TR4 评审。

最后，通过 TR4 评审后系统开始集成测试，系统需要经过所有的集成测试，然后再通过技术专家 TR5 的评审。TR5 评审通过就标志着研发阶段的结束，市场人员开会时准备技术发布工作。详细流程如图 2-11 所示。

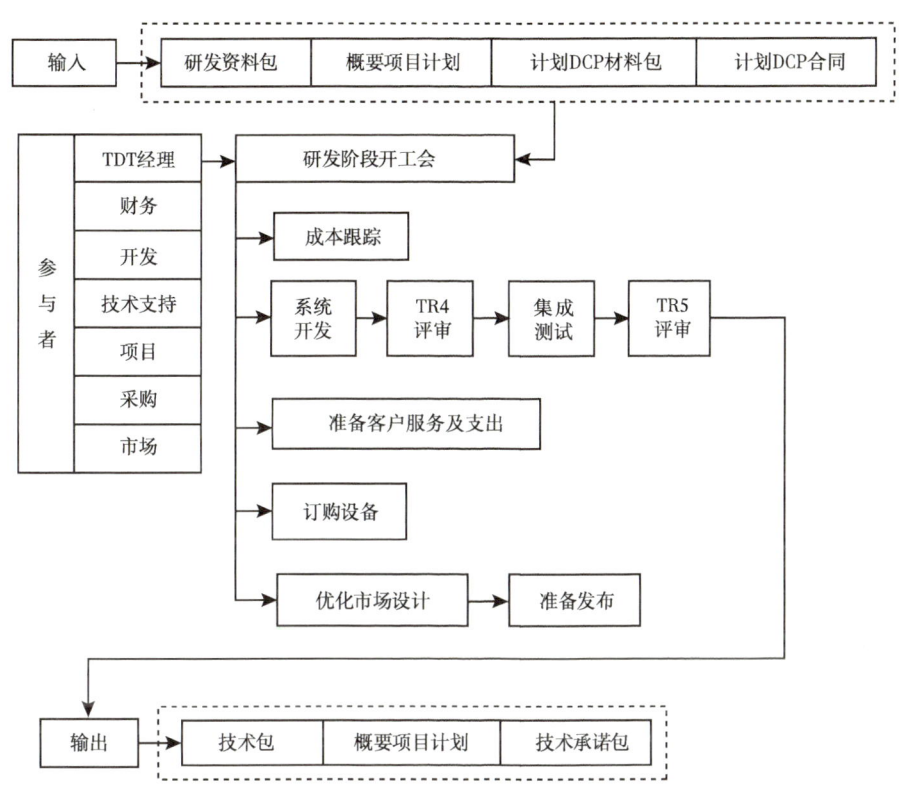

图 2-11　开发阶段流程

5. 验证阶段

1) 验证阶段的目的

在验证阶段，技术研发公司采用灰度发布验证系统的可用性、稳定性，先把一小部分技术需求方迁移到新系统，如果这部分客户没有反馈问题，则批量迁移其他需求方，保证系统的平滑迁移。对技术进行验证包括技术需求方验证、第三方验证、监管机构认证等。这个阶段技术研发的问题会纷纷暴露出来，然后不断地进行修改完善，最终技术需要达到技术需求方和第三方的要求。

2) 验证阶段的主要活动

首先，系统在通过 TR5 评审后就进入了验证阶段。TDT 团队在验证阶段不但进行软硬件性能测试、相关标准和技术规格一致性验证，还要对市场需求做最新的评估，以及得到相关标准制定机构的认证。

其次，市场开始寻找技术需求客户，并收集试销客户的反馈建议，确认技术的可获得性，同时技术支持代表开始准备相应的技术人员培训和人力资源。

最后，TDT 经理把可获得性决策评审提交给 IPMT 进行评审，通过 IPMT 的评审之后就进入了下一个阶段即技术发布阶段，验证阶段就宣告结束。详细流程如图 2-12 所示。

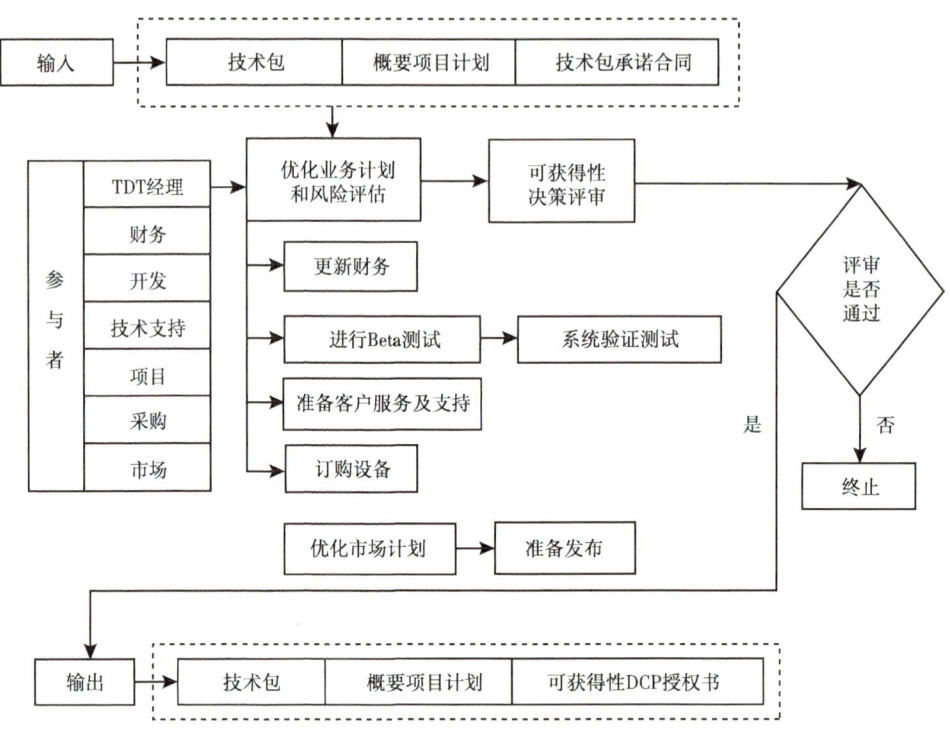

图 2-12 验证阶段流程

6. 发布阶段

1）发布阶段的目的

在发布阶段，技术研发公司关注技术在市场上的成功，审视发布计划以及销售状态。发布阶段的主要目的是启动技术的市场推广、技术的市场运营和销售。当通过 IPMT 的可获得性决策评审后，技术研发就进入了发布阶段。在发布阶段不仅包括扩大用户量、硬件设备备货，而且还要进行技术灰度发布，TDT 团队工作重点从技术研发转向技术维护。

2）发布阶段的主要活动

首先，技术研发公司的技术通过了来自于公司的内部测试、第三方标准认证机构、初期试销客户的验证。其次，技术研发公司市场部和采购部已经为本技术搭建了相应的供应链体系、市场营销体系、售后服务体系等外围措施。最后，由市场代表正式向市场发布技术，技术上市后开始进入市场推广、市场营销以及技术维护的过程。在技术发布阶段，技术的模块功能特性相对比较稳定，这个时间段主要由技术维护团队来负责该阶段的技术生命周期管理工作。详细流程如图 2-13 所示。

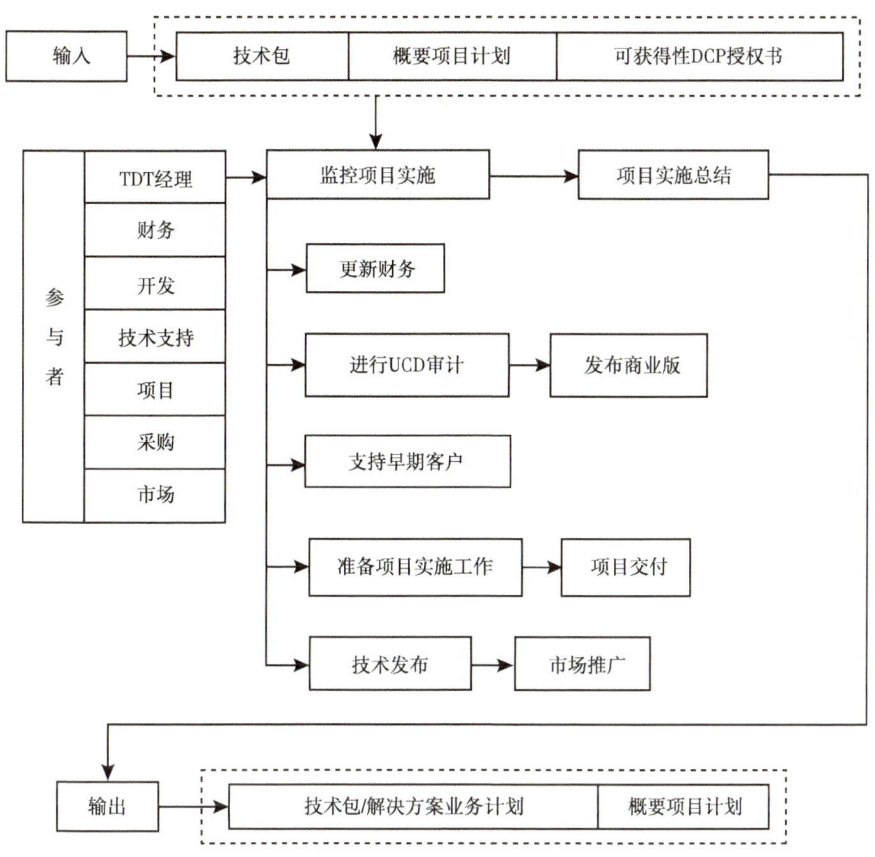

图 2-13 发布阶段流程

7. 生命周期阶段流程

1）生命周期阶段的目的

技术研发公司在生命周期阶段根据技术的市场成长性和盈利能力的变化情况，及时停止处于衰退期的技术投入。生命周期阶段的主要目的是对市场正式发布的技术生命周期进行管理，该阶段的主要工作不仅包括及时进行差异化研发、市场营销和提供客户服务，确保技术在上市阶段获取利润最大化和客户最佳体验以及满意度，而且还包括根据市场环境和技术盈利能力的变化及时地结束技术的生命周期以及停止相应的技术维护等工作。

2）生命周期阶段的主要活动

首先，经过 IPMT 初步对技术发布之后的表现评审后，同意由技术维护团队接管技术上市后的生命周期管理活动。其次，技术维护团队除了定时给 IPMT 汇报技术表现情况，还要负责管理技术的市场营销、问题修复和客户服务等活动，保证技术可以取得最大利润。最后，在技术上市期间 IPMT 要定期地对技术的市场表现进行评审，一直到技术衰退，IPMT 批准结束技术的生命周期。

第三章　基于创新方法的非常规油气资源开发工程生产流程集成设计

第一节　油气资源开发工程生产流程梳理

油气田勘探开发的主要流程包括：地质勘探—物探—钻井—录井—测井—固井—完井—射孔—采油—修井—增采—运输—加工等。这些环节，一环紧扣一环，相互依存，密不可分，具体流程如下。

一、地质勘探

地质勘探就是石油勘探人员运用地质知识，携带罗盘、铁锤等简单工具，在野外通过直接观察和研究出露在地面的地层、岩石，了解沉积地层和构造特征。收集所有地质资料，以便查明油气生成和聚集的有利地带和分布规律，以达到找到油气田的目的。但因大部分地表都被近代沉积所覆盖，使得地质勘探受到了很大的限制。地质勘探的过程是必不可少的，它极大地缩小了接下来物探所要开展工作的区域，节约了成本。

地面地质调查法一般分为普查、详查和细测三个步骤。普查工作主要体现在"找"上，其基本图幅叫做地质图，它为详查阶段找出有含油希望的地区和范围。详查主要体现在"选"上，它把普查有希望的地区进一步证实选出更有利的含油构造。而细测主要体现在"定"上，它把选好的构造，通过细测把含油构造具体定下来，编制出精确的构造图以供进一步钻探，其目的是尽快找到油气田。

二、地震勘探

在地球物理勘探中，反射波法地震方法是一种极重要的勘探方法。地震勘探是利用人工激发产生的地震波在弹性不同的地层内传播规律来勘测地下地质情况的方法。地震波在地下传播过程中，当地层岩石的弹性参数发生变化，从而引起地震波场发生变化，并发生反射、折射和透射现象，通过人工接收变化后的地震波，经数据处理、解释后即可反演出地下地质结构及岩性，达到地质勘查的目的。地震勘探方法可分为反射波法、折射波法和透射波法三大类，目前地震勘探主要以反射波法为主。

地震勘探的三个环节：

第一个环节是野外采集工作。这个环节的任务是在地质工作和其他物探工作初步确定的有含油气希望的探区布置测线，人工激发地震波，并用野外地震仪把地震波传播的情况记录下来。这一阶段的成果是得到一张张记录了地面振动情况的数字式"磁带"，进行野

第三章 基于创新方法的非常规油气资源开发工程生产流程集成设计

外生产工作的组织形式是地震队。野外生产又分为试验阶段和生产阶段，主要内容是激发地震波，接收地震波。

第二个环节是室内资料处理。这个环节的任务是对野外获得的原始资料进行各种加工处理工作，得出的成果是"地震剖面图"和地震波速度、频率等资料。

第三个环节是地震资料的解释。这个环节的任务是运用地震波传播的理论和石油地质学的原理，综合地质、钻井的资料，对地震剖面进行深入的分析研究，说明地层的岩性和地质时代，说明地下地质构造的特点；绘制反映某些主要层位的构造图和其他的综合分析图件；查明有含油、气希望的圈闭，提出钻探井位。

三、钻井

经过石油工作者的勘探会发现储油区块，利用专用设备和技术，在预先选定的地表位置处，向下或一侧钻出一定直径的圆柱孔眼，并钻达地下油气层的工作称为钻井。

在石油勘探和油田开发的各项任务中，钻井起着十分重要的作用。诸如寻找和证实含油气构造、获得工业油流、探明已证实的含油气构造的含油气面积和储量，取得有关油田的地质资料和开发数据，最后将原油从地下取到地面上来等，无一不是通过钻井来完成的。钻井是勘探与开采石油及天然气资源的一个重要环节，是勘探和开发石油的重要手段。

石油勘探和开发过程是由许多不同性质、不同任务的阶段组成的。在不同的阶段中，钻井的目的和任务也不一样。一些是为了探明储油构造，另一些是为了开发油田、开采原油。为了适应不同阶段、不同任务的需要，钻井的种类可分为以下几种。

①基准井：在区域普查阶段，为了了解地层的沉积特征和含油气情况、验证物探成果、提供地球物理参数而钻的井。一般钻到基岩并要求全井取心。

②剖面井：在覆盖区沿区域性大剖面所钻的井。目的是揭露区域地质剖面，研究地层岩性、岩相变化并寻找构造。主要用于区域普查阶段。

③参数井：在含油盆地内，为了解区域构造、提供岩石物性参数所钻的井、参数井主要用于综合详查阶段。

④构造井：为了编制地下某一标准层的构造图，了解其地质构造特征，验证物探成果所钻的井。

⑤探井：在有利的集油气构造或油气田范围内，为确定油气藏是否存在，圈定油气藏的边界，并对油气藏进行工业评价及取得油气开发所需的地质资料而钻的井。各勘探阶段所钻的井，又可分为预探井、初探井、详探井等。

⑥资料井：为了编制油气田开发方案，或在开发过程中为某些专题研究取得资料数据而钻的井。

⑦生产井：在进行油田开发时，为开采石油和天然气而钻的井。生产井又可分为产油井和产气井。

⑧注水（气）井：为了提高采收率及开发速度，而对油田进行注水注气以补充和合理利用地层能量所钻的井。专为注水注气而钻的井叫注水井或注气井，有时统称注入井。

⑨检查井：油田开发到某一含水阶段，为了搞清各油层的压力和油、气、水分布状况，剩余油饱和度的分布和变化情况，以及了解各项调整挖潜措施的效果而钻的井。

⑩观察井：油田开发过程中，专门用来了解油田地下动态的井。如观察各类油层的压力、含水变化规律和单层水淹规律等。它一般不负担生产任务。

⑪调整井：油田开发中、后期，为进一步提高开发效果和最终采收率而调整原有开发井网所钻的井（包括生产井、注入井、观察井等）。这类井的生产层压力或因采油后期呈现低压，或因注入井保持能量而呈现高压。

四、录井

录井技术是油气勘探开发活动中最基本的技术，是发现、评估油气藏最及时、最直接的手段，具有获取地下信息及时、多样，分析解释快捷的特点。通常基本录井数据包括ROP、深度、岩屑岩性、气体测量和岩屑描述，也可能包括对泥浆流变特征或钻井参数的说明。

录井是用地球化学、地球物理、岩矿分析等方法，观察、收集、分析、记录随钻过程中的固体、液体、气体等返出物信息，以此建立录井剖面，发现油气显示，评价油气层，为石油工程提供钻井信息服务的过程。

1. 狭义录井

常规录井：岩屑录井、岩心录井、气测录井、钻井工程参数录井、荧光录井等。录井新技术：轻烃色谱分析录井、热蒸发烃色谱分析录井、核磁共振录井、离子色谱水分析、地层压力评价等。除了常规录井以外，广义录井还包括：井位勘测、钻井地质设计、录井工程设计、录井信息传输、油气层综合评价解释、单井地质综合评价等。

从专业学科讲：以规模化录井工程生产为基础，以优化系统、提高生产率为目标，在石油地质学、地球化学、地球物理学、信息科学、电子科学等学科基础上，各学科交叉形成的油气井工程学科。从工业生产角度讲：根据合同的要求，在钻井过程中依据钻井地质设计、录井工程设计的要求，录井施工人员采用相关录井技术，使用录井仪器设备，以合理的施工成本，完成录井施工的过程。在钻井过程中，分析、测量、观察从井下返出的物质固态、液态、气态三种状态的物质信息，把必须在井场完成的叫做第一层录井信息，可以在室内完成分析的叫做第二层录井信息。第一层录井信息包括：固体的岩屑、岩心；液体的油显示信息、钻井液及其滤液信息；气体的钻井液中的气体、岩心岩屑中的气体等；其他的工程施工参数（钻井、测井、测试、固井、完井、钻具、套管等），收集资料（井喷、井涌、井漏等）。第二层录井信息包括：照相扫描、热解分析、荧光分析、孔渗分析、岩矿分析、古生物分析等。录井的任务：录井的任务就是把这两层信息利用录井手段取全取准，还原成井筒地质剖面图的过程。

2. 录井的方法

包括地球化学法（岩石热解、荧光分析、离子色谱分析等）、地球物理分析方法（岩石核磁共振分析等）、岩矿分析方法（岩屑、岩心、气测等）。录井的手段主要是指录井分析仪器、设备，主要包括综合录井仪、气测仪、地球化学录井仪、荧光录井仪、核磁共振仪、泥页岩密度仪、碳酸盐岩分析仪、色谱分析仪、水分析仪等。

岩屑录井是钻井地质现象录井方法之一，在钻井过程中，地质人员按照一定的取样间距和迟到时间，连续收集与观察岩屑并恢复地下地质剖面图的过程。岩屑录井的费用少，有识别井下地层岩性和油气的重要作用，是油气勘探中必须进行的一项工作。

3. 岩屑录井主要过程

①岩屑收集与整理；②岩屑的描述；③岩屑的保存；④真假岩屑的识别；⑤利用岩屑判断和分析地下岩石性质；⑥岩屑录井草图和实物剖面；⑦利用岩屑划分岩性和地层。

五、测井

测井也叫地球物理测井或矿场地球物理，简称测井，是利用岩层的电化学特性、导电特性、声学特性、放射性等地球物理特性，测量地球物理参数的方法，属于应用地球物理方法（包括重、磁、电、震、核）之一。简而言之，测井就是测量地层岩石的物理参数，就如同用温度计测量温度是同样的道理。

石油钻井时，在钻到设计井深深度后都必须进行测井，以获得各种石油地质及工程技术资料，作为完井和开发油田的原始资料。这种测井习惯上称为裸眼测井。而在油井下完套管后所进行的二系列测井，习惯上称为生产测井或开发测井。其发展大体经历了模拟测井、数字测井、数控测井、成像测井四个阶段。

任何物质组成的基本单位都是分子或原子，原子又包括原子核和电子。岩石是可以导电的。我们可以通过向地层发射电流来测量电阻率，通过向地层发射高能粒子轰击地层的原子来测量中子孔隙度和密度。地层含有放射性物质，具有放射性（伽马）；地层作为一种介质，声波可以在其中传播，就可以测量声波在地层里传播速度的快慢（声波时差）。地层中的地层水里面含有离子，它们会和井眼泥浆中的离子发生移动，形成电流，我们可以测量到电位的高低（自然电位）。

测井的方法：①电缆测井是用电缆将测井仪器下放至井底，再上提，上提的过程中进行测量记录；常规的测井曲线有 9 条。②随钻测井（LWD-logwhiledrilling）是将测井仪器连接在钻具上，在钻井的过程中进行测井的方式；边钻边测，为实时测井（realtime），井眼打好之后起钻进行测井位（tipelog）。

测井的参数：

①自然伽马（GR）：GR 是测量地层中的放射性含量，岩石中黏土含放射性物质最多。通常，泥岩 GR 高，砂岩 GR 低。②自然电位（SP）：地层流体中除油气的地层水中的离子和井眼中泥浆的离子的浓度是不一样的，由于浓度差，高浓度的离子会向低浓度的离子发生转移，于是就形成电流。自然电位就是测量电位的高低，以分辨砂岩还是泥岩。③井径（CAL）：井径就是测量井眼尺寸的大小。比如用八寸半的钻头钻的井眼，测量的井径或为八寸半，或大于八寸半（称扩径），或小于八寸半（称缩径）。测量的井径是对所钻井眼尺寸大小的直观认识。④声波（AC）：声波即声波时差，单位为毫秒每英尺，声波时差小，也就是声波在地层传播的时间少，说明地层比较致密和坚硬；反之地层比较疏松。⑤密度（ZDL）：用放射源向地层发射高能粒子轰击地层的原子来测量密度，密度值是岩石单位体积的密度，包括固体和流体。⑥中子（CN）：用放射源向地层发射高能粒子轰击地层的原子来测量中子，也叫中子孔隙度，也叫总孔隙度，测量的是流体体积占整个岩石的百分比。⑦电阻率（resistivity）：电阻率分为微侧向和双侧向（包括浅侧向和深侧向），它们的区别就在于探测深度不一样，深侧向探测深度最大，浅侧向次之，微侧向最小。由于泥浆对地层的侵入不同，以井眼为圆心在不同的半径范围内，地层有完全被泥浆侵入、部分被泥浆侵入、未被泥浆侵入，这分别对应微侧向、浅侧向、深侧向探测

的地层。⑧其他；核磁测井：测压取样（测压是测量地层压力，以计算地层流体的密度，进而确定流体性质；取样是将地层里的流体抽出来取到地面）；井壁取心：垂直地震剖面（VSP）（Verticalseismicprofile）。

测井解释的一般过程：先找储层，再找油气，一般来说油气水只存在于砂岩中，GR值低的为砂岩，GR值高的为泥岩。找到砂岩之后，再在砂岩中找电阻率较高的层位，基本上就是油气层。一般地，油气层的曲线响应是：伽马（GR）较低，电阻率较高，中子较小，密度较小。对应地，水层的电阻率相对油气层电阻率偏低。

六、固井

为了达到加固井壁，保证继续安全钻进，封隔油、气和水层，保证勘探期间的分层测试及在整个开采过程中合理的油气生产等目的而下入优质钢管，并在井筒与钢管环空充填水泥的作业，称为固井工程。

固井的目的：封隔易坍塌、易漏失的复杂地层，巩固所钻过的井眼，保证钻井顺利进行；提供安装井口装置的基础，控制井喷和保证井内泥浆出口高于泥浆池，以利钻井液流回泥浆池；封隔油、气、水层，防止不同压力的油气水层间互窜，为油气的正常开采提供有利条件；保护上部砂层中的淡水资源不受下部岩层中油、气、盐水等液体的污染；油井投产后，为酸化压裂进行增产措施创造了先决有利的条件。

固井的步骤：①下套管。套管与钻杆不同，是一次性下入的管材，没有加厚部分，长度没有严格规定。为保证固井质量和顺利地下入套管，要做套管柱的结构设计。根据用途、地层预测压力和套管下入深度设计套管的强度，确定套管的使用壁厚、钢级和丝扣类型。②注水泥。注水泥是套管下入井后的关键工序，其作用是将套管和井壁的环形空间封固起来，以封隔油气水层，使套管成为油气通向井中的通道。③井口安装和套管试压。下套管注水泥之后，在水泥凝固期间就要安装井口。表层套管的顶端要安套管头的壳体。各层套管的顶端都挂在套管头内，套管头主要用来支撑技术套管和油层套管的重量，这对固井水泥未返至地面尤为重要。套管头还用来密封套管间的环形空间，防止压力互窜。套管头还是防喷器、油管头的过渡连接。陆地上使用的套管头上还有两个侧口，可以进行补挤水泥、监控井况、注平衡液等作业。④检查固井质量。安装好套管头和接好防喷器及防喷管线后，要做套管头密封的耐压力检查，和与防喷器联接的密封试压。探套管内水泥塞后要做套管柱的压力检验，钻穿套管鞋2~3m后（技术套管）要做地层压裂试验。生产井要做水泥环的质量检验，用声波探测水泥环与套管和井壁的胶结情况。固井质量的全部指标合格后，才能进入到下一个作业程序。

固井的方法：①内管柱固井。把与钻柱连接好的插头插入套管浮箍或浮鞋的密封插座内，通过钻柱注入水泥进行固井作业，称为内管柱固井。内管柱固井主要用于大尺寸（16~30in）导管或表层套管的固井。②单级双胶塞固井。首先下套管至预定井深后装水泥头、胶塞（顶塞和底塞），循环水泥，打隔离液，投底塞，再注入水泥浆，然后投顶塞，开始替泥浆。底塞落在浮箍上被击穿。顶底塞碰压，固井结束。③尾管固井。尾管固井是用钻杆将尾管送至悬挂设计深度后，通过尾管悬挂器把尾管悬挂在外层套管上，首先坐封尾管悬挂器，然后开始注水泥、投钻杆胶塞顶替、钻杆胶塞剪断尾管胶塞后与尾管胶塞重合，下行至球座处碰压，固井结束。

七、完井

根据油气层的地质特性和开发开采的技术要求，在井底建立油气层与油气井井筒之间的合理连通渠道或连通方式的过程叫做完井。

完井的要求：

①油气层和井筒之间应保持最佳的连通条件，油、气层所受的伤害最小；

②油、气层和井筒之间应有尽可能大的渗流面积，油、气入井的阻力最小；

③应能有效地封隔油、气、水层，防止气窜或水窜，防止层间的相互干扰；

④应能有效地控制油层出砂，防止井壁垮塌，确保油井长期生产；

⑤应具备进行分层注水、注气、分层压裂、酸化等分层处理措施，便于人工举升和井下作业等条件；

⑥对于稠油油藏，则稠油开采能达到热采（主要为蒸汽吞吐和蒸汽驱）的要求；

⑦油田开发后期具备侧钻定向井及水平井的条件；

⑧工艺尽可能简便，成本尽可能低。

完井的方式：①射孔完井（perforating），又分为套管射孔完井、尾管射孔完井；②裸眼完井方式（Open-hole）；③割缝衬管完井方式（SlottedLiner）；④砾石充填完井方式（GravelPacked），又分为裸眼砾石充填完井、套管砾石充填完井、预充填砾石绕丝筛管。

完井井口装置：一口井从上往下是由井口装置、完井管柱和井底结构三部分组成。井口装置主要包括套管头、油管头和采油（气）树三部分，井口装置的主要作用是悬挂井下油管柱、套管柱，密封油管、套管和两层套管之间的环形空间以控制油气井生产、回注（注蒸汽、注气、注水、酸化、压裂和注化学剂等）和安全生产的关键设备。

完井管柱主要包括油管、套管和按一定功用组合而成的井下工具。下入完井管柱使生产井或注入井开始正常生产是完井的最后一个环节。井的类型（采油井、采气井、注水井、注蒸汽井、注气井）不一样，完井管柱也不一样。即使都为采油井，采油方式不同，完井管柱也不同。

目前的采油方式主要有自喷采油和人工举升（有杆泵、水力活塞泵、潜油电泵、气举）采油等。井底结构是连接在完井管柱最下端的与完井方法相匹配的工具和管柱的有机组合体。

主要作业步骤：

①按设计要求摆放地面设备；

②立钻杆或管柱；

③装防喷器/功能/压力试验；

④刮管洗井；

⑤射孔校深；

⑥投棒点火；

⑦反涌/洗井；

⑧再次刮管洗井；

⑨下封隔器；

⑩下防砂管柱；

⑪下生产管柱；
⑫拆井口防喷器；
⑬装井口采油树；
⑭卸载；
⑮验收交井。

八、射孔

用专用射孔弹射穿套管及水泥环，在岩体内产生孔道，建立地层与井筒之间的连通渠道，以促使储层流体进入井筒的工艺过程叫做射孔。

固井结束之后，井筒与地层之间隔着一层套管和水泥环，另外还有一部分受泥浆污染的近井地带，而射孔的主要目的是穿透套管和水泥环，打开储层，建立地层与井筒之间的连通，使流体能够进入井筒，从而实现油气井的正常生产。

射孔器材包括火工品和非火工品。火工品是指在外界能量刺激下能够产生爆炸并实现预定功能的元件，包括射孔弹、导爆索、传爆管、传爆管退件、电雷管、撞击雷管、延时火药、复合火药、集束火药、桥塞火药、尾声弹和隔板火药等；非火工品包括射孔枪、枪接头、油管、玻璃盘接头、压力开孔装置、减震器、放射性接头、点火棒等。射孔方式要根据油层和流体的特性、地层伤害状况、套管程序和油田生产条件来选择，射孔工艺可分为正压射孔和负压射孔，其中用高密度射孔液使液柱压力高于地层压力的射孔为正压射孔；将井筒液面降低到一定深度，形成低于地层压力建立适当负压的射孔为负压射孔。按传输方式又分为电缆输送射孔（WCP）和油管输送射孔（TCP），两种工艺各有优缺点，但是从技术工艺趋势来看，油管输送射孔将会越来越广泛使用。

射孔参数主要包括射孔深度、射孔弹相位、孔径和孔密等。射孔工程技术要求：射孔层位要准确；单层发射率在90%以上，不震裂套管及封隔的水泥环；合理选择射孔器；要根据油气层的具体情况，选择最合适的射孔工艺。

九、采油

通过勘探、钻井、完井之后，油井开始正常生产，油田也开始进入采油阶段，根据油田开发需要，最大限度地将地下原油开采到地面上来，提高油井产量和原油采收率，合理开发油藏，实现高产、稳产的过程叫做采油。

原油生产流道：油层—近井地带—射孔弹道—井眼内部—人工举升装置—油管—井口—采油树—地面管线—计量站—油气分离器—输油管网。

1. 常用的采油方法

1）自喷采油法

利用油层本身的弹性能量使地层原油喷到地面的方法称为自喷采油法。自喷采油主要依靠溶解在原油中的气体随压力的降低分享出来而发生的膨胀。在整个生产系统中，原油依靠油层所提供的压能克服重力及流动阻力自行流动，不需要人为补充能量，因此自喷采油是最简单、最方便、最经济的采油方法。

2）人工举升

人为地向油井井底增补能量，将油藏中的石油举升至井口的方法是人工举升采油法。

随着采出石油总量的不断增加，油层压力日益降低；注水开发的油田，油井产水百分比逐渐增大，使流体的密度增加，这两种情况都使油井自喷能力逐步减弱。为提高产量，需采取人工举升法采油（又称机械采油），是油田开采的主要方式，特别在油田开发后期，有泵抽采油法和气举采油法两种。在陆地油田常用抽油机，海上多用电潜泵，像一些出砂井或稠油井多用螺杆泵，此外常用的还有射流泵、气举、柱塞泵等。

2. 油气井增产工艺

油气井增产工艺是提高油井（包括气井）生产能力和注水井吸水能力的技术措施，常用的有水力压裂及酸化处理法，此外还有井下爆炸、溶剂处理等。

1）水力压裂工艺

水力压裂是以超过地层吸收能力的大排量向井内注入黏度较高的压裂液，使井底压力提高，将地层压裂。随着压裂液的不断注入，裂缝向地层深处延伸。压裂液中要带有一定数量的支撑剂（主要是砂子），以防止停泵后裂缝闭合。充填了支撑剂的裂缝，改变了地层中油、气的渗流方式，增加了渗流面积，减少了流动阻力，使油井的产量成倍增加。最近全球石油行业很热门的"页岩气"就是得益于水力压裂技术的快速发展。

2）油井酸化处理

油井酸化处理分为碳酸盐岩地层的盐酸处理及砂岩地层的土酸处理两大类，通称酸化。碳酸盐岩地层的盐酸处理：石灰岩与白云岩等碳酸盐岩与盐酸反应生成易溶于水的氯化钙或氯化镁，增加了地层的渗透性，有效地提高油井的生产能力。在地层的温度条件下，盐酸与岩石反应速度很快，大部分消耗在井底附近，不能深入到油层内部，影响酸化效果。砂岩地层的土酸处理：砂岩的主要岩矿成分为石英、长石。胶结物多为硅酸盐（如黏土）及碳酸盐，都能溶于氢氟酸。但氢氟酸与碳酸盐类反应后，会发生不利于油气井生产的氟化钙沉淀。一般用 8%~12% 盐酸加 2%~4% 氢氟酸混合土酸处理砂岩，可避免生成氟化钙沉淀。

氢氟酸在土酸中的浓度不宜过高，以免破坏砂岩的结构，造成出砂事故。为防止地层中钙、镁离子与氢氟酸的不利反应及其他原因，在注入土酸前，还应该用盐酸对地层进行预处理，预处理范围要大于土酸处理范围。近年来发展了一种自生土酸技术，用甲酸甲酯与氟化铵在地层中反应生成氢氟酸，使其在深井高温油层内部起作用，以提高土酸处理效果，从而达到提高油井生产能力。

十、油气集输

把分散的油井所生产的石油、天然气和其他产品集中起来，经过必要的处理、初加工，合格的油和天然气分别外输到炼油厂和天然气用户的工艺全过程称为油气集输。主要包括油气分离、油气计量、原油脱水、天然气净化、原油稳定、轻烃回收等工艺。

1. 原油脱水

从井中采出的原油一般都含有一定数量的水，而原油含水多了会给储运造成浪费，增加设备，多耗能。原油中的水多数含有盐类，加速了设备、容器和管线的腐蚀。在石油炼制过程中，水和原油一起被加热时，水会急速汽化膨胀，压力上升，影响炼厂正常操作和产品质量，甚至会发生爆炸。因此外输原油前，需进行脱水。

2. 原油脱气

通过油气分离器和原油稳定装置把原油中的气体态轻烃组分脱离出去的工艺过程叫原油脱气。

3. 气液分离

地层中石油到达油气井口并继而沿出油管或采气管流动时,随压力和温度条件的变化,常形成气液两相。为满足油气井产品计量、矿厂加工、储存和输送需要,必须将已形成的气液两相分开,用不同的管线输送,被称为物理或机械分离。

4. 油气计量

油气计量是指对石油和天然气流量的测定。主要分为油井产量计量和外输流量计量两种。油井产量计量是指对单井所生产的油量和生产气量的测定,它是进行油井管理、掌握油层动态的关键资料数据。外输计量是对石油和天然气输送流量的测定,它是输出方和接收方进行油气交接经营管理的基本依据。

5. 转油站

转油站是把数座计量(接转)站来油集中在一起,进行油气分离、油气计量、加热沉降和油气转输等作业的中型油站,又叫集油站。有的转油站还包括原油脱水作业,这种站叫脱水转油站。

6. 联合站

它是油气集中处理联合作业站的简称。主要包括油气集中处理(原油脱水、天然气净化、原油稳定、轻烃回收等)、油田注水、污水处理、供变电和辅助生产设施等部分。

7. 油气储运

石油和天然气的储存和运输简称油气储运。主要指合格的原油、天然气及其他产品,从油气田的油库、转运码头或外输首站,通过长距离油气输送管线、油罐列车或油轮等输送到炼油厂、石油化工厂等用户的过程。

8. 储油罐

储油罐是储存油品的容器,它是石油库的主要设备。储油罐按材质可分金属油罐和非金属油罐;按所处位置可分地下油罐、半地下油罐和地上油罐;按安装形式可分立式、卧式;按形状可分圆柱形、方箱形和球形。若将进油管从油罐的上部接入,当流速较大的油品管线由高向低呈雾状喷出,与空气摩擦增大了摩擦面积,落下的油滴撞击液面和罐壁,致使静电荷急剧增加,其电压有时可高达几千伏或上万伏,加之油品中液面漂浮的杂质,极易产生尖端放电,引起油罐爆炸起火。因此,进油管不能从油罐上部接入。

第二节 非常规油气资源开发工程生产流程集成分析

一、生产流程集成分析总体流程

针对非常规油气资源生产流程,集成系统分析、功能分析、因果链分析、裁剪分析和资源分析等创新方法工具,识别生产流程的系统瓶颈,依流程节点和系统瓶颈的疑难问题及创新需求,总结出制约生产流程的共性问题和主要矛盾,具体的集成分析步骤如图3-1所示。

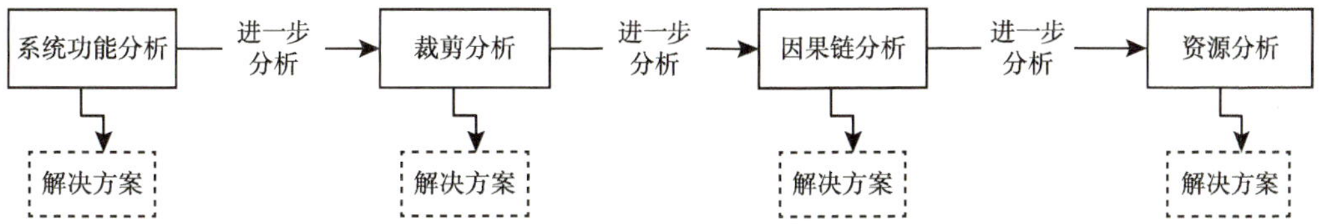

图 3-1 生产流程集成分析步骤图

问题的发现和分析是解决问题的第一步也是最重要的一步。清晰地认识问题的本质和根源是解决问题的前提。一般情况下，非常规油气资源开发工程面对的问题都是深层的、潜在的问题。经过分析后，会发现它不一定是初始问题。因为这些问题一开始并不是显而易见的。所以，利用有效的工具和方法认识、分析并分解问题可以有助于问题的解决。

常用的问题分析工具有创新标杆、系统功能分析、流分析、因果分析、修剪分析、关键问题分析、矛盾分析和物场分析等。对待于不同的问题可以采取不同的分析方法，也可以同时采用不同方法对同一个问题进行分析。具体而言应该首先运用集成系统分析、功能分析、因果链分析、裁剪分析和资源分析等方法对问题进行初步分析，然后进行关键问题分析，确定解决问题的关键。随后，判断问题是否可以轻易解决。遇到较为复杂且难以解决的问题，可以对总结出的关键问题继续使用矛盾分析和物场分析。最终选择相应的解决办法解决问题，如 76 种标准解法和 40 条发明原理。

二、系统功能分析及应用示例

1. 系统功能分析方法

系统功能分析有助于识别系统和超系统组件的功能、组件特点和组件成本。了解组件在系统中的功能从而找出存在问题的组件（正常、过量、不足以及有害）。

了解系统功能分析前，应该首先了解技术系统、功能和组件的含义等。系统即指正在发生问题的当前系统，由组件组成，通过组件之间的相互作用实现一定的功能。系统中至少有一个组件。子系统是构成技术系统之内的低层级系统，亦即指从微观上来思考构成系统的内部部件或组件。超系统指的是技术系统之外的高层级系统，亦即指从宏观上思考系统使用的环境（或资源）。组件是技术系统中执行一定功能的组成部分。组件至少由一个元件组成，此外，组件也可以是一个包含由多个元件组成的子系统。系统层级的划分与界定的区域范围有关，在识别系统的层级时，首先必须进行区域分析；无论是系统、子系统或超系统，从广义来说，它们都是指"某物质"或"某实体"，是一个名词。底层的子系统一旦发生改变，就会引起上层高级系统的改变。

功能是技术系统/产品的灵魂，是技术系统价值（或系统组件）的体现，是一个对象 A 作用于另一个对象 B，使改变其某种属性的能力。按照功能的级别，可以将功能划分为主要功能、基本功能和辅助功能。主要功能是指反映系统的主要需求的有用功能，是系统创建或设计的目的和目标。基本功能指的是保证完成主要功能的功能。功能载体是系统中与系统作用对象直接作用的组件。辅助功能指的是保证完成基本功能的功能。功能载体是系统或超系统中的组件。此外根据与主要功能的关系，还可以将功能分为有用功能和有害功能。有用功能指的是作用并有利于对象，有利于达到系统预期的目标和目的，分为充分、不足、过度。有害功能指的是作用并有害于对象，不利于系统预期目标和目的实现的功能。

开发新技术系统时，首先需确定系统完成或实现的主要功能，然后将主要功能分解为子功能，即功能分解。改进已有技术系统时，是理清技术系统的主要功能以及其辅助功能，以便理解系统，找出系统的问题所在。

2. 系统功能分析步骤

系统分析是从抽象的"功能"角度来分析系统；分析过程就是对一个系统实行功能建模的过程，分析的结果是建立功能模型。技术分析也就是对系统进行的功能分析。系统功能分析的步骤具体如下。

1）建立系统组件模型

如图3-2所示在界定的区域范围内，识别系统组件，描述系统组成及系统的层级关系
——技术系统的组件；
——子系统的组件；
——与系统组件发生相互作用的超系统组件。

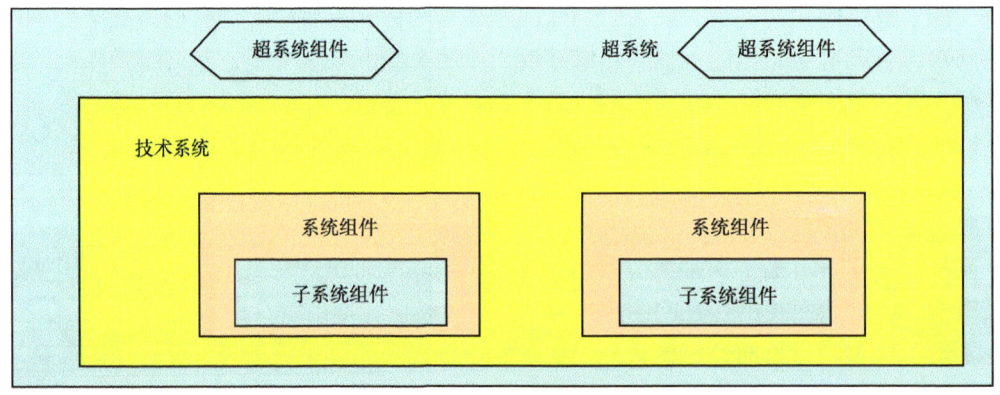

图3-2 组件结构关系图

2）建立系统结构模型

基于系统组件模型，描述组件之间的相互作用关系。系统结构模型示意图和系统结构模型示意表分别见图3-3和表3-1。

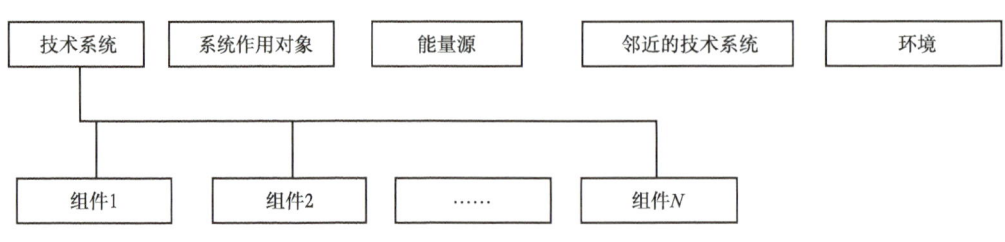

图3-3 系统结构模型示意图

表 3-1 系统结构模型示意表

分析对象	子系统 超系统	组件 1	组件 2	…	组件 N
		子系统	子系统	…	超系统
组件 1	子系统		X		
组件 2	子系统	X			X
…					
组件 N	超系统				

3）建立系统功能模型

基于系统结构模型，规范地描述它们的功能，并揭示整个技术系统所有组件之间的相互作用关系，识别其功能类别。

根据与主要功能的关系分为以下几类（图 3-4）：有用功能——作用并有利于对象，有利于达到系统预期的目标和目的，分为充分、不足、过度；有害功能——作用并有害于对象，不利于系统预期目标和目的实现的功能。

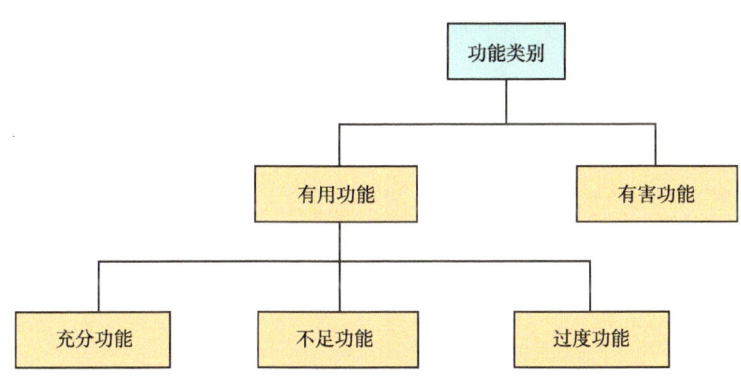

图 3-4 系统功能类别图

3. 应用示例

1）测井技术的创新优化

注水井同位素测井沾污问题。目前，吸水剖面测井主要采用的还是同位素示踪法。在测井过程中，同位素颗粒会沾污到节箍、配水器及管壁上，严重影响测量的准确度，给资料解释带来极大的困难。

系统功能分析—测井技术的创新优化。

在解决问题之初，首先抛开各种客观限制条件，通过理想化思想来定义问题的最终理想解。在给定的条件或约束下，最终理想解是"消除不足，保持优点，没有复杂，没有缺陷"。据此，寻找解决方案。

F1：给同位素颗粒表面增加不沾油涂层，可以采用纳米技术，使其具有不浸油和水的特性。

F2：在测井前借助热场和化学场或声场清洗井下管柱工具，清除或减少死油。

F3：改进井下工具的结构，减小工具组件间的空隙，以减少同位素颗粒在工具上的沉积。

F4：利用 TRIZ 的不足或过量作用原理，加大同位素的量，以部分抵消同位素沾污对测量的影响。

F5：利用 TRIZ 预先防范原理，先注入冷球（无同位素）让其吸附沉积到管壁及工具处，再同位素测井。

对以上方案进行评价，从中选出可行方案为 F2、F5。

2）系统功能分析—测井—设备

环空阻抗仪是测井使用的重要工具，用于测流体的含水率等参数，有结构简单、造价低、易使用等特点。但由于环空阻抗仪的集流伞部分在测井过程中直接与被测管壁和流体接触，缺少足够的支撑、固定和保护，极易损坏，往往使用几次就必须送修，影响重复使用。

集流伞是产出井测试仪器的重要组成部分，测井过程中在套管内使井下流体汇集通过仪器测量传感器，测试井下流体流量等参数。仪器在集流器收拢条件下，通过套管内壁与油管外壁之间的空隙下到测试目的层深度，集流伞撑开，供电工作，完成测试工作。由于仪器下井过程中空间的限制，仪器外径最大为 28mm。集流伞主要由动力部分、伞筋、伞布等部分组成，伞筋与伞布在下井过程中与井壁摩擦，为下井过程中的易损部件，直接影响集流伞工作的可靠性问题。

如图 3-5 所示，当前系统的功能：将仪器固定在井壁之间，测量含水率、流量等。当前系统的组成：外壳、集流伞（包括伞筋、伞布）、内部电路板、传感器、涡轮等。系统存在的主要问题：仪器的集流伞部分容易磨损。技术参数：仪器的规格尺寸、灵敏度、工作环境、精准度。问题解决目标：通过改变仪器的部分结构或材料，减少测井过程中对集流伞的磨损程度，提高仪器的重复使用次数。

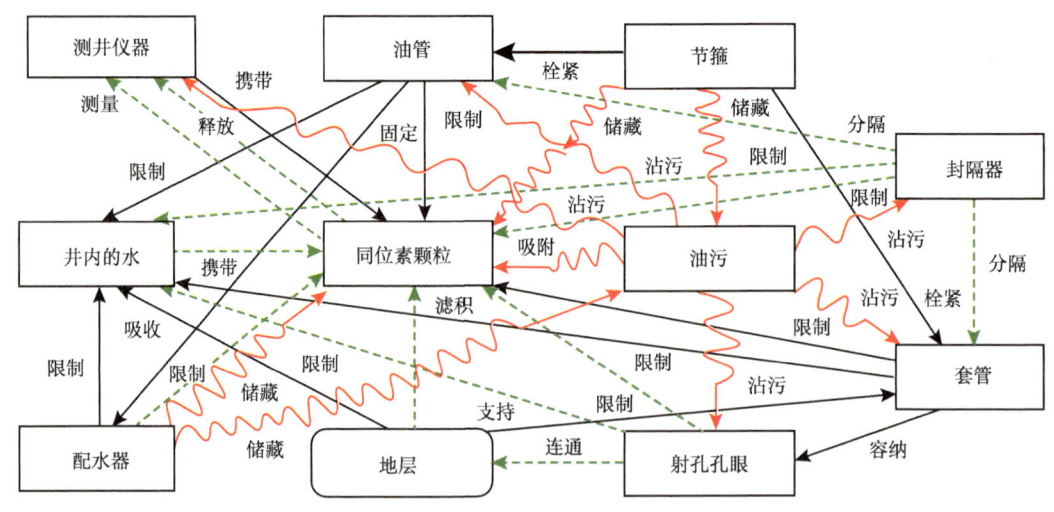

图 3-5　系统功能模型

目前的解决方案是在几次重复使用磨损仪器后，将仪器送到专门的维修班组进行维修，人工更换伞筋伞布，并检测仪器功能。目前的方法虽然成本不高，但是人工反复更换增加了工作量，并且在仪器的修检过程中，该仪器不能完成生产任务，延误了班组的正常生产进度，既烦琐又浪费时间。

系统功能分析见表3-2。

表 3-2　系统功能分析表

序号	功能载体	功能	功能客体	参数	性质
1	伞筋	支撑	伞布和仪器	硬度、排列方式	不足
2	伞布	引导	流体	面积、耐磨度、材质	不足
3	绑绳	固定	伞布	长度、材质、松紧度	不足
4	集流伞架	支撑	伞筋、伞布绑绳	尺寸、材质	充分
5	仪器其他部分	检测	流体	重量、尺寸、灵敏度	充分
6	其他仪器	检测	流体	重量、尺寸	有害
7	井下自然环境	影响	所有仪器	温度、湿度、压力	有害
8	流体	流动	伞布、伞筋、所有检测仪器	流量、成分、流速	有害
9	井壁	固定	伞布、伞筋、所有检测仪器	光滑程度	有害

三、裁剪分析及应用示例

1. 裁剪分析原理与目的

修剪掉系统的某些组件，保留这些组件的有用功能。当欲删除某元件时，必须找到替代此功能之元件，否则系统将无法正常运作。即表示此元件是必需的，决不能予以修剪。一旦删除了这个特定的元件，所有与此元件有功能性相连接的元件或属性以及其他元件或其他属性都会消失。

在建立的系统功能模型基础上对系统进行修剪，其目的是：保留或提高系统的有用功能；消除导致系统有害作用，使系统复杂、不可控制等的元件；移除不需要的元件；简化系统；更合理地使用资源；提高系统功能效益；降低系统成本。

2. 裁剪分析的思路

确定元件能否被修剪的七个问题。

①需要这个元件提供的有用功能吗？

②是否有其他元件可同样呈现此功能以替代此欲删除之元件？（通常替代元件会在较高之层级）

③是否有现存的资源可以呈现此功能？

——是否有其他元件之属性可以呈现此功能？

——在系统环境中，是否有其他物质可当成资源使用来提供此功能？

——系统中是否有某些具进化潜能的元件可当成资源来提供此功能？

④是否有其他较低成本的资源选择来呈现此功能？
⑤一旦移除此元件，无直接相关的元件与欲移动元件间会有相对应的移动吗？
⑥欲移除的元件必须是不同的原料或原本已成对的元件将其孤立吗？
⑦为了便于装配或拆卸该元件必须被分开吗？

3. 裁剪原则与顺序

裁剪原则如下：

①确保系统功能完整性。

②遵循系统完备性法则。

动力＋传动＋控制＋执行装置（＋界面）是构成技术系统的四大（五大）要素，缺一不可，其中任一要素不存在或是有损坏，此系统将无法运行。

③满足成对的功能需求，该规则同时包含两个要点。独立公理：成对的不同需求功能之间要达到独立性；信息公理：要在最小复杂度情况下获得功能需求。如果在系统中有成对的元素存在，则其中一个或多个元素通常为最先被选择的修剪对象；通常距离最近的元件可提供欲删除元件之功能。

裁剪的顺序如下：

首先删除有害物质，然后再考虑为达到减少成本减少元件数简化系统。

①优先删除产生有害、过度或不足功能相关联的元件（目标物质）；

②优先删除最高价值的元件，以促使产生最大效益；

③优先删除处于较高功能层级的元件，被成功删除的元件功能层级越高，获得效益则越大。

4. 应用示例

此处应用的示例还是前述提到的环空阻抗仪优化案例，且裁剪优化是基于前述的系统功能模型的构建。

环空阻抗仪是测井使用的重要工具，用于测流体的含水率等参数，有结构简单、造价低、易使用等特点。但由于环空阻抗仪的集流伞部分在测井过程中直接与被测管壁和流体接触，缺少足够的支撑、固定和保护，极易损坏，往往使用几次就必须送修，影响重复使用。

集流伞是产出井测试仪器的重要组成部分，测井过程中在套管内使井下流体汇集通过仪器测量传感器，测试井下流体流量等参数。仪器在集流器收拢条件下，通过套管内壁与油管外壁之间的空隙下到测试目的层深度，集流伞撑开，供电工作，完成测试工作。由于仪器下井过程中空间的限制，仪器外径最大为28mm。集流伞主要由动力部分、伞筋、伞布等部分组成，伞筋与伞布在下井过程中与井壁摩擦，为下井过程中的易损部件，直接影响集流伞工作的可靠性问题。

裁剪分析：系统功能模型中其他仪器连接导致仪器串过重，对集流伞产生有害影响，应当减少仪器的串联。现有的集流伞结合方式，伞筋对伞布的支撑保护不足，可以通过改变结构增加系统耐用度。

技术方案：仪器使用时，尽量避免或减少与其他仪器串联，减轻环空仪的负重，从而减小摩擦力。由于集流伞最易损部位是伞布，因此可以用其他耐磨材质增强伞布的强度。通过改变伞筋伞布结构提高集流伞耐用度。

四、因果链分析及应用示例

1. 因果链分析目的

梳理问题中隐含的逻辑链及其形成机制，找出问题产生的根本原因。从梳理出的逻辑链条及其形成机制中找出解决问题的所有可能的"突破点"。从所有可能的突破点中找出"最优"的突破点；"最优"：在满足工况要求的前提下，在现有资源条件下（知识、技术、时间、成本……），代价最小！

"逻辑链及其形成机制"的来源：

因果关系——原因—结果；

时间或操作的先后顺序；

物理模型：公理、原理、公式、经验公式等。

2. 因果链分析步骤

①标记存在问题的组件——通过组件价值分析，找出理想度指标最低的系统组件进行根本原因分析。

②判断可能导致问题的功能。

③根据功能判别存在问题的参数。

④依次继续查找原因和结果，分析根本原因。

3. 因果链分析原则

①确保所描述的实体及实体间的逻辑关系，具有被其他人所理解和认同的明确性。

②确保实体存在的完整性、结构的合理性和有效性。完整性——实体必须是一个完整的概念，从语法的角度考就就是可以是动宾短语或是带有形容词的名词短语；结构的合理性——实体不能含有多个概念，且实体中不能含有"if-then"及其变形形式；有效性——所描述的实体是现实存在的或经过合理推断得出的。

③确保因果逻辑关系的有效性（可以用"if-then"的形式来判断因果间是否存在有效的逻辑关系）。

④原因不充分性。在一个复杂的相互作用的过程中，某结果很少是由单一原因导致的，在大部分情况下，是由多个相互依赖的因素导致或者由几个独立的原因导致。原因不充分性是逻辑图中常出现的不足。

⑤附加原因（"是不是还有其他的原因也能产生同样的结果"？）。附加原因的提出并没有否定最初的原因，仅是对其进行补充和完善，与最初的原因具有同等的重要性。

4. 因果链分析方法

①五问"为什么"（Why）分析。

②故障树分析 FTA（Fault Tree Analysis）。

③鱼骨图（也叫 Ishikawa 或因果图）分析。

④因果矩阵分析。

⑤失效分析 FMEA（FMEA：Failure Mode and Effects Analysis）。

5. 应用示例

此处应用的示例还是前述提到的环空阻抗仪优化案例，如图 3-6 所示，且因果链优化是基于前述系统功能模型的构建。

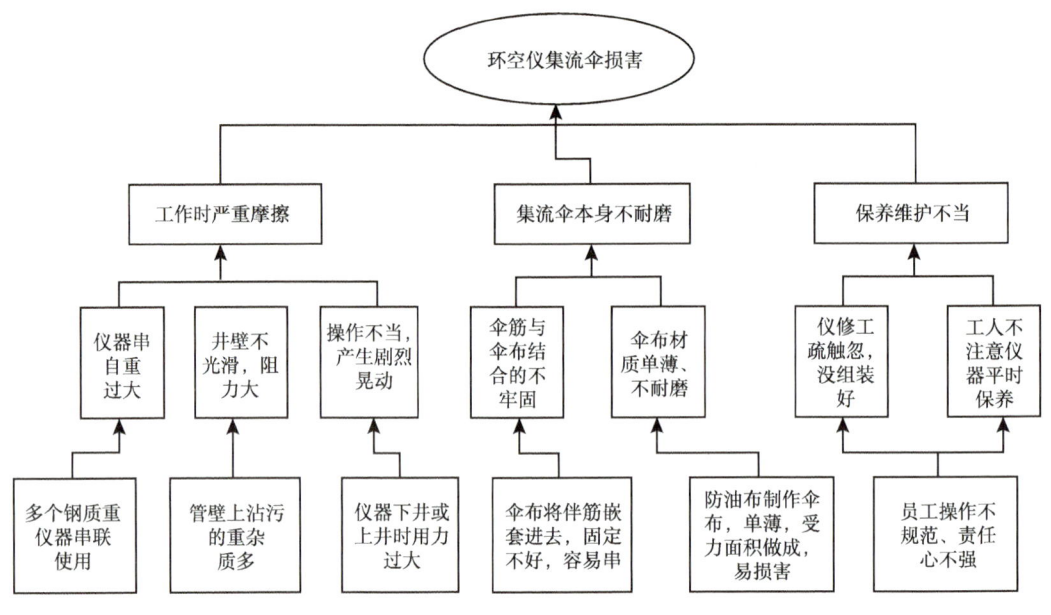

图 3-6 因果链分析图

技术方案：

①改进集流伞结构增加伞筋数量，让伞布在伞筋的内侧被伞筋保护，减少脆弱的伞布直接暴露而受的力。

②改进伞布的材质用更加耐磨的材质做伞布或代替伞布。

③人工及使用方面注重仪器的保养和维护，尽量避免使用过程中的操作问题，加强检修质量的监督。

五、资源分析及应用示例

1. 资源定义

"资源"是一切可被人类开发和利用的一切物质、能量和信息等的总称；资源是介于矛盾与理想最终解（IFR）之间，是从发现矛盾到消除矛盾获得理想解之间的一座桥梁，扮演着：直接获得创意、解决矛盾、预示系统进化的关键角色。每个未被利用的具有发展潜力的都代表一项资源。

2. 识别资源的途径

在一个给定的系统中，每个尚未使用的进化潜能都代表一项资源（给定系统能进化到多远与进化潜能雷达图紧密联系）；在其他领域的问题解决者已找到的资源；进化的层级结构图使识别的系统内资源达到最大效率朝向理想化。

3. 资源分类与利用原则

1）系统内部和系统外部

内部资源：执行机构（工具）的资源，系统作用对象（目标）的资源。通常认为系统作用对象（目标）的资源是不可以改变的，但有时可以考虑：改变自身；允许在系统作用对象的物质大量存在的地方做部分改变；允许向超系统转化；考虑微观级的结构；允许与

"空"结合；允许暂时的改变。

外部资源：与已知问题（系统）相关联的环境的、超系统的资源。

2）直接资源和派生资源

为了解决问题需要用新的物质，但引入新的物质将会使系统复杂化，或带来新的有害作用。即当需要引入某新的物质，又不能引入新的物质时：考虑使用物质的混合物。单物质、双物质、多物质；单系统、双系统、多系统；物质+边界+物质、系统。考虑使用"空"物质或物质与"空"的混合体。可用"空"物质数量不受限制，廉价，容易与物质混合产生空洞、多孔结构、泡沫、气泡等。考虑使用派生资源或者派生资源与"空"物质的混合物。派生资源是改变物质资源的形态而得，可以是：改变物质的物理状态；分解物质的产物；燃烧或合成物质的产物。

产生派生资源的规则。规则 1：如果按照问题的描述无法直接得到需要的物质粒子，可以通过分解更高一级的结构而得到。最简单方法是分解最近一级"全部的"或者"过量的"高级物质。规则 2：如果按照问题的描述无法直接得到需要的物质粒子，可以通过构造或者集成更低一级的结构而得到。最简单方法是完善最近一级"不完整的"低级物质。

产生派生资源的层级：加工最少的物质（简单材料）→"超级"分子，如晶体结构，聚合体等→复杂分子→分子→分子的成分，原子群→原子→原子的成分→基本粒子→场。

系统资源分类见图 3-7。

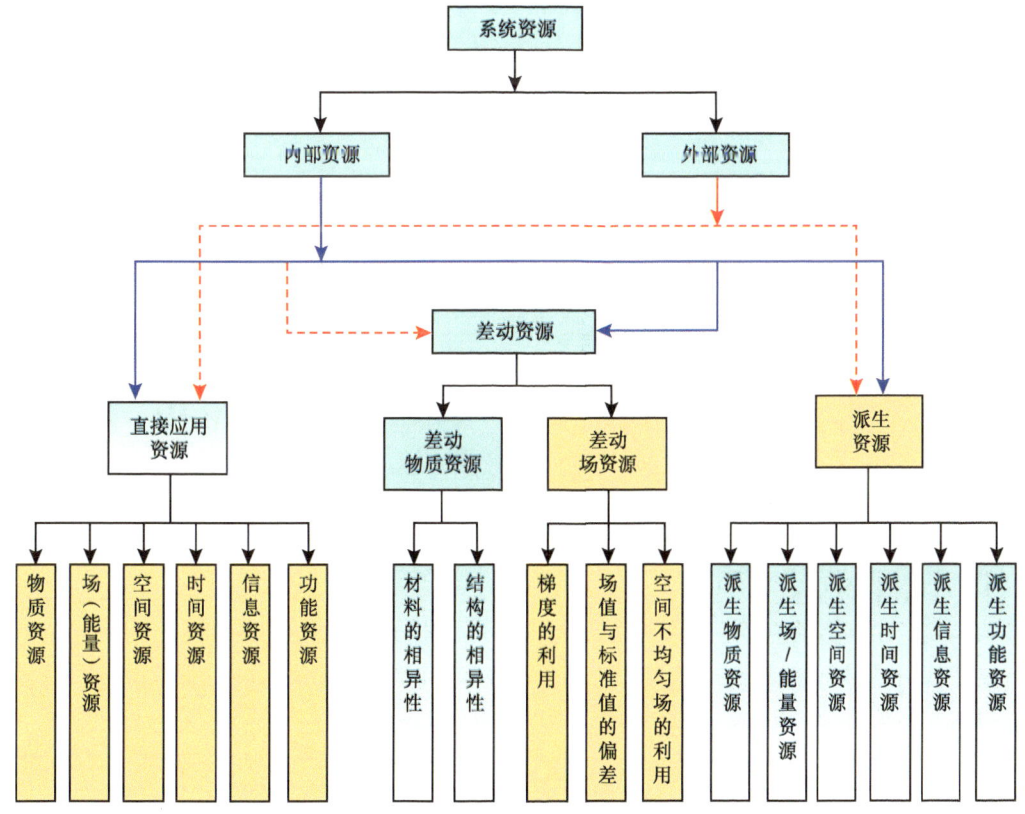

图 3-7　系统资源分类图

4. 应用示例

此处应用的示例还是前述提到的环空阻抗仪优化案例,且资源分析是基于前述系统功能模型的构建,具体的资源分析结果见表3-3。

表3-3 资源分析表

种类	物资资源	能量资源	信息资源	空间资源	时间资源	功能资源
系统	涡轮、电路及传感器、钢	电能	利用涡轮和传感器传递流量、阻抗	利用仪器壳中空部分安装电路等	利用流速和工作时间测算流量	利用传感器对液体的传感功能
子系统	细铁片、防油布	摩擦力	—	利用伞架的内部空间装伞筋和伞布	—	利用伞形结构对液体的引导功能
超系统	流体、油管套管、人	流体的动能、势能	井下的温度、湿度、压力等	利用油管和套管中空间放置仪器	—	—
系统过去	涡轮、敏感度低的电路及传感器、钢	电能	利用涡轮和传感器传递流量、阻抗	利用仪器壳中空部分安装电路等	利用流速和工作时间测算流量	利用传感器对液体的传感功能
系统未来	涡轮、敏感度高适应力强的电路及传感器、钢	电能	利用涡轮和传感器传递流量、阻抗	利用仪器壳中空部分安装电路等	利用流速和工作时间测算流量	利用传感器对液体的传感功能
超系统过去	流体、油管套管、人	流体的动能、势能	井下的温度、湿度、压力等	利用油管和套管中空间放置仪器	—	利用管壁的束缚功能
超系统未来	流体、油管套管、人	流体的动能、势能	井下的温度、湿度、压力等	利用油管和套管中空间放置仪器	—	利用管壁的束缚功能
子系统过去	细铁片、防油布	摩擦力	—	利用伞架的内部空间装伞筋和伞布	—	利用伞形结构对液体的引导功能
子系统未来	细铁片、防油布	摩擦力	—	利用伞架的内部空间装伞筋和伞布	—	利用伞形结构对液体的引导功能

技术方案:
①改变子系统中伞筋、伞布的材质和结合方式,使这部分结构牢固耐磨。
②改变超系统中环形空间内的物理情况,改变摩擦系数,减小对仪器的磨损。

六、其他生产流程分析工具

1. 创新标杆分析

在进行非常规油气开发工程时,会经常遇到之前未经历过的问题,没有解决经验可以参考。它意味着需要创新发明整套的问题解决系统,而不是仅仅是对旧的系统的改进。此时,还没有确定采用什么技术。创新标杆分析法可以帮助我们,寻找并分析各种可能的技术路径。随后通过评估,最终决定采取哪一种技术路线或者是哪几种技术路线的组合来达成项目的目标。然后,在此基础上,继续采用其他的工具进行问题解决。具体而言,可以分为以下五步。初步分析及需求评估、建立作业流程评价指标、选择标杆分析伙伴、资料的搜集与分析和向管理阶层呈报标杆分析结果。

2. 流分析

流是指在组元之间发生，并把组元连接起来，构成具有一定功能和结构的，为完成某一目标，并具有流动和传递特性的客体。流分析就是从物质、能量、信息三个维度上对系统实现功能的情况进行分析，构建系统分析之流模型的过程。

对系统进行分析，可以得到系统的模型，通过系统模型可以了解到系统的整体功能，以及每个组件所具备的功能，它们执行功能的能力如何？是否会出现问题？可以看到系统的功能结构，宏观的结构组成，具体的形状、位置、排布、作用关系等。但是，它们是静止的，没有生命的，可能是某一时刻的一个片段。引入流，就仿佛为人类输送了血液，人具有了生命，是一个活灵活现的生命体。系统亦是如此，引入了能量流，系统便拥有了生生不息的动力，体现在物质的流动，结构的变化。伴随着轰鸣，伴随着协作系统引入控制，自动化、智能程度得以提升。

没有流分析，系统分析不过是一个静止的模型，有了流分析，使得系统分析赋予了生命。将一个个静止的画面通过流分析串联在一起。系统是空间结构，流是时间秩序，两者不可或缺，一个个空间结构通过流把它们串联在一起形成画面。一个个瞬间展示着不同的空间结构，为我们实现功能。

3. 关键问题分析

通过创新标杆、系统功能分析、因果分析和修剪分析，往往可以产生一系列的问题。但是这些问题并不是每个问题都需要解决或者能够解决的。而且，有时候可能只需要解决一个问题，就可以达到目的，完成项目的问题解决。关键问题分析就是对这些问题进行归纳总结，然后进行筛选，以备解决。有些问题比较容易解决，可能不需要后续的专业问题解决方法，有些问题解决起来没那么容易，所以需要后面继续利用相关理论工具进行解决。关键问题指的就是这些需要进一步分析解决的问题。

第三节 非常规油气资源开发工程生产流程集成优化

一、生产流程集成优化总体流程

针对非常规油气资源开发工程生产流程的共性问题和主要矛盾，集成冲突矩阵分析、发明原理、物场分析、标准解系统、功能导向搜索和效应库等创新方法工具，如图3-8所示，将具体问题、具体矛盾一般化，解决生产流程矛盾，实现生产流程的优化。

二、矛盾冲突解决方法、流程及应用示例

1. 矛盾定义

矛盾是普遍存在的。冲突是矛盾的极端表现，只有不断地发现并解决冲突，社会才能发展和进步。TRIZ理论认为：发明问题的核心是解决冲突，未克服冲突的设计不是创新设计。产品进化过程是不断解决产品中冲突的过程，一个冲突解决后，产品进化过程处于停顿状态；之后的另一个冲突解决后，产品移到一个新的状态，推动产品向理想化方向进化。矛盾分为技术矛盾、物理矛盾和管理矛盾。

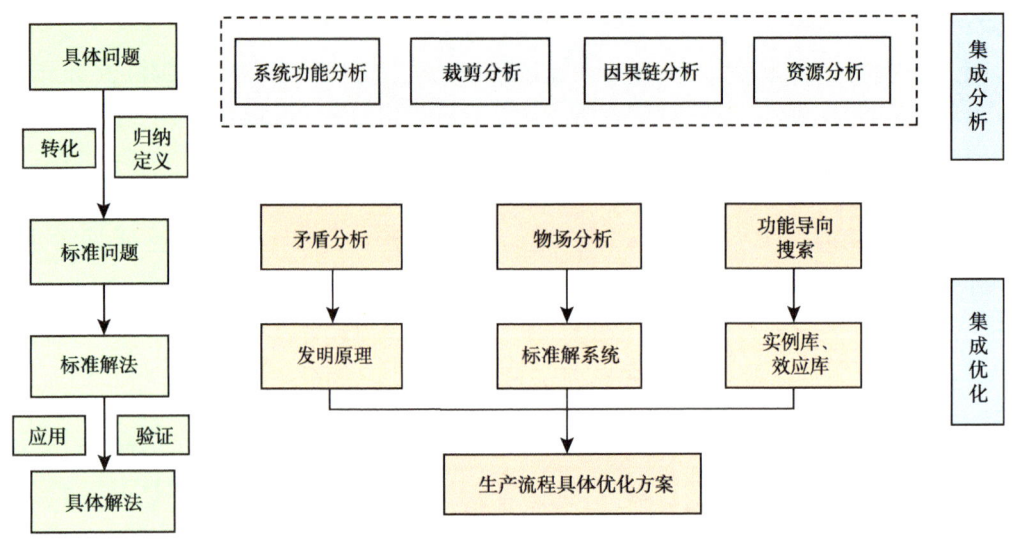

图 3-8　生产流程集成优化总体流程图

技术矛盾常表现为一个系统中两个子系统之间的冲突。技术矛盾通常出现在以下情境中。在一个子系统中引入一个有用功能，导致另一个子系统产生有害的功能，或加强了已存在的有害功能。消除一种有害功能导致另一个子系统有用功能的变坏。有用功能的加强或有害功能的减少使另一个子系统或系统变得太复杂。物理矛盾是指为了实现某种功能，一个子系统或元件应具有一种特性，但同时出现了与该特性相反的特性。物理矛盾的核心是一个物体或系统中的一个子系统有相反的、矛盾的需求，系统中的问题是由一个参数导致的。管理矛盾：为了避免某些现象或希望取得某些结果，需要做一些事情，但不知如何去做。管理冲突本身具有暂时性，而无启发价值。因此，不能表现出问题的解的可能方向。

2. 通用参数、分离原理和矛盾矩阵

工程领域常用的表述系统性能的参数可以归为 39 个参数。对问题进行技术矛盾分析就是将关键问题描述表达成参数间的对抗。即对问题进行分析，判断问题的待改善参数和恶化参数。对抗形式高达 39×39 种可能，随后就可以利用矛盾矩阵和发明原理进行问题解决了。物理矛盾即指需要改善的参数也是恶化参数时。

通用参数见表 3-4。

表 3-4　通用参数表

序号	名称	序号	名称
No.1	运动物体的重量	No.5	运动物体的面积
No.2	静止物体的重量	No.6	静止物体的面积
No.3	运动物体的长度	No.7	运动物体的体积
No.4	静止物体的长度	No.8	静止物体的体积

第三章　基于创新方法的非常规油气资源开发工程生产流程集成设计

续表

序号	名称	序号	名称
No.9	速度	No.25	时间损失
No.10	力	No.26	物质或事物的数量
No.11	应力或压力	No.27	可靠性
No.12	形状	No.28	测试精度
No.13	结构的稳定性	No.29	制造精度
No.14	强度	No.30	物体外部有害因素作用的敏感性
No.15	运动物体作用时间	No.31	物体产生的有害因素
No.16	静止物体作用时间	No.32	可制造性
No.17	温度	No.33	可操作性
No.18	光照强度	No.34	可维修性
No.19	运动物体的能量	No.35	适应性及多用性
No.20	静止物体的能量	No.36	装置的复杂性
No.21	功率	No.37	监控与测试的困难程度
No.22	能量损失	No.38	自动化程度
No.23	物质损失	No.39	生产率
No.24	信息损失		

物理矛盾解决原理——分离原理。

空间分离：元件的某一部分有特性 P，另一部分具有特性 -P，在空间上分离该两部分。时间分离：在某一时间，元件具有特性 P，在另一时间，该元件具有特性 -P，按时间次序分离 P 与 -P。基于条件的分离：在某一条件，元件具有特性 P，在另一条件，该元件具有特性 -P，按条件分离 P 与 -P。整体与部分的分离：系统整体具有特性 P，而其部分具有特性 -P，分离整体与部分。

表 3-5　分离原理与发明原理映射表

分离原理	发明原理
空间分离	1、2、3、4、7、13、17、24、25、30
时间分离	9、10、11、15、16、18、19、20、21、29、34、37
条件分离	1、7、25、5、22、23、33、6、8、14、26、35、13
整体与部分分离	12、28、31、32、35、36、38、39、40

表 3-6 经典矛盾矩阵表

3. 发明原理与矛盾解决流程

关键问题如果可以表述成矛盾形式，即转化为技术矛盾或者是物理矛盾的问题模型，就可以使用相应的工具处理，然后找到相应的发明原理，并在其启发下产生解决方案。具体而言，首先经过矛盾分析，确定关键问题的参数矛盾情况。其次查询矛盾矩阵，得到推荐的发明原理，然后产生解决方案。常用的发明原理可以总结为40条发明原理。

①分割原理；②抽取（拆出）原理；③局部质量（性质）原理；④不对称原理；⑤合并（联合）原理；⑥普遍性（多功能）原理；⑦嵌套原理；⑧配重（反重量）原理；⑨预先反作用原理；⑩预先作用原理；⑪预先应急措施原理；⑫等势原理；⑬逆向思维（相反）原理；⑭曲面化（球形）原理；⑮动态原理；⑯不足或超额行动（局部作用或过量作用）原理；⑰一维变多维（向另一维度过渡）原理；⑱机械振动原理；⑲周期作用原理；⑳连续有益作用原理；㉑紧急行动（跃过）原理；㉒变害为利原理；㉓反馈（反向联系）原理；㉔"中介"原理；㉕自我服务原理；㉖复制原理；㉗一次性用品（用廉价的不持久性代替昂贵的持久性）原理；㉘机械系统的替代（代替力学原理）原理；㉙气动与液压结构（利用气动和液压结构）原理；㉚柔性外壳或薄膜（利用软壳和薄膜）原理；㉛利用多孔材料原理；㉜改变颜色原理；㉝同质（一致）原理；㉞抛弃与再生（部分剔除和再生）原理；㉟改变物体聚合态原理；㊱相变原理；㊲利用热膨胀原理；㊳加速氧化（利用强氧化剂）原理；㊴惰性环境（采用惰性介质）原理；㊵复合（混合）材料原理。

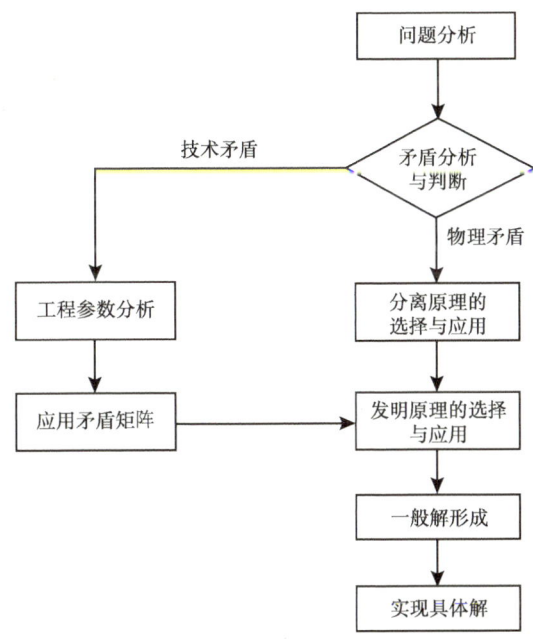

图 3-9　矛盾解决流程表

4. 应用示例

1）煤层气水力压裂技术的优化

（1）问题描述

为了提高水力压裂效果就需要增加煤层所受到的张压应力，然而，增加煤层所受的张压应力则会对卸压空间结构的稳定性造成影响。基于此，水力压裂技术优化主要在于如何解决煤层所受张压应力和维持卸压空间稳定间的技术矛盾。

（2）矛盾分析和发明原理的选取

可以使用通用参数采用19（压力/应力）、21（结构的稳定性）来进行描述。工程参数的确定，可以进一步通过矛盾矩阵找出适合的发明原理，分别为：35（物理或化学参数改变原理）、5（组合原理）、40（复合材料原理）、2（抽取原理）、33（匀质性原理）、31（多孔材料原理）、12（等势原理）。进一步地需要对所找到的创新原理进行求解、演绎，使其具体化，解决水力压裂中的技术矛盾，从而实现煤层气开采技术的优化创新。

（3）方案选择

根据矛盾矩阵中得出的创新方案及发明原理的求解，发现发明原理31（多孔材料原理）可对煤层气开采技术进行创新改善，创新方案如下：依据发明原理31的提示可以研发出一种区域井下高压射流掏穴卸压开采煤层气方法，即在煤层底板岩巷内设置若干钻场，在钻场内布置若干个钻孔孔位，以便对钻孔孔位进行小孔径普通钻孔作业，利用可自动旋转的高压水射流对目标煤层内的钻孔实施旋转高压切割，使目标煤层内形成较大的腔体，从而形成卸压空间，可以提高钻孔的影响范围，有效提升煤层的透气性，改善煤层气开采条件，提高煤层气的抽采率。

2）钻井平台的质量控制

（1）问题描述

海上钻井平台的设计既要保证一定的强度性能，又要保证一定的稳性和浮态要求，一旦发生超重，就对产品本身的性能和建造成本造成明显不利影响。解决平台超重的方法有两种：一种是优化设计的结构，将质量份额最大的钢结构重新优化，优化的质量额度有限，很难满足平台的初始设计要求，会导致降低功能设计参数，例如产品设计的拖航吃水和操作吃水是一定的，超重直接导致该工况下有效载荷的减少；另一种方法是增大平台的主尺度，以此来保证平台的设计功能参数，但是此方法造价和设计周期将延长。面临的技术问题：如何解决在保证强度等性能参数的前提下平台超重的问题。

（2）问题分析、矛盾分析

将技术系统分为两种物质和一个场（或者能量），系统分析的作用就是从模糊的初始问题中逐渐分离出问题。其中可能会包含物理矛盾、技术矛盾等。引起问题的技术系统就是钻井平台、钻井平台结构和质量超重，因此可以列出技术系统的主要成分及相应的功能。

技术矛盾分析的理想解是：钻井平台在保证强度的情况下，既能满足设计初期要求的功能性设计参数，又不至于超重。

根据39个通用工程参数，将冲突描述通用化、标准化。利用该方法将平台设计过程中质量超重的冲突转化为一般的或者标准的技术冲突。根据上述的技术冲突矩阵的匹配，在阿奇舒勒矩阵中找到了如下几个发明原理，对应不同的发明原理，分析出适合于解决重量超重的发明原理：

①原理3，局部质量：把物体或环境的均匀结构变成不均匀；使物体的不同组成部分完成不同的功能；使物体的每一组成部分都最大限度发挥作用。

②原理17，维数变化：将二维或者多维空间代替一维；使用多层结构代替单层结构；使物体倾斜或者改变方向；使用给定物体的反面。

第三章 基于创新方法的非常规油气资源开发工程生产流程集成设计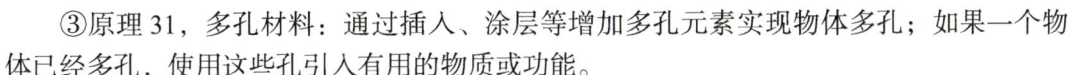

③原理31，多孔材料：通过插入、涂层等增加多孔元素实现物体多孔；如果一个物体已经多孔，使用这些孔引入有用的物质或功能。

（3）方案选择

最后通过分析如上的发明原理，结合工作中的实际情况，选择如下几种方法解决质量超重问题，成功地解决了多个钻井平台的质量超重问题：①浮力不足时增加浮体；②稳性不足时增加水线面积；③浮态不理想时，重新分舱、固体压载；④强度不够时，加强或替换更高强度的材料；⑤某些结构和舾装用轻质材料替换。采用以上方法，统计设计质量和完工的实际质量之间的偏差，基本控制在 1% 之内。

3）钻井马达的优化问题

（1）问题描述

钻井马达中最主要的部件是电机，如何确保电机的正常运转是其重点。那么如何确保电机运作时，电机内部需要的磁场为介质而进行的电能和机械能的相互转换，如何从电机结构上入手，在不影响电磁能量密度或者提高其密度，使得电机的结构更加简单紧凑，同时兼顾考虑到电机的冷却性能，这就产生了钻井马达结构优化与钻井马达可靠性之间的冲突。

（2）矛盾分析发明原理的选择

希望改进的参数——27 可靠性。变坏的技术参数——12 形状。设计中的冲突被描述成标准术语后，依据的冲突矩阵可以查出解决由物体产生的有害因素和可靠性构成的冲突，可用原理是第 1、11、16、35 条原理。经选择，这里从原理 1 和原理 11 希望给予电机性能优化。原理 1 分割原理，将一个物体分成相互独立的部分。使物体分成容易组装及拆卸的部分。增加物体相互独立部分的程度。原理 11 预补偿，采用预先准备好的应急措施补偿物体相对较低的可靠性。对于电机内磁场的产生问题，如果通过电流在电机绕组内产生磁场，能量转换的损失较大，不利于节能减排降低功耗，这时可以参照原理 11 着手在电机内预先加上一个磁性能高的永磁材料来产生磁场。对于第二个问题就是钻井马达的冷却问题，考虑到经济性能一般现在对于顶驱装置电机采用风冷措施，如何提供大马力风冷机，但又不影响钻井马达的复杂性，这时可以通过原理 1 将物体分成相互独立的部分，分割开来以利于更好地提供安全冷却空气。

（3）方案选择

可以从一些优秀的顶驱装置设计中或者其他工程实例发现上述原理的使用。例如 800W 稀土永磁同步电动机。

通过上述与电磁式电动机相比较，可以发现采用永磁电动机具有以下优点：不设电刷和肩环，因此结构简单、使用方便、可靠性高、无励磁损耗，无电刷和滑环之间的磨擦损耗和接触电损耗。因此，其效率高，并且功率因数可以设计在 1.0 附近。永磁电动机转子结构多样、结构灵活，可根据使用需要选择不同的转子结构形式，永磁电动机具有更小的体积和重量。将永磁电动机应用于顶驱装置则需要对机构进行改进计算校核后方可使用。鼓风机则是安装在井架上的远距离鼓风机。将鼓风机从顶驱结构中分割出来，有利于机构的简化和重量负载的减少，可以提供更大马力的冷却风压。

4）钻机空间和钻机灵活性

（1）问题描述

要提高钻机的工作空间和灵活性务必会使钻机的结构变得复杂。这其中显然存在着技术方面的矛盾。如果要扩大钻机的工作空间和提高钻机的灵活性，则钻机整体结构将会变得复杂，质量也会增加，生产成本也会增加。根据要求暂不使用履带式底盘，这样会较大增加生产成本，经济效益不能很好地得到提高。为此，所做的改进结构越简单越好，所用材料越少越好，即用较少的资源得到较好的效果，这样稳定性又有可能降低。以往的机架都是和钻机固定在一起的，是不可拆卸的，移动起来很不方便，使用起来也比较费事。当要对钻机进行调整角度时，要将整个钻机在地面上进行转动，这是相当费力的。

（2）矛盾分析和发明原理的选择

采用矛盾矩阵法分析可知该问题的技术冲突按照由浅至深的顺序列举如下：①如果工作空间扩大，则钻机变得复杂；②如果工作空间扩大，则整体质量增加；③如果提高钻机的灵活性，则稳定性不好。

按39个工程参数描述如下。希望改进的技术特性有：①适应性及多用性；②自动化程度；③可操作性；④生产率。其中一种特性的改善将导致另外几种特性的降低，即恶化的技术特性有：①装置的复杂性；②运动物体的质量；③结构的稳定性；④可靠性；⑤可制造性。针对上述技术参数，查询理论矛盾矩阵，列出针对以上技术冲突的矛盾矩阵如表3-7所示。

表3-7列出了所有技术冲突的矛盾矩阵，在实际应用中并不是要用到所有的发明原理，可先针对最突出的技术矛盾所对应的发明原理来解决问题，后面的技术矛盾可作为补充，拓宽解决问题的思路，使问题得到更好地解决。实际工作过程中在调节钻机的转向时是将钻机整体在地面上转动，由于地面的粗糙以及机架与地面的接触面积较大，导致转动钻机相当困难，给调整钻机的角度带来不便。为减小机架与地面之间的摩擦，根据40条发明原理中的24"中介"原理来进行思考。利用"35适应性及多用性——36装置的复杂性"这对技术矛盾对所对应的发明原理来进一步分析和解决问题，即用 X_1Y_1 所对应的15号及29号发明原理。

表3-7 矛盾分析表

恶化的技术特性	希望改善的技术特性	X_1 35.适应性及多用性	X_2 38.自动化程度	X_3 33.可操作性	X_4 39.生产率
Y_1	36.装置的复杂性	15, 29, 37, 28	15, 24, 10	32, 26, 12, 17	12, 17, 28, 24
Y_2	1.运动物体的质量	1, 6, 15, 8	28, 26, 18, 35	25, 3, 13, 15	35, 26, 24, 37
Y_3	13.结构的稳定性	35, 30, 14	18, 1, 35	32, 35, 30	35, 3, 22, 39
Y_4	27.可靠性	35, 13, 8, 24	11, 27, 32	17, 27, 8, 40	1, 35, 10, 38
Y_5	32.可制造性	1, 13, 31	1, 26, 13	2, 5, 12	35, 28, 2, 24

24"中介"原理：①采用中介物传递或完成所需动作。②把一个物体和另一个物体临时结合在一起（随后能比较容易地分开）。15动态化原理：①使物体或其环境自动调节，以使其在每个动作阶段的性能达到最佳。②把物体分成几部分，各部分之间可相对改变位置。③将不动的物体改变为可动的，或具有自适应性。29气体与液压结构原理：使用气体或液体代替物体的固体零部件，这些零部件可使用气体或水的膨胀，或空气和液体的静

压缓冲功能。根据24号原理引入一中介物，来代替钻机与地面的直接摩擦，引入的中介物一面与地面接触，一面与钻机自身机架接触。结合15、29号原理可知，与地面接触的一面与地面保持相对静止，与钻机机架接触的一面与机架相对静止，这两面之间可有相对运动，如果要调整钻机的转向，则此两面之间可以形成相对旋转，如果对钻机进行高度调节，则此两面之间的距离可以发生改变。旋转和升降部分可选用机械和液压装置来完成。该引入装置可实现钻机的旋转和升降，以下将称之为旋转式升降机架。

（3）方案选择和分析

方案1：升降部分采用齿条形式，旋转部分采用滑槽形式。

钻机自身的机架可通过螺栓直接固定在该引入装置上。引入装置分为上下两部分，上部包括上架与下架，用来与钻机连接，下部滑槽底座与地面接触，下架与滑槽底座之间通过圆形滑槽连接，因此，上下部分可以通过圆形滑槽实现圆周转动，从而实现钻机的角度调整。在圆形滑槽中心处有一齿条，其作用是用来提升钻机，当需要将钻机升高时，摇动手柄，经过齿轮系统的传递，钻机机架沿着齿条上升，手柄反转则钻机下降。该方案的结构清楚明了，相对简单，但是在承受力方面相对不足，整个钻机是在齿条的传递下升降的，这对齿条的要求较高，且不易实现锁死定位。

方案2：升降部分采用液压缸形式，旋转部分采用滑槽形式。

该方案有两种形式，（a）方案中四角处是液压缸支撑，通过液压缸的伸缩来实现钻机的升降，上部分同样用来与钻机自身机架相连，将钻机直接坐在上部，通过螺栓连接，滑槽底座与地面接触。下架与底座之间通过圆形滑槽相连，两部分之间可实现相对转动。（b）方案中心处是液压缸，四角处是滑道，当液压缸伸缩时，实现钻机的升降。（a）方案相对于（b）方案结构比较牢固，稳定性更强，承载能力更高，控制方面要保证四个油缸同步，不然钻机倾斜上部会与下部产生卡死；（b）方案则不会出现该现象，但其承载力相对较小，稳定性相对较低。

方案3：升降部分采用连杆滑块形式，旋转部分采用滚轮形式。

该方案采用的上下移动部分为连杆机构，钻机通过螺栓直接固定在上架上。需要提升钻机的高度时，通过转动链条系统的手柄，链条将动力传递给两链轮，链轮带动丝杠转动，铰接处的滑块在丝杠上移动，丝杠两端的螺旋旋向是相反的，处于同一条丝杠上的滑块将会相互靠拢，此时上架高度增加，钻机得到了提升。钻机上升到所需的高度时将half锁死。当需要降低钻机的高度时，操作流程与之相反。需要调整钻机的角度时，可通过下部的滚轮来实现，通过推动引入装置，滚轮滚动，到达需要的位置后停止，将滚轮锁死。该方案结构相对简单，操作简便，丝杠具有反向锁死功能，因此不必担心上升过程中反向退回的情况，具有一定的可靠性。因为是丝杠带动滑块运动，因此升降的速度相对较慢。因为该方案的操作位于丝杆的一端，另一端距离操作位置较远，因此，丝杠的扭曲变形相对较大，这样会影响同一杆上的两滑块不能实时同步，就会导致引入装置的上部不处于水平状态而倾斜，钻机也会随之倾斜，这是不允许的。

方案4：升降部分采用连杆滑块形式，旋转部分采用杠杆轴承形式。

该方案的升降部分与方案3的升降部分是完全相同的，此处将不再描述。该方案中的旋转部分采用推力球轴承形式，转动组件8是由推力球轴承以及附件组成，该组件可在下架1中穿过。转动组件可以随着杠杆的摆动上下移动小段距离。杠杆的一端与引入装置铰接，支点即与旋转组件 8 铰接，另一端处于自由（用于施加压力）。当需要转动钻机时，将杠杆 7 自由端下压，转动组件 8 的下部与地面接触，在旋转组件的支撑下引入装置被提升，此时在轴承的作用下可以推动引入装置旋转，钻机也随之转动，到达需要的位置时放松杠杆自由端，引入装置落地，需要再次调整位置时重复此操作。该方案的旋转装置虽然简单，但是操作起来相对费力。因为需要人力控制杠杆的力度，因此安全性相对较低。在下压杠杆自由端时，引入装置被提升，脱离地面，此时钻机系统在较小面积的旋转装置的支撑下由人力施压杠杆旋转，很难保证平衡。

三、物场分析和标准解系统应用流程及应用示例

1. 物场分析

如果问题可以成功的描述成物场模型，那么就可以针对构建出的物场模型采用相应的标准解进行求解。物场模型是由两个物质和一个场这样三个元素所构成的完全的、最小的技术系统。是一种用图形表达问题的复合语言来揭示系统的功能，描述任何技术系统中不同元素之间发生的不足的、有害的、过度的和不需要的各种相互作用。设计人员通过使用这些特定的符号来有序地进行解决发明问题的方法。

基本物理场：重力场、电磁场、强作用场、弱作用场。其他的相互作用：机械场、热场、化学场、电场、磁场、电磁场、放射场、生物场、嗅觉场、声场等。最基本物场模型是将一个技术系统分成两个物质与一个场或一个物质与两个场，用一个三角形来表示每个系统所实现的功能（图 3-10）。一个基本完整的测量物场模型必须是在它的输出端载有被测对象信息参数的输出场（图 3-11）。

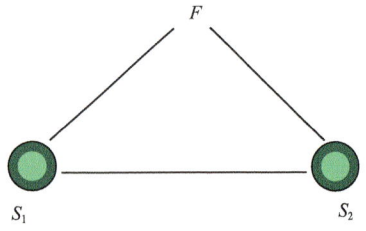
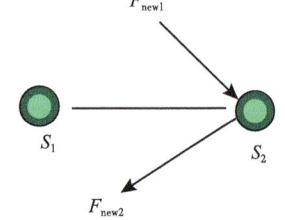

图 3-10　最基本的物场模型　　　　图 3-11　最基本的测量物场模型

S、S_1、S_2 表示物质。通常物质 S_1 是一种需要改变、加工、位移、发现、控制、实现等的"目标""对象"；物质 S_2 是实现必要作用的"工具"。F、F_1、F_2 表示场。代表"能量""力"，是实现两个物质间的相互作用、联系和影响的能量。在测量物场模型中，通常 F_1 表示输入场，F_2 表示输入场。

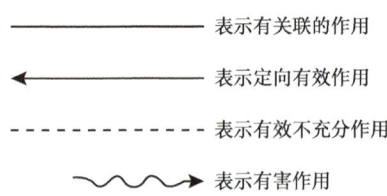

2. 标准解系统

标准解系统是 76 个典型解决方案的集合，如果关键问题以物场模型形式描述，则需要用此工具来解决。76 个标准解决方法可分为 5 类：建立或破坏物质场；开发物质场；从基础系统向高级系统或微观等级转变；度量或检测技术系统内一切事物；描述如何在技术系统引入物质或场。发明者首先要根据物质场模型识别问题的类型，然后选择相应的标准方法解。

第一类标准解：不改变或仅少量改变系统。

①假如只有 S_1，应增加 S_2 及场 F，以完善系统 3 要素，并使其有效。②假如系统不能改变，但可接受永久的或临时的添加物，可以在 S_1 或 S_2 内部添加来实现。③假如系统不能改变，但用永久的或临时的外部添加物来改变 S_1 或 S_2 是可以接受的，则加之。④假定系统不能改变，但可用环境资源作为内部或外部添加物，是可接受的，则加之。⑤假定系统不能改变，但可以改变系统以外的环境，则改变之。⑥微小量的精确控制是困难的，可以通过增加一个附加物，并在之后除去来控制微小量。⑦一个系统的场强度不够，增加场强度又会损坏系统，可将强度足够大的一个场施加到另一元件上，把该元件再连接到原系统上。同理，一种物质不能很好地发挥作用，则可连接到另一物质上发挥作用。⑧同时需要大的（强的）和小的（弱的）效应时，需小效应的位置可由物质 S_3 来保护。⑨在一个系统中有用及有害效应同时存在，S_1 及 S_2 不必互相接触，引入 S_3 来消除有害效应。⑩与⑨类似，但不允许增加新物质。通过改变 S_1 或 S_2 来消除有害效应。该类解包括增加"虚无物质"，如：空位、真空或空气、气泡等，或加一种场。⑪有害效应是一种场引起的，则引入物质 S_3 吸收有害效应。⑫在一个系统中，有用、有害效应同时存在，但 S_1 及 S_2 必须处于接触状态，则增加场 F_2 使之抵消 F_1 的影响，或者得到一个附加的有用效应。⑬在一个系统中，由于一个要素存在磁性而产生有害效应。将该要素加热到居里点以上，磁性将不存在，或者引入相反的磁场消除原磁场。

第二类标准解：改变系统。

⑭串联的物—场模型：将 S_2 及 F_1 施加到 S_3；再将 S_3 及 F_2 施加到 S_1。两串联模型独立可控。⑮并联的物—场模型：一个可控性很差的系统已存在部分不能改变，则可并联第二个场。⑯对可控性差的场，用易控场来代替，或增加易控场。由重力场变为机械场或由机械场变为电磁场。其核心是由物理接触变为场的作用。⑰将 S_2 由宏观变为微观。⑱改变 S_2 成为允许气体或液体通过的多孔的或具有毛细孔的材料。⑲使系统更具柔性或适应性，通常方式是由刚性变为一个铰接，或成为连续柔性系统。⑳驻波被用于液体或粒子定位。㉑将单一物质或不可控物质变成确定空间结构的非单一物质，这种变化可以是永久的或临时的。㉒使 F 与 S_1 或 S_2 的自然频率匹配或不匹配。㉓与 F_1 或 F_2 的固有频率匹配。㉔两个不相容或独立的动作可相继完成。㉕在一个系统中增加铁磁材料和（或）磁场。㉖将⑯与㉕结合，利用铁磁材料与磁。㉗利用磁流体，这是㉖的一个特例。㉘利用含有磁粒子或液体的毛细结构。㉙利用附加场，如涂层，使非磁场体永久或临时具有磁性。㉚假如一个物体不能具有磁性，将铁磁物质引入到环境之中。㉛利用自然现象，如物体按场排列，或在居里点以上使物体失去磁性。㉜利用动态，可变成自调整的磁场。㉝加铁磁粒子改变材料结构，施加磁场移动粒子，使非结构化系统变为结构化系统，或反之。㉞与 F 场的自然频率相匹配。对于宏观系统，采用机械振动增加铁磁粒子的运动。在分子及原子水

平上，材料的复合成分可通过改变磁场频率的方法用电子谐振频谱确定。㉟用电流产生磁场并代替磁粒子。㊱电流变流体具有被电磁场控制的黏度，利用此性质及其他方法一起使用，如电流变流体轴承等。

第三类标准解：传递系统。

㊲系统传递 1：产生双系统或多系统。㊳改进双系统或多系统中的连接。㊴系统传递 2：在系统之间增加新的功能。㊵双系统及多系统的简化。㊶系统传递 3：利用整体与部分之间的相反特性。㊷系统传递 4：传递到微观水平来控制。

第四类标准解：检测系统。

㊸替代系统中的检测与测量，使之不再需要。㊹若㊸不可能，则测量一复制品或肖像。㊺如㊸及㊹不可能，则利用两个检测量代替一个连续测量。㊻假如一个不完整物—场系统不能被检测，则增加单一或两个物—场系统，且一个场作为输出。假如已存在的场是非有效的，在不影响原系统的条件下，改变或加强该场，使它具有容易检测的参数。㊼测量引入的附加物。㊽假如在系统中不能增加附加物，则在环境中增加而对系统产生一个场，检测此场对系统的影响。㊾假如附加场不能被引入到环境中去，则分解或改变环境中已存在的物质，并测量产生的效应。㊿利用自然现象。例如：利用系统中出现的已知科学效应，通过观察效应的变化，决定系统的状态。(51)假如系统不能直接或通过场测量，则测量系统或要素激发的固有频率来确定系统变化。(52)假如实现(51)不可能，则测量与已知特性相联系的物体的固有频率。(53)增加或利用铁磁物质或磁场以便测量。(54)增加磁场粒子或改变一种物质成为铁磁粒子以便测量，测量所导致的磁场变化即可。(55)假如(54)不可能建立一个复合系统，则添加铁磁粒子到系统中去。(56)假如系统中不允许增加铁磁物质，则将其加到环境中。(57)测量与磁性有关现象，如居里点、磁滞等。(58)若单系统精度不够，可用双系统或多系统。(59)代替直接测量，可测量时间或空间的一阶或二阶导数。

第五类标准解：简化改进系统。

(60)间接方法：使用无成本资源，如空气、真空、气泡、泡沫、缝隙等；利用场代替物质；用外部附加物代替内部附加物；利用少量但非常活化的附加物；将附加物集中到特定位置上；暂时引入附加物；假如原系统中不允许附加物，可在其复制品中增加附加物，这包括仿真器的使用；引入化合物，当它们起反应时产生所需要的化合物，而直接引入这些化合物是有害的；通过对环境或物体本身的分解获得所需的附加物。(61)将要素分为更小的单元。(62)附加物用完后自动消除。(63)假如环境不允许大量使用某种材料，则使用对环境无影响的材料。(64)使用一种场来产生另一种场。(65)利用环境中已存在的场。(66)使用属于场资源的物质。(67)状态传递 1：替代状态。(68)状态传递 2：双态。(69)状态传递 3：利用转换中的伴随现象。(70)状态传递 4：传递到双态。(71)利用元件或物质间的作用使其更有效。(72)自控制传递。假如一物体必须具有不同的状态，应使其自身从一个状态传递到另一状态。(73)当输入场较弱时，加强输出场，通常在接近状态转换点处实现。(74)通过分解获得物质粒子。(75)通过结合获得物质。(76)假如高等结构物质需分解但又不能分解，可用次高一级的物质状态替代；反之，如低等结构物质不能应用，则用高一级的物质代替。

3. 标准解系统的应用

标准解法数量较大，为了快速找到合适的标准解法，要理清 76 种标准解法的逻辑关系，掌握问题解决过程中标准解法的选择程序。

1)确定面临问题的类型

首先要确定面临问题是属于哪类问题,是要求系统改进,还是要求对某件物体有测量或探测的需求。

A1:问题工作状况描述;A2:将产品或系统的工作过程进行分析;A3:零件模型分析包括系统、子系统、超系统3个层面的零件,以确定可用资源;A4:功能模型分析将各个元素间的相互作用表达清楚,用物场模型的作用符号进行标记;A5:确定问题所在的区域和零件,划分出相关的元素,作为下一步工作的核心。

2)系统改进

B1:建立物场模型;B2:如果是不完整物场模型,应用标准解法S1.1中的8种解法;B3:如果是有害效应,应用S1.2中的5种标准解法;B4:如果是效应不足,应用第二级中23种标准解法和第三级的6种标准解法。

3)测量或探测

如果问题是对某件东西有测量或探测的需求,应用第四级的17个标准解法。

4)简化与改善

当获得标准解法和解决方案,检查模型是否可以应用标准解法第五级的17种标准解法来简化。

4. 应用示例

1)多工艺钻头创新设计

(1)问题描述

高速变量马达输出的转速很高,导致变速箱长期工作的情况下发热严重,变速箱由专业厂家制造,由于地质装备行业产品的特点是批量少、变型机型多,所以变速箱价格昂贵,且使用可靠性差。

液压系统驱动高速马达,将液压能转化为机械能经变速箱将机械能传递给输入齿轮轴,再经过箱体内的齿轮减速将能量传递到输出轴,变速箱有高低速两挡,高速挡时变速箱发热严重很容易损坏,低速挡时由于负载强烈的冲击,变速箱也容易损坏。原因是高速挡时马达需要输入3000r/min以上的转速,在如此高的转速下变速箱长时间工作发热严重;低速挡时,负载大且不平稳对变速箱的齿轮有冲击造成变速箱损坏。

(2)冲突分析和发明原理应用

与技术冲突相比,物理冲突是一种更尖锐的矛盾。动力头对于整个钻机来说是一个重要的子系统,动力头"输出转速的高与低"就是一个物理冲突。采用分离原理来解决物理冲突,两种分离原理对应的发明原理见表3-8。

表3-8 发明原理应用表

分离原理	可能的发明原理	创新思维方向
时间分离	29 气动与液压结构	物体的固体零部件可用气动或液压零部件代替
条件分离	1 分割	将物体分成独立的部分;使物体成为可拆卸的;增加物体的分割程度
	6 多用性	使一个物体能完成多项功能,可以减少原设计中完成这些功能的物体数量
	27 用低成本代替昂贵物体	用一些低成本物体代替昂贵物体

（3）物场分析和标准解

对变速箱进行物质—场分析。高速液压马达将机械能传递到变速箱，施加了机械场，这个场是想要的但有时也是有害的，高转速时马达需要输入 3000r/min 以上的转速，在如此高的转速下变速箱长时间工作发热严重，有润滑散热装置的情况下也不能达到热平衡，造成变速箱损坏；变速箱向输入齿轮轴施加机械场，齿轮轴方向也向变速箱施加一个有害的机械场，在低速挡时，负载有强烈的冲击，都缩短了变速箱的使用寿命。

通过物质—场分析，可能用到 76 个标准解中：No.7 一个系统中场强度不够，增加场强度又会损坏系统，将强度足够大的一个场施加到另一个元件上，再将该元件连接到原系统上。No.9 在一个系统中有用及有害效应同时存在。S_1 及 S_2 不必直接接触，引入 S_3 消除有害效应。

（4）方案选择和分析

将发明原理及标准解归纳，提出对应的可能解，将这些可能解组合形成系统最终解，见表 3-9。

表 3-9 一般解汇总表

序号	TRIZT 具	可能解决方案
1	发明原理 1 分割	传动系统可以分割成高速、低速两个系统，可以在原系统中增加机械或液压换挡机构
2	发明原理 6 多用性	将高、低速两种动力头互换在一个系统中实现，结合两种动力头的特点
3	发明原理 27 用低成本、耐用物体替代昂贵、不耐用的物体	将价格昂贵又不耐用的变速箱替换掉，用液压及机械实现变速箱的功能
4	发明原理 29 气动与液压结构	利用超系统是液压驱动，引入低速大扭矩马达同时驱动输出轴，并通过液压控制油路去实现液压油的切换
5	标准解 No.7	方案如第 4 项
6	标准解 No.9	增加换挡结构，使高速马达工作时低速马达不必参与传动

基于上述物理冲突与系统问题的解决，沿着提出的创造性思维方向，结合自身实践经验和工程实际，滤除掉不符合要求的原理方案，最终得到了多工艺动力头理想解。经过进一步细化设计，得到了新型动力头最终结构。将原系统中的变速箱去除，引入了低速大扭矩马达和换挡机构，控制系统即液压系统增加了控制高速马达和低速马达并联控制阀，目的是通过液压和机械的方式快速切换动力头两种工作模式。

2）四相分离装置的关键结构设计

（1）问题描述

四相分离装置是一种油气钻井特别是特殊工艺油气钻井的重要装备。它可以在密闭条件下将井内返出钻井液中的气、油和岩屑进行分离，分离产物进行妥善处理，在整个作业过程中，不会对外界环境造成任何污染。但该装备结构复杂，其关键技术只有国外几个石油公司掌握，因此国内研制该装备，需要对一些关键技术进行一些创新性突破。

四相分离装置需要同时分离岩屑、气、原油和钻井液。分离岩屑最常用最可靠的办法是依靠重力沉降作用将密度较大的岩屑沉降在分离器的底部，但是由于井内返出钻井液的流量很大，进入分离器钻井液的流速也非常大，如果钻井液在分离装置停留期间内，要使岩屑完全沉降在分离装置底部，分离装置需要具有很大的容积，但是容积过大，会给运输安装带来很大的不便，有些面积较小的井场甚至无法摆放面积过大的分离装置。因此不能通过增大分离装置容积的方式来提高岩屑分离效率。

（2）物场分析和标准解选择

此处主要是基于物质—场分析方法的岩屑分离结构设计。岩屑在四相分离装置内的分离原理：悬浮在钻井液中密度较大的岩屑颗粒在地球重力场的作用下而发生沉降分离。在相对应的物质—场模型中，物质 S_1 为岩屑，物质 S_2 为地球，施加的场 F_1 为重力场。因此物质—场模型可描述为：岩屑 S_1 的沉降分离，是由于地球重力场的作用下引发的。地球重力场 F_1 对于岩屑 S_1 沉降分离是有用的，但是也是不足的，因此该物质—场模型的种类属于有用但不充分的相互作用。

根据问题的物质—场模型，确定应用第二级标准解法系统的第一条——向具有可控场的物质—场跃迁——来解决该问题。其解法内容：用更容易控制的场来代替原来不容易控制的场，或者叠加到不容易控制的场上。可按以下路线进行取代一个场：重力场、机械场、电场、磁场和辐射场。

（3）方案选择

按照标准解法提供的用机械场代替重力场的思路，确定应用可更容易控制的旋流器产生的机械场 F_2 代替无法控制的重力场 F_1 分离岩屑，用旋流器 S_2 代替地球 S_2。选用旋流器分离岩屑颗粒的方案，如果旋流器尺寸设计合理，即可在有限的空间内高效率地分离出岩屑颗粒，从而有效地解决了这个工程难题。

四、功能导向搜索和实例库的应用

功能导向搜索不同于常规的基于关键词的搜索。它搜索的是经过一般化处理过的功能化模型。功能导向搜索的本质是查询其他领域以求找到能够解决本领域功能需求的功能。将在其他领域比较成熟的解决方案应用在本领域。不同于我们常用的百度和谷歌搜索。功能导向搜索不是单纯依靠关键词搜索，而是利用前述提到的功能分析出的功能进行检索。由于一个功能在本领域有专业术语，这就导致了在进行相关资料搜索时，减小了搜索到适用案例的可能。

在解决项目问题的时候，往往可能会遇到一个全新的问题，需要全新的方案进行求解。而且在全新的解决方案产生时，由于背景经验不足，又难以判断解决方案是否可行。但是，如果通过功能导向搜索，了解到该功能在其他领域的应用效果，就可以较为容易地将该方案移植到本项目问题的解决。

前述的功能分析讲过，功能可以分为功能的对象、功能的载体和它们之间的动词等三部分。领域变化时功能的载体往往是变化的，所以在进行功能导向搜索时，常常采用动词和对象来描述功能。对功能的一般化处理，也就是将功能中的动词，以及功能的对象中的术语去掉，用一般化的语言代替。

第四章　基于创新方法的非常规油气资源开发工程系统解决方案设计

第一节　系统解决方案设计的背景与目的

整个世界油气工业发展历程，从一定程度上说也是非常规油气资源不断突破技术和成本瓶颈，向常规油气资源开发转变的过程。中国也在加大非常规油气勘探开发力度，总体上还处于初级阶段。对非常规油气资源开发的重视也反映出能源消费大国对能源独立的强烈渴望。抢占非常规能源制高点，能够推动能源生产和消费革命，保障能源安全，甚至影响地缘政治格局。从美国经验来看，除了政府提供必要政策支持外，在技术方面水平井和水力压裂技术的突破是实现页岩气经济性开发最具影响的因素。

目前，国内创新方法集成研究与应用主要涉及制造业、互联网、农业等领域，而针对非常规油气资源开发创新方法集成研究尚比较欠缺。非常规油气资源开发创新方法集成研究，实现创新方向引导、创新进程加快、创新成本减少、创新效力倍增的创新方法应用，具有重要现实意义。

本节以非常规油气资源开发工程为研究对象，通过对非常规油气资源开发工程的创新需求及解决共性问题的分析和标准化，调用创新方法工具和数据库，形成一套系统的面向非常规油气资源开发工程的创新方法集成的应用框架，设计服务非常规油气资源开发工程创新方法集成的综合评价系统和专业的知识库系统，构建具有中国特色且可复制推广应用的非常规油气资源开发工程创新方法应用模式。

本章主要探讨面向非常规油气资源开发系统解决方案设计。如前所述，本书主要研究有助于解决非常规油气开发工程的技术预测、专利研发申请及规避和生产环节瓶颈问题。同时，这三类问题并不是单纯的并列关系。现实中的问题可能会同时涉及其中两类问题，甚至三类问题。而且，在分别解决这三类问题时，可能会调用相同的系统资源。所以，为这三类问题构建一个整体的系统解决方案，可以有机地利用系统资源，减少重复而无效的工作，全方面而有效地解决问题，提供最优的系统解决方案。

第二节　系统解决方案设计的基本思路

创新方法不断发展，产生了大量的创新工具，如功能分析、因果链分析、裁剪、特性传递、矛盾分析、发明原理、分离原理、物场分析、标准解系统等工具。这些工具用于解决技术的长期预测、专利战略（包括专利规避）、环保设计、六西格玛设计等领域，取得了丰富的成果。但是，目前并不存在专业的以非常规油气勘探开发工程为对象的创新方法集成应用系统。尤其是缺少系统的思想，灵活运用各种创新工具和工具组合解决问题。这无疑会降低使用各种方法工具的效率。据我们所知，目前而言，只有 Ariz 算法是利用各种工具的专业算法，广泛应用于各领域[58]。

Ariz 是发明问题解决的完整算法，该算法采用一套逻辑过程逐步将初始问题程式化。该算法特别强调冲突与理想解的程式化，一方面技术系统向着理想解的方向进化，另一方面如果一个技术问题存在冲突需要克服，该问题就变成了一个创新问题。Ariz 中，冲突的消除有强大的效应知识库的支持。效应知识库包含物理的、化学的、几何的等效应。作为一种规则，经过分析与效应的应用后问题仍无解，则认为初始问题定义有误，需对问题进行更一般化的定义。应用 Ariz 取得成功的关键在于没有理解问题的本质前，要不断地对问题进行细化，一直到确定了物理冲突。该过程及物理冲突的求解已有软件支持。Triz 认为，一个创新问题解决的困难程度取决于对该问题的描述和问题的标准化程度，描述得越清楚，问题的标准化程度越高，问题就越容易解决。Ariz 中，创新问题求解的过程是对问题不断地描述，不断地标准化的过程。在这一过程中，初始问题最根本的矛盾被清晰地显现出来。如果方案库里已有的数据能够用于该问题则是有标准解；如果已有的数据不能解决该问题则无标准解，需等待科学技术的进一步发展。该过程是通过 Ariz 算法实现的。

但是由于 Ariz 存在以下问题，所以不适宜直接作为非常规问题解决流程。一是，Ariz 方法是一个一般化的发明创造解决问题算法，在所有领域都可以使用。然而正是 Ariz 的一般化导致其在非常规油气勘探开发工程领域的不够专业化。即将 Ariz 完全照搬到非常规油气勘探开发工程的问题解决，可能无法高效地应用。Ariz 方法并没有考虑非常规油气勘探开发工程的特点，整个解决问题流程没有融入非常规油气勘探开发工程元素，将非常规油气勘探开发工程特点和 Ariz 方法有机地融合。

其次，经过不断地发展，Ariz 一代代进步，导致其专业化水平不断加深。使用的难度和成本不断增加。只有熟悉所有的创新工具，熟练掌握 76 种标准解法的应用，才能有效利用这个工具。

第三，Ariz 中的有些步骤并不适合非常规油气勘探开发工程，所以我们重新设计了问题解决算法。

例如，Ariz 算法中，专利库等知识库的利用在矛盾分析解决过程之前。我们设计的算法中对此进行了调整。利用知识库的步骤要先于矛盾分析等步骤，因为矛盾分析难度较大，准确分析得以解决问题的概率小，耗费的时间成本大，对操作人员要求高，而知识库查询难度低、成本小，解决问题概率高；其次利用知识库的主要步骤是抽取关键词，分解问题，这一步骤本身可以帮助我们理解问题，有利于进行矛盾分析，所以即使无法通过此步骤解决问题，这部分的成本也不会浪费。

问题的分析认识不断深入，解决工具不断复杂专业化，两者应该相匹配。相较于创新知识，油气专业人员对勘探开发知识掌握相对熟练。所以，利用关键词，通过功能导向搜索专利库和实例库解决问题的难度要小于利用创新方法的专业知识，如矛盾矩阵、创新原理、物场分析、标准解和 Ariz。尤其是，创新方法基本都是发散式、引导式解决问题，注重于对问题的理解。对问题理解越深，越有助于利用创新方法专业知识解决问题。Ariz 一开始的分析属于创新方法的分析，较为复杂，研究人员花费大量时间进行分析，还是不能一次解决问题。可能还需要循环分析解决。

第三节　系统解决方案的具体流程

依据前述基于创新方法的非常规油气资源开发工程系统解决方案设计的基本思路，本书设计系统解决方案如下。

为了综合利用专利库、实例库、效应库、技术预测方法、功能导向搜索、专利申请标准、辅助语义分析、冲突矩阵、发明原理、牧场分析和标准解等知识库和辅助方法，实现资源的高效利用，设计了能够解决技术产品成熟度预测、专利申请（专利规避）、生产问题等多种需求的系统解决方案。

系统解决方案主要分为十一个步骤，具体如下。

一、第一步 明确需求

此步骤是对问题的初步分析及判断，依据判断结果选择后续步骤。具体操作如下。

如若，客户需求为技术预测，转至第二步；

如若，客户需求为技术研发，转至第三步；

如若，客户需求为解决生产环节遇到的问题，转至第四步。

二、第二步 技术预测

技术预测是通过整体化前瞻、系统化选择和最优化配置三个阶段把握技术的发展趋势，其中整体化前瞻是前提，系统化选择是重点，最优化配置是结果，三者相互呼应，缺一不可。而且，三者具有螺旋上升的态势，最优化配置是下一次整体化前瞻的基础，进而形成了技术预测模型完整的体系。基于专利地图和TRIZ理论的技术预测模型实现步骤具体如下。

①确定技术预测的研究领域。通过确定需要进行技术预测的领域，运用TRIZ理论中的系统分析方法对该领域技术发展现状进行解读，对技术系统所处的产业现状、科技现状和政策现状进行定性分析，同时，运用专利分析软件收集整理并分析该领域相关的专利文献，将技术系统进行功能结构分解，剖析技术系统的子系统，得出关键技术特征。

②子要素确定。子要素是进行技术预测的关键指标，通过分析技术系统的子要素发展现状，并与技术系统进行对比，可以发掘出目前技术系统的发展瓶颈，为下一阶段的技术创新提供目标导向。不同领域的技术系统子要素组成是不一样的，通过对关键技术特征进行聚类分析，得到该领域的若干个子要素，为技术成熟度预测奠定基础。

③专利地图构建。专利地图可以了解技术发展变化趋势以及影响这些变化的技术因素，具体以专利雷达图、技术生命周期图等表现。通过对比分析技术系统和子要素之间发展程度的差异，构建出专利雷达图等专利技术地图，分析技术发展趋势。

④技术成熟度预测。对整体领域的技术系统和系统子要素分别进行技术成熟度预测是技术预测的核心部分，通过技术成熟度判定可以实现该技术系统是否有创新的必要，以及从哪方面可以最大程度地进行创新。运用TRIZ的S曲线预测技术系统和系统子要素的技术成熟度，并分别运用不同的方法对技术成熟度进行分析比较，得出技术系统和系统子要

素的发展程度。

⑤技术进化路线分析。TRIZ 理论的技术进化八大法则用来帮助技术人员，给他们指明创新路径，以解决目前的技术瓶颈。结合专利技术地图，运用技术进化八大法则，预测技术系统走向，加强创造性技术设计问题的解决。

经过此步骤，可以得到专利地图、技术成熟度预测结果和技术进化路线。

若此步骤已经完成客户需求，则转入第十一步。

若需要继续进行技术研发和专利生成，则转入第三步。

三、第三步 技术研发及专利生成

此步骤用于实现两个目的，基于专利规避的技术研发设计和专利申请书的生成。

1. 基于专利规避的技术研发设计

1）立项与概念阶段

首先通过立项阶段的决策评审，对技术的投资进行漏洞筛选，在确保有市场前景并且具有盈利能力后，再进行下一阶段的活动。其次，围绕着技术需求、技术研发构想与技术需求方进行反复沟通，以保证正确地理解技术需求方的需求，使得研发的技术符合市场需要，可以为企业带来现金流和利润。然后，分析类似技术的战略控制点，预测竞争对手未来的研发方向，剖析竞争对手技术的优劣势，将分析结论体现到技术研发构想中，保证技术的竞争力。最后，通过制定《商业计划书》清晰地表明技术研发的成效，以及实现该技术研发的关键路径策略。

立项阶段的主要活动包括了市场评估、需求分析、规格定义、编写研发计划书、决策评审、成立 TDT 这六个部分，具体流程如图 2-6 所示。其中，市场评估和需求分析可以从专利规避的角度出发，通过分析现有技术的专利状况，可以预测该技术成熟度和发展趋势。

2）计划与开发阶段

技术研发公司根据项目合同签署的内容，明确技术需求方以及第三方的责任矩阵和项目边界，然后进一步细化项目计划。计划阶段的目的是通过增加技术开发在各个方面的细节内容，从而扩大初始的研发资料和研发计划书的范围，比如技术原始设计、研发进度和成本费用信息等，然后由 TDT 经理整理成《解决方案业务计划》，提交给 IPMT 进行决策评审，并且 TDT 团队做出对产品成功负责的承诺。计划阶段开始与概念阶段决策评审通过，该阶段的主要工作内容是把技术研发概念转化为正式的研发计划，其中包括对技术研发策略、市场推广策略、进度控制以及成本费用的正式规划。在技术研发计划时，主要的各个功能领域代表都要参与。一旦《解决方案业务计划》通过 IPMT 的决策评审，就将进入下一阶段即研发阶段，同时获得专拨资金以及使用资金的权力。

（1）计划阶段的主要活动

首先，当通过了 IPMT 在概念阶段的决策评审之后，TDT 团队就进入了计划阶段。在这一阶段 TDT 经理开始准备和启动技术研发项目开工活动。第一步，根据项目特点确定需要怎样的技术和能力储备，然后寻找适合的领域专家，让他们加入到 TDT 团队，并让相应的职能部门作出承诺保证他们的参与。项目助理这时开始负责整理详细的团队组织与基础办公设备信息，如服务器访问权限、项目周报、会议记录以及项目合同信息等。

其次，开发代表根据《技术研发需求说明书》和《技术参数规格说明书》开始进行概要设计，设计完成后要经过计划专家 TR2 评审。TR2 评审通过之后，开始进入详细设计的编写，详细设计编写完成后再经过技术专家 TR3 评审。与此同时，采购代表根据技术研发需要制定采购计划，并且选择合适的供应商。市场代表开始寻找早期的试用客户进行谈判。

最后，TDT 经理把计划决策评审准备材料提交给 IPMT 进行计划决策测评审，如果评审通过则进入研发阶段，否则项目将被终止或者重新确定方向。技术需求说明书在计划决策评审通过后就不能随意变动了。如果想要增加或者改变需求，需要经过需求变更委员会对需求变更影响进行评估和批准。

（2）研发阶段的主要活动

首先，当 TDT 提交的计划决策评审材料通过 IPMT 的决策评审，并且 TDT 团队和 IPMT 签订技术研发合同和业务承诺书后，就进入了研发阶段。在目前阶段技术的概要设计和详细设计工作已经完成，并且通过了技术专家的评审，技术研发的可行性得到了有力的保障。接下来技术的功能设计和研发以及集成测试将是本阶段的主要工作内容。

其次，前期的设计方案准备完毕后，TDT 经理召开研发阶段开工会，开工会上根据研发和测试工作量来确定是否需要增加人力投入。财务代表将记录和跟踪技术研发产生的成本费用，并定期进行更新。研发人员进入编码测试阶段，当系统开发完成时需要经过技术专家 TR4 评审。

最后，通过 TR4 评审后系统开始集成测试，系统需要经过所有的集成测试，然后再通过技术专家 TR5 的评审。TR5 评审通过就标志着研发阶段的结束，市场人员开会时准备技术发布工作。

3）验证与发布阶段

（1）验证阶段的主要活动

首先，系统在通过 TR5 评审后就进入了验证阶段。TDT 团队在验证阶段不但进行软硬件性能测试、相关标准和技术规格一致性验证，还要对市场需求做最新的评估，以及得到相关标准制定机构的认证。

其次，市场开始寻找技术需求客户，并收集试销客户的反馈建议，确认技术的可获得性，同时技术支持代表开始准备相应的技术人员培训和人力资源。

最后，TDT 经理把可获得性决策评审提交给 IPMT 进行评审，通过 IPMT 的评审之后就进入了下一个阶段即技术发布阶段，验证阶段就宣告结束。

（2）发布阶段的主要活动

首先，技术研发公司的技术通过了来自于公司的内部测试、第三方标准认证机构、初期试销客户的验证。其次，技术研发公司市场部和采购部已经为本技术搭建了相应的供应链体系、市场营销体系、售后服务体系等外围措施。最后，由市场代表正式向市场发布技术，技术上市后开始进入市场推广、市场营销以及技术维护的过程。在技术发布阶段，技术的模块功能特性相对比较稳定，这个时间段主要由技术维护团队来负责该阶段的技术生命周期管理工作。

4）生命周期阶段

首先，经过 IPMT 初步对技术发布之后的表现评审后，同意由技术维护团队接管技术

第四章　基于创新方法的非常规油气资源开发工程系统解决方案设计

上市后的生命周期管理活动。其次，技术维护团队除了定时给 IPMT 汇报技术表现情况，还要负责管理技术的市场营销、问题修复和客户服务等活动，保证技术可以取得最大利润。最后，在技术上市期间 IPMT 要定期地对技术的市场表现进行评审，一直到技术衰退，IPMT 批准结束技术的生命周期。

5）决策评审阶段

技术通过立项决策评审点，意味着技术研发项目正式得到了 IPMT 的承认，高层团队为技术研发组建项目组，进入概念阶段；当概念阶段结束时召开概念决策评审（CDCP）会议，该评审点通过，意味着高层团队同意 TDT 团队进入计划阶段，开展计划阶段的活动，并提供相应的资金和资源；计划阶段结束后召开计划决策评审（PDCP）会议，该会议通过，表示该项目可以进入研发和验证阶段，这时候研发风险相对能够得到保障；直到验证阶段结束召开可获得性决策评审会（ADCP），可获得性决策评审会议通过后，项目正式进入发布阶段；通过 TDT 团队的云总，直到 GA 点技术正式进入技术生命周期阶段。GA 节点也就是技术研发项目正式结束的节点，该节点的状态要求客户能毫无障碍地买到，毫无障碍地得到服务，毫无障碍地使用所研发的新技术。技术上市后，直到技术形式发生变化，技术生命周期趋于过时，新的技术的涌现，或主动淘汰，当这些因素导致该技术的市场绩效不能满足企业要求时召开生命周期终止决策评审（LDCP），通过决策主动地有计划地停止营销、停止服务、停止生产和停止采购。

6）技术评审阶段

集成技术研发流程的技术评审体系，要求先在各个专业领域内进行技术评审，如软件编解码方案评审、软件总体设计评审、硬件总体方案评审、硬件接口电路评审，然后才是子系统评审，最后才是 TR 评审。TR 评审是对整个技术研发系统各个方案的评审。需要指出的是，TR 评审不仅仅包括研发领域的评审，还包括采购、制造、财务等领域的评审。因此技术评审是一个跨领域、多层次、多角度的评审。

7）专利规避策略

①面向规避的专利检索与筛选。通过市场调研确定待开发产品的类似产品，根据类似产品的技术特征定义关键词和关键策略，进行专利的检索；通过对专利权利人的分析发现该产品的主要竞争公司，通过国际专利分类（International Patent Classification，IPC）分析明确主要技术壁垒、重要专利和基础专利等信息；根据这些信息确定该领域的主要专利文献。

②面向规避的专利信息分析。从技术层面了解某专利技术的技术演变、扩散状况和研发策略，确定该专利设置的专利陷阱，即待规避的专利；分析专利权利要求书，确定专利的必要技术特征和从属技术特征；根据该专利技术对提高现有产品性能所做的贡献以及在市场中的占有率。

③专利规避设计发明问题的确定。分析专利权利要求书所描述的各技术特征的功效，确定产品的专利空白区、疏松区、密集区、地雷禁区等；根据专利分区划分应用市场，确定专利规避设计的研发目标；通过分析当前的技术特征与对应的市场需求发展趋势以及研发目标之间的差距来定义发明问题。

④转入第七步，利用创新工具对已经定义问题进行分析和求解。

2. 专利申请书的生成

专利申请是发明人、设计人或者其他有申请权的主体向专利局提出就某一发明或设计取得专利权的请求。依中国专利法规定，专利申请应向专利局提交申请书、说明书、权利要求、摘要、附图、优先权请求。其中附图、优先权请求这两个文件就每个申请而言，并非均必不可少，但这有利于专利申请。专利申请案中，申请书应以书面形式，主要载明如下内容：授予专利的请求、发明或设计名称、申请人姓名及身份、代理人姓名及身份、签名。

专利申请书生成之后转入第十一步，生成项目报告并存档。

四、第四步 问题的基本描述

从地质特征和生产环节两个方面对问题出现的背景进行描述和判断。

通过此步骤，有助于功能分析和后续的功能导向搜索，其次有助于问题的理解，存入档案，丰富实例库。同时，此步骤帮助我们初步筛选关键词，为后续的实例查询和功能导向搜索做准备。具体执行内容如下。

该问题一般出现在什么地质特征下，是否与地质特征紧密相关？使用多种表达方式，以便全方位描述地质特征。该生产问题的影响大小是否因地质特征变化而明显地、剧烈地发生变化？在其他地质特征下，是否会出现同样问题？除了回答地质特征问题外，应记录相应油气田信息和油气种类信息，以备存档，成为知识数据。

该问题出现在勘探开发的哪一个环节？比如物探、钻井、录井、测井、固井、完井、压裂和资源评价等环节。除了记录宏观的勘探开发环节，还应尽量详细地确定环节中的具体步骤，如地震数据采集、数据处理、地震资料解释等。分层次、完整地记录该问题所处的生产环节。

该问题是否涉及设备，与设备的相关性强不强？如某些问题只需要优化工艺程序，而不需要对设备进行优化改进，就可以实现效率的增加。设备的增删、优化能否解决问题？不对设备进行优化和增删设备能否解决问题？具体描述相关设备，包括仪器、机械、特种设备、办公设备等。比如地震波检波器、钻头、钻井平台、四相分离装置、排砂管线、钻机、钻机卡盘、驱动装置、环空阻抗仪等。明确问题所在的设备。

最后，提取与问题相关的地质特征关键词、勘探开发环节关键词和相关设备关键词。随后转入下一步。

五、第五步 系统功能分析

从系统和功能两个角度对问题进行描述并分析。通过此步骤，明确问题所处的系统环境，涉及的相关功能，以便全面了解问题。同时，通过功能分析实现专业问题一般化，将专业问题、专业术语转化为一般问题、通用词汇，以便提高功能导向搜索、专利查询和实例查询的效率。此步骤是实现跨领域相似技术创新查询、模仿学习的关键。此外，通过功能建模分析，找出问题来源，有可能对客户进行直接启发解决问题。

明确解决问题的目的是什么，是实现什么功能？问题是否是因为出现了有害功能？有害功能是什么？有用功能和有害功能处于什么系统？包括哪些子系统？应用多种方式描述该功能。具体操作可以按照如下步骤进行。系统功能分析包括三步，即建立系统组件模型、建立系统结构模型和建立系统功能模型。

1. 建立系统组件模型

此步骤就是指将系统和超系统的组件加以区分，并分类列出来。

系统即指正在发生问题的当前系统，由组件组成，通过组件之间的相互作用实现一定的功能。系统中至少有一个组件。子系统是构成技术系统之内的低层级系统，亦即指从微观上来思考构成系统的内部部件或组件。超系统为技术系统之外的高层级系统，亦即指从宏观上思考系统使用的环境（或资源）。组件是技术系统的组成部分。执行一定的功能；组件至少由一个元件组成；组件也可以是一个包含有多个元件组成的子系统。

2. 建立系统结构模型

此步骤即识别组件两两之间的相互作用，为以后的建立功能模型打下基础。

如表 4-1 所示，在矩阵中，第一行和第一列列出组件分析中所得到的组件，顺序要一致。然后进行两两组件分析，观察两者是否相互作用，若有作用以"+"表示，若无作用以"-"表示。如果发现某个组件与其他组件都无作用，去除组件。"+"意味着可能存在功能，"-"表示两者没有功能。此步骤需要注意，两个组件之间没有接触时，可能也会通过磁场等场相互作用，不可忽视。

表 4-1　列出组件

组件	组件 1	组件 2	……
组件 1			
组件 2			
……			

3. 建立系统功能模型

基于系统结构模型，规范地描述它们的功能，并揭示整个技术系统所有组件之间的相互作用关系，加以评估，识别其功能类别。如有用功能、充分功能、不足功能、过度功能、有害功能。

功能是指一个组件改变或者保持了另外一个组件的某个参数的行为。参数指的是组件可以比较、测量的某个属性，比如温度、位置、重量、长度等。

注意使用一般性的词语来描述功能，而不是使用日常用语和专业术语。比如说，日常用语中刷牙、头盔的保护头部都不是一般性的、标准的功能描述语言。常用的用于描述功能的词，如吸收、挡住、分解、冷却、支撑、生成、切割、蒸发、气化、折射、移动、加热、吸附、粉碎、保持、去除、控制。再比如，石油勘探开发领域地质装备中钻头的组件功能可以进行以下描述。液压系统：系统的超系统，系统的动力来源，功能是为系统提供能量。高速变量马达：主要功能是将液压能转换成机械能，辅助功能是变量调速。变速箱：功能是调速、传递能量。输入齿轮轴、减速齿轮、大齿轮：功能是传递机械能、减速。输出轴：功能是传递能量，连接钻杆，是系统的工作单元。箱体：功能是支撑各子系统。钻杆：系统的驱动对象。环空阻抗仪中，伞筋对伞布和仪器的支撑功能；伞布对流体的引导作用；绑绳对伞布的固定作用；集流伞架对伞筋、伞布和绑绳的支撑作用；井壁对伞筋、伞布及所有检测仪器的固定作用。

明确组件和组件之间的功能后，即可建立功能模型，做出功能模型图，注意区分功能类别。如有用功能、充分功能、不足功能、过度功能、有害功能。

通过此步骤，得到了一系列的功能描述关键词；同时得到问题的系统功能模型，对问题进行了全面的分析。判断经过对待解决问题的系统功能分析是否解决了问题。若解决，直接进入第十步，进行方案制定。如没有解决转进下一步。

六、第六步 应用知识库—创新实例数据库和专利知识库

此步骤主要是利用前述获得的关键词通过功能导向搜索查询实例库、专利库、专业文献等知识库，对问题进行求解。此步骤的关键在于查询不同的数据库应用不同原则选择关键词和检索语句组合。共分为三步，即检索词、检索语句和知识库的确定；执行检索和检索结果评价；检索结果应用。

1. 检索词、检索语句和知识库的确定

此处数据库指创新实例数据库、专利数据库、文献数据库、全国石油专家学者学术资源数据库。关键词来自于第二步中获得的与问题相关的地质特征关键词、勘探开发环节关键词和相关设备关键词；以及第三步中通过系统功能分析得到的待解决问题的功能描述相关词。

实例数据库的内容大多属于非常规油气勘探开发领域知识，或者属于相关领域，如常规油气勘探开发领域。实例数据库里的知识描述大多采用专业术语，所以利用第二步获得的非常规油气勘探开发领域的专业词汇也可以进行知识检索。利用系统功能分析获得的关键词检索也可以。专利数据库除了包含非常规油气勘探开发领域的知识，还包含大量其他领域的知识；而且非常规油气勘探开发领域的知识仅占其中的小部分。非常规油气勘探开发领域的专业词汇显然很难与其他领域的知识进行匹配识别。所以，此时更偏向于使用系统功能分析获得到的一般性词汇。

2. 执行检索和检索结果评价

在执行检索的过程中不需要局限于关键词的检索。除了使用灵活的关键词组合替换之外，还可以利用检索到的知识进行二次检索，甚至多次联想检索。比如，查询待解决问题涉及的地质特征、勘探开发环节和设备相匹配的油气田及企业机构，然后查询该油气田、企业机构、相关专家涉及的文献和专利。

将检索的结果进行汇总评价，判断是否有助于解决问题。对于实例知识库得到的检索知识，从系统功能等角度判断是否有助于解决问题；对于专利库得到的检索知识，不必局限于非常规油气勘探开发领域，应该大胆地设想该知识能否解决或者改进系统功能矛盾。此时，对于检索结果不必局限于能否解决现实问题，应与前述抽象出的功能进行匹配评价。

3. 检索结果应用

对于实例数据库的检索结果应用可以直接进行。对于专利数据库和文献数据库的结果，还需要结合非常规油气勘探开发领域知识进行知识转化应用。此外，对于其他领域的知识应用，不必局限于原有的知识架构，可以灵活组合运用。

判断经过此步后，是否得到创新启发？是否可以尝试得到解决问题的方案？若是，则转入第十步，进入解决方案的制定。若否，则转入下一步，进行矛盾分析和发明原理应用。

七、第七步 矛盾分析及解决

此步骤利用冲突分析、分离原理、发明原理等工具解决系统矛盾。具体操作可以分为三步，即矛盾种类识别、矛盾分析、矛盾解决。

对待解决问题进行初步判断，判断待解决问题是物理矛盾、技术矛盾还是管理矛盾。

若待解决问题为技术矛盾则转向步骤 a；若待解决问题为物理矛盾则转向步骤 b；本系统方案不解决管理矛盾。技术矛盾指一个作用同时导致有用及有害两种结果，也可指有用作用的引入或有害效应的消除导致一个或几个子系统或系统变坏。物理矛盾指为了实现某种功能，一个子系统或元件应具有一种特性，但同时出现了与该特性相反的特性。

a. 技术矛盾的分析解决。

a1. 依据前述的系统功能分析，将涉及参数标准的 39 个工程参数重新描述；

a2. 对技术矛盾进行描述，即如果某一工程参数要得到改善，将导致哪些参数恶化；

a3. 对技术矛盾进行另一种描述，即假如降低参数恶化的程度，要改善参数将被削弱，或另一恶化参数将被加强；

a4. 依据成对出现的参数，即恶化参数和改善参数，查询矛盾矩阵，在冲突矩阵中确定相应的矩阵元素，矩阵元素对应着发明原理；

a5. 将发明原理应用于解决待解决问题，启发解决思路；

a6. 判断是否可以制定解决方案，若是，技术研发和专利问题转入第三步，生产问题转入第十步，若否转入下一步。

b. 物理矛盾的分析解决。

解决物理矛盾的方法有两种，即分离原理及满足矛盾的需求。具体解决矛盾的步骤如下。

b1. 首先应用空间分离原理尝试解决问题，并尝试使用与之关联的发明原理，满足矛盾的需求进行启发式创新，当问题不能解决时转入下一步；

b2. 应用时间分离原理尝试解决问题，并尝试使用与之关联的发明原理，满足矛盾的需求进行启发式创新，当问题不能解决时转入下一步；

b3. 应用条件分离原理尝试解决问题，并尝试使用与之关联的发明原理，满足矛盾的需求进行启发式创新，当问题不能解决时转入下一步；

b4. 应用整体与部分分离原理尝试解决问题，并尝试使用与之关联的发明原理，满足矛盾的需求进行启发式创新，当问题不能解决时转入下一步；

b5. 判断是否可以制定解决方案，若是，技术研发和专利问题转入第四步，生产问题转入第十步，若否转入下一步。

八、第八步 应用物场分析和标准解系统

此步骤主要是使用物场分析和标准解系统解决待解决问题，具体执行步骤如下。

① 识别元件，定义模型中的三个要素，构建物场模型，确定物场模型的类别。

物场模型：是由两个物质和一个场共三个元素所构成的完全的、最小的技术系统。是一种用图形表达问题的符合语言来揭示系统的功能，描述任何技术系统中不同元素之间发生的不足的、有害的、过度的和不需要的各种相互作用。最基本物场模型是将一个技术系统分成两个物质与一个场或一个物质与两个场，用一个三角形来表示每个系统所实现的功能。一个基本完整的测量物场模型必须是在它的输出端载有被测对象信息参数的输出场。物质指的是具有静质量的对象。场指的是物质与物质的相互作用，比如磁场、电场、热场、声场、机械场和化学场等。

常用的物场模型包括以下 4 种。有效完整模型：实现功能的 3 个元素齐全，且有效实现功能。不完整模型：实现功能的 3 个元素不全，可能缺场，也可能是缺少（工具）物质。

效应不足的完整模型：3个元素齐全，但功能未有效实现或实现得不足。效应有害的完整模型：3个元素齐全，但产生了有害的效应，需要消除这些有害效应。

②从76个标准解中选择合适的解作为解决方案。

76个标准解决方法可分为5类：建立或破坏物质场；开发物质场；从基础系统向高级系统或微观等级转变；度量或检测技术系统内一切事物；描述如何在技术系统引入物质或场。发明者首先要根据物质场模型识别问题的类型，然后选择相应的标准方法解。

第一类标准解主要适用于不完整的物场模型或者有害作用的物场模型，通过建立和拆解物场模型来解决问题。第一类标准解包括两个子类，共计13个标准解。第二类标准解适用于有用但不足的物场模型，主要是通过对系统内部做较小的改变，从工程系统这个级别上来提高工程系统。这一类标准解包括四个子类，共计23个标准解。第三类标准解同样适用于不足的物场模型，与第二类标准解不同的是，它通过超系统级别或者微观系统级别来解决工程问题。这一类标准解包括两个子类，共计6个标准解。第四类标准解要解决的问题是解决工程系统中的"测量和检测"类问题，这一类标准解包含五个子类，共计17个标准解。前四类标准解提出了解决方案，但是实际运用的时候，这个解决方案并不能真正付诸实施，所以需要对前面提出的解决方案进行调整，第五类标准解指出如何有效地引入物质、场或者科学效应来克服上述问题。这一类标准解包括五个子类，共计17个标准解。

③进一步发展解，以达到系统的有效和完善。

判断是否可以实现具体解，若是，技术研发和专利问题转入第三步，生产问题转入第十步，若否转入下一步继续分析。

九、第九步 多种创新方法组合分析

此步骤主要使用技术创新趋势分析、创新标杆分析、因果分析、修剪分析和资源分析等多种方法工具对问题进行分析解决。

1. 技术创新趋势分析

这一步骤主要利用第二步的技术预测分析。通过前述对非常规油气勘探开发领域的专利和文献分析，判断当前该技术领域的技术现状和技术趋势。随后，对问题解决和技术创新的可行性进行分析，分析该领域的技术发展处于什么阶段，是否还可以实现技术创新，难易程度如何，成本收益如何。除了进行可行性分析之外，还可以利用专利分析预判技术创新方向，进行启发式创新。

2. 创新标杆分析

在进行非常规油气开发工程时，会经常遇到之前未经历过的问题，没有解决经验可以参考。它意味着需要创新发明整套的问题解决系统，而不是仅仅对旧系统的改进。此时，还没有确定采用什么技术。创新标杆分析法可以帮助寻找并分析各种可能的技术路径。随后通过评估，最终决定采取哪一种技术路线或者是哪几种技术路线的组合来达成项目的目标。然后，在此基础上，继续采用其他的工具进行问题解决。具体而言，可以分为以下五步。初步分析及需求评估、建立作业流程评量指标、选择标杆分析伙伴、资料的搜集与分析和向管理阶层呈报标杆分析结果。

3. 因果分析

通过因果分析可以实现梳理问题中隐含的逻辑链及其形成机制，找出问题产生的根本原因。然后，从梳理出的逻辑链条及其形成机制中找出解决问题的所有可能的"突破点"。从所有可能的突破点中找出"最优"的突破点。因果分析可以向两个方向：向着求因的方向——由现在分析过去；也可以向着求果的方向——由现在分析未来。因果分析步骤，首先，标记存在问题的组件——通过组件价值分析，找出理想度指标最低的系统组件进行根本原因分析。其次，判断可能导致问题的功能。第三，根据功能判别存在问题的参数。第四，依次继续查找原因和结果，分析根本原因。

4. 修剪分析

修剪分析指的是尝试修剪掉系统的某些组件，探讨系统功能的变化。当我们欲删除某元件时，必须找到替代此功能之元件，否则系统将无法正常运作。即表示此元件是必需的，绝不能予以修剪。一旦删除了这个特定的元件，所有与此元件有功能性相连接的元件或属性以及其他元件或其他属性都会消失。通过修剪分析可以实现保留/或提高系统的有用功能；消除导致系统的有害作用，使系统复杂、不可控制等的元件；移除不需要的元件；简化系统；更合理地使用资源；提高系统功能效益；降低系统成本。

指导修剪的一般顺序方针：首先删除有害物质，然后再考虑为达到减少成本减少元件数简化系统。优先删除产生有害、过度或不足功能相关联的元件（目标物质）。优先删除最高价值的元件，以促使产生最大效益。优先删除处于较高功能层级的元件，被成功删除的元件功能层级越高，获得效益则越大。

在决定是否修剪的时候可以思考以下问题。需要这个元件提供的有用功能吗？是否有其他元件可同样呈现此功能以替代此欲删除之元件（通常替代元件会在较高之层级）？是否有现存的资源可以呈现此功能？是否有其他元件之属性可以呈现此功能？在系统环境中，是否有其他物质可当成资源使用来提供此功能？系统中是否有某些具进化潜能的元件可当成资源来提供此功能？是否有其他较低成本的资源选择来呈现此功能？一旦移除此元件，无直接相关的元件与欲移动元件间会有相对应的移动吗？欲移除的元件必须是不同的原料或原本已成对的元件将其孤立吗？为了便于装配或拆卸该元件必须被分开吗？如果删除一个特定的元件，所有与此元件有功能性相连接的元件或属性以及其他元件或其他属性都会消失。

5. 资源分析

综合使用资源的三个步骤：选择最主要的资源，最主要的资源就是最重要、最基本的资源或者这种资源体现了物理矛盾；列出辅助资源或者那些能够改变基本资源的资源；通过辅助资源改变主要资源，以使矛盾消失。

"资源"是一切可被人类开发和利用的一切物质、能量和信息等的总称。在一个给定的系统中，每个尚未使用的进化潜能都代表一项资源（给定系统能进化到多远与进化潜能雷达图紧密联系）。在其他领域的问题解决者已找到的资源。进化的层级结构图使识别的系统内资源达到最大效率朝向理想化。

通过以上分析启发思路，判断是否得到解决问题的思路。若是，技术研发和专利问题转入第三步，生产问题转入第十步。

十、第十步 制定和评价系统解决方案

此步骤主要是完成对问题解决方案的落实与制定，并进行可行性评价和选择。

根据前述分析和问题的解决，落实完成解决方案。解决方案应该包含问题描述、问题分析、问题解决方法，此外还应该包括方法的评价过程和结果。

判断是否进行专利申请，若是，转入第三步，专利申请。若否，转入第十一步，项目报告生成与存档。

十一、第十一步 项目报告生成与存档

项目报告生成并存档。并将标准格式问题解决过程及创新结果存入实例数据库。

第四节 技术路线图

技术路线图见图 4-1。

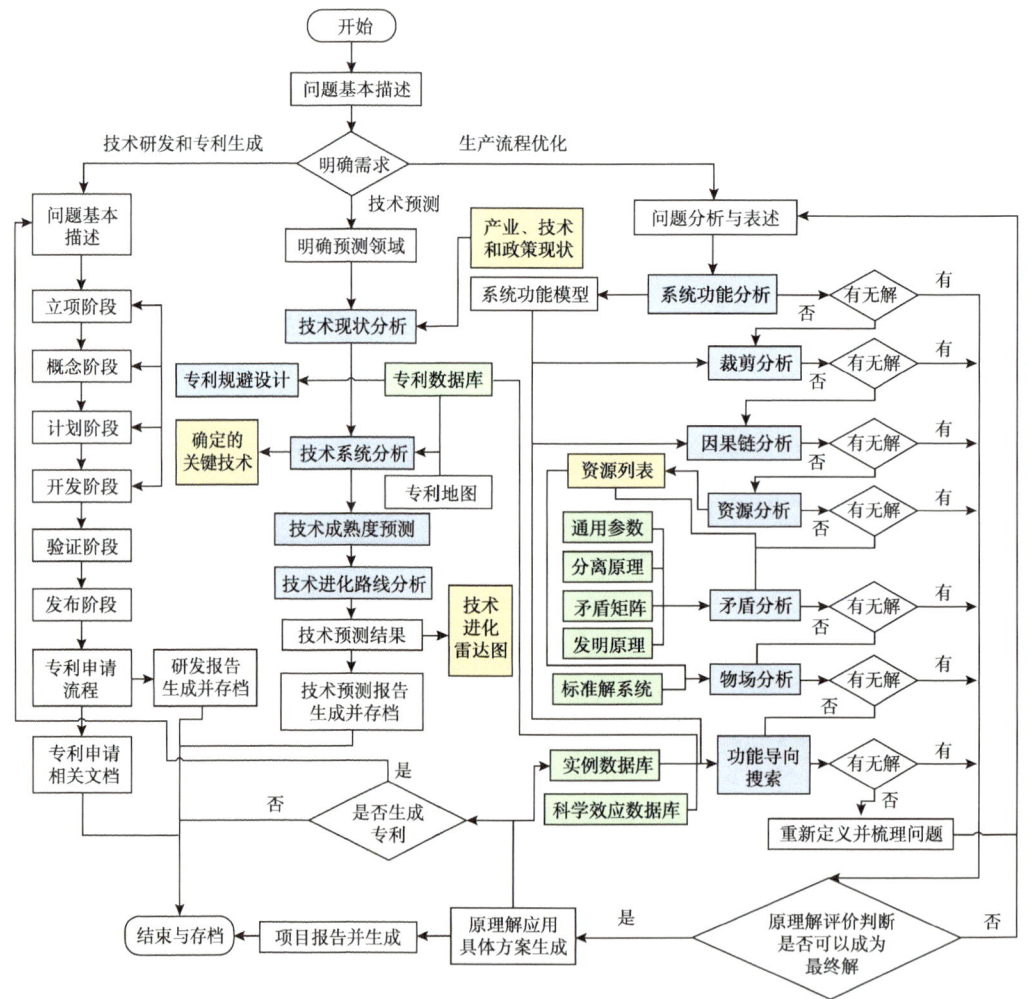

图 4-1 技术路线图

第四章 基于创新方法的非常规油气资源开发工程系统解决方案设计

第五节 系统解决方案的实例库构建

实例库的构建主要包括实例表示、实例检索、实例修改和实例存储等工作。

一、实例表示

实例表示可以分为内部表示和外部表示。内部表示主要是指适合计算机处理的表示；外部表示也可以称为人机交互表示。实例库的应用效用效率和实例库的表示方法紧密相关。恰当的表示方法有助于实例的检索和匹配，从而提高应用效率。

实例库包含的实例应该包括实例的背景描述、问题描述、方案解决、优势分析、参考信息和相关知识。背景描述主要是指实例相关领域的发展状况；问题描述主要是描述该领域存在的问题；方案解决包含解决思路、解决方案及用到的相关知识、工具、发明原理等。优势分析主要是分析该解决方案的优点；参考信息介绍该解决方案的出处；相关知识给出该实例涉及的基本原理在其他实例的应用信息，建立各实例之间的联系，各知识库之间的联系。

实例通用的对象表达方式如下：

$$Case = \{C_1, C_2, \cdots, C_n\}$$

式中　C——条件属性；
　　　n——条件属性的数量。

在实例中不同的条件属性权重不同。条件属性的权重大小与该属性的重要程度相关。具体而言，实例属性来自于问题分析阶段提炼的关键词和解决方案中涉及的关键词。

二、相似度计算和权重确定方法

1. 相似度计算

实例相似性度量模型包括属性局部相似度和全局相似度。相似度的定义如下：设有两个由 n 个属性构成的实例 A 和实例 B，用 $u(a,b)$ 表示 A 与 B 的局部相似度，实例 A 和实例 B 表示如下：

$$A = \{a_1, a_2, \cdots a_i, \cdots, a_n\} \quad i = 1, 2, \cdots, n$$

$$B = \{b_1, b_2, \cdots b_j, \cdots, b_n\} \quad j = 1, 2, \cdots, n$$

当 $u=1$，表示两个实例完全相同；当 $u=0$，表示两个实例完全不相关；当 u 处于 0 到 1 之间，表示两实例相似。

实例属性有数值型、模糊逻辑型和无关型等三种，不同的取值类型对应不同的相似度计算方法。具体计算方法如下：

数值型

$$\sin(a,b) = \frac{1}{1+|a-b|}$$

模糊逻辑型

$$\text{sim}(a,b) = f(a,b) = \frac{|a-b|}{k}$$

式中　k——局部属性的个数。

无关型（属性的不同取值之间没有任何联系）

$$\text{sim}(a,b) = \begin{cases} 1, a=b \\ 0, a \neq b \end{cases}$$

2. 权重的确定

进行实例匹配时，首先需要确定实例属性的权重值（从数值角度衡量实例属性在整体属性中的重要程度）。属性的权重值在相似度量、效能评估、方案评价等方面常用于衡量指标的权重大小。按赋值中源信息的出处可将权重的确定方法分为两类：客观赋权法和主观赋权法。客观赋权法包括主成分分析法、因子分析法、多目标规划法等；主观赋权法包括最小评分法、调查法、层次分析法等。层次分析法相比于其他方法简单直观、方便实用，本书选用层次分析法确定属性权重。

三、实例检索

在实例检索中，目前常用的检索算法有最近邻算法和归纳索引法。一般说来，实例检索应该是一种高效的检索方法，用来检索的属性应该具有唯一性、具有可解释性等特征。

1. 最近邻算法

最近邻算法在机器学习分类算法中占有相当大的地位，它既是最简单的机器学习算法之一，也是实例学习方法中最基本的分类算法之一。在实际应用中，最近邻算法通过确定实例属性局部相似度、整体相似度后，将相似度最为接近的实例反馈去解决新问题。最近邻算法的优点在于：精度高；最相邻算法是一种无需训练、无需估计参数、易实现的匹配策略。最近邻算法缺点是：在不通过高效检索的情况下，检索时间与实例库中实例个数成线性增长关系；对异常值不敏感；可解释性差，无法给出决策树那样的规则。

2. 归纳索引法

归纳索引法是通过索引来进行检索的一种有效方法，该方法在一定程度上改进了最近邻算法用固定特征进行搜索的弊端。虽然归纳索引法在一定程度上优于最近邻算法，但其检索中需要大量时间，很容易形成不相干索引。最近邻实例检索相比于归纳引导策略是一种比较容易实现和理解的匹配方法，本书的实例检索算法也采用它。最近邻检索实质是通过累加目标实例与实例库中实例的每个属性的局部相似程度来确定总体相似度，然后根据用户的检索条件显示给用户。本书中的计算公式即为整体相似度计算中定义的 $\text{sim}(T,R)$。

四、实例修改

当实例库中实例相对较少时，实例推理系统很难检索到相似度为100%的实例，这样需要对相似实例进行修正才能进行应用。实例修改取决于其对旧实例的应用能力。

针对实例修改，由于很难找到一种通用的解决办法，所以实例修改目前仍然是实例推理技术的一个研究热点与难题。实例修改的实质就是一个知识重用的过程。基于实例的系统，实例的表述对检索与评价相比规则推理要方便得多。在实际应用中，实例修改方法主要实现策略有以下几种方法：①将模糊理论应用于实例修改中；②遗传算法；③神经网络等。将人工智能算法混合使用可以充分发挥各自的优点，对提高智能化在实际应用中具有重大意义。主要参数优化策略的对比如下。

模糊理论。优点：高效处理连续属性问题；对于不确定性问题处理能力强；广泛应用于控制、决策领域。缺点：错误可能会随着分类类别的增加而变大；容易出现训练样本中属性冗余，导致决策树分类准确率的降低。

遗传算法。优点：与问题领域无关且快速随机的搜索能力；鲁棒性好。缺点：遗传算法工作的性能取决于初始种群，受限于初始种群的选取；需要进行编码、解码等复杂操作。

神经网络。优点：学习能力强；分类的准确度高；并行分布处理能力强；能充分逼近复杂的非线性问题等。缺点：需要大量初始参数，初始参数选取的好坏决定了算法的决策能力；学习时间过长，甚至可能达不到学习的目的。

五、实例存储

经过修改后的解决方案经过验证适用于新实例，则它可作为新问题的确认解决方案。新实例的确认解决方案与新实例的基本信息一起组成了一个新的完整实例。实例的增多会增强实例推理解决问题的能力，但实例的增多可能会产生重复或者相似度过大的实例的引入。当这些重复的或者相似度过大的实例达到一定数量会使实例推理系统的推理效率与精度受到较大的影响。采用一种三步法来解决上述问题。

①新实例不完整时则不可以添加到实例库中。

②设定阈值 m，设新实例与最相似的旧实例的相似度为 S，当 $S < m$ 时，新实例直接被加入实例库中；当 $m < S < 1$ 时，改写之后的方案如果优于最相似的旧实例，需经专家人员衡量可以替换；当 $S=1$ 时，新实例被丢弃，不被存入。

③设定两种用户角色，分别是普通用户角色与管理员用户角色。普通用户角色不具备实例添加的功能，以防非专业人员操作添加重复的实例。

六、专利文献数据库

下面列举了相关文献专利数据库及链接。

1. 全国石油专家学者学术资源数据库

http://202.204.202.219/cup_rw/cup/index.tom

2. 石油类高校联盟文献资源共建共享平台

http://www.oil.superlib.net/

3. 中国石油文献全文数据库

http://202.204.202.8/TPWeb/MasterPage.htm

4. 全国地质资料馆

http://www.ngac.cn/125cms/c/qggnew/zljs.htm

5. 知网

https://www.cnki.net/

6. 北京市知识产权公共信息服务平台

http：//search.beijingip.cn/

7. SooPAT 专利搜索

http：//www.soopat.com/

8. 其他专利检索平台

http：//www.xianshangyuanqu.cn/

https：//www.wtoip.com/spa42/

https：//www.rainpat.com/

第五章　非常规油气资源开发创新评价体系研究

非常规油气资源开发的技术创新能力是企业获得竞争优势的关键，直接影响并决定着其核心竞争力的取得。建立一套科学合理的技术创能评价体系对非常规油气资源勘探开发创新能力进行评价，有利于促进非常规油气资源对常规油气资源的补充，为指导非常规油气勘探开发企业加大技术创新力度，改进技术创新方向，提高技术创新水平提供基础和依据。

第一节　技术创新测度及指标

一、技术创新测度

所谓测度是指把非数字世界的某种变量转换成数字世界中的变量。例如，把创新目标的重要性程度转换成 0~5 等，或把收入的高中低表达为 3、2、1 等。一般而言，任何概念都具有潜在的可测性，但就其是否容易被测度而言，概念之间有相当大的差别。按照将概念转换成数世界中的形态等级划分，可以把变量的测度分为四个等级：名义测度、序次测度、间隔测度和比率测度。在社会调查研究中，测度就是这样界定的。

在经济学研究中，技术进步对经济增长贡献的定量分析常常表述为技术进步的测度。显然，测度在这里仍为定量分析之义，其作用同样是用数量去衡量经济变量和分析经济变量之间的数量关系。在有关技术进步测度的文献中，测度可概括为两方面内容：一是测度的对象，如技术进步率；一是测度的结果，如技术进步对经济增长的贡献率。

技术创新测度仍然体现出测度的特征，即运用统计数据和经验数据研究技术创新。企业技术创新的测度研究是指以技术创新调查的统计数据和经验数据为基础，对技术创新进行系统和定量的实证性研究[59]。

二、技术创新测度指标

技术创新系统的分析方法和测度指标，是开展技术创新系统理论研究和制定技术创新政策的重要工具。所以，关于技术创新分析方法和测度指标的理论研究和实际比较，一直是学者们关注的问题。

关于技术创新系统的传统分析和测度方法，主要是在投入（如研究人员数量、R&D 经费等）和产出（如论文、专利等）的分析上，这是各国尤其是 OECD 国家所普遍采用的指标。但随着时间推移，传统测度指标已不能完全适用于日益增长的对技术创新活动过程分析的需求，新的技术创新理论强调研究投入转化为产出的人员和机构之间相互作用与联系，提供促进创新活动和提高整体竞争力的政策措施。

所谓技术创新测度指标是指能反映某一国家、某一个体或群体的技术创新能力与技术创新水平的一系列评价指标。

技术创新测度是对技术创新水平的测定。其测度指标体系的设置必须能以量化形式客观地反映其技术创新开展程度、技术创新能力和技术创新成果等一系列评价目标，以利于从整体上把握一个国家、地区或产业的创新活动状况，了解其竞争实力，制定相关经济政策；以利于把握企业创新活动规律，科学地建立技术创新体系；以利于进行国家或企业之间创新活动的比较。由于技术创新就是研究有商业价值的技术活动，而不是一般意义上的技术活动，这种活动追求的目的是争取以最少的投入使产出最大化。因此，技术创新测度指标的设置，应当根据技术创新活动的过程，按经济角度从投入与产出两方面予以考虑。

技术创新是一项复杂的活动过程，随着对其认识的加深，学术界提出了各种各样的创新模式。其代表者为克莱因和罗森堡的研究成果"广链式—回路模型"（图 5-1）。

人们对技术创新测度指标至今也未做过系统分析。在奥斯陆手册中，指标可以是二元的是 / 否数据——某一因素是重要的还是不重要的；也可以是将因素按重要性排序—首先确定某一个因素是否相关（0= 无关），然后从 1（不重要）到 5（非常重要）排序。但是，奥斯陆手册中没有具体界定技术创新指标。

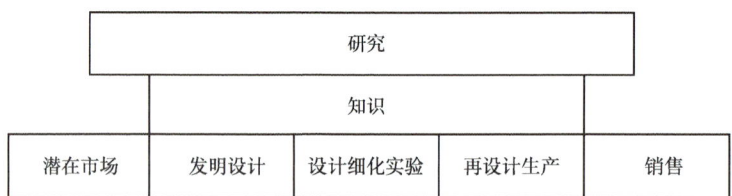

图 5-1　链式—回路模型的构成

我们认为，技术创新测度指标是对技术创新活动特征的定量描述，是一个由多种功能指标组成的指标体系。技术创新测度指标可以从不同角度进行分类。

1. 描述性指标和评价性指标

从技术创新指标反映技术创新现象的不同特性出发，技术创新测度指标可以分为描述性指标和评价性指标两类。

描述性指标是对技术创新主体客观现象的描述。由于这类指标没有与一定的理论、模型和目标相联系，因而它们仅仅能反映出技术创新的事实本身，并不能说明其价值的大小。例如，新产品销售收入和技术创新投入等，如果没有比较，这些数字本身并不能说明什么问题。

评价性指标也称分析性或诊断性指标，是指能反映出技术创新优劣的指标。这类指标通常是在按照一定目的将两种以上的描述性指标结合起来使用时产生的。例如，将技术创新投入与技术创新产出相比较来说明企业技术创新效率。

2. 观察性指标和预测性指标

从反映技术创新现象的时间顺序上看，技术创新可分为观察性指标和预测性指标。

观察性指标又称信息性指标,它反映已经发生的技术创新,其作用是理解过去和及时反映现在。预测性指标是指在认识过去和现在的基础上预测未来。投入指标属于预测性指标,产出指标属于观察性指标。

3. 投入指标、实施指标和产出指标

投入指标是指技术创新过程中发挥作用的可提供的资源测度指标,包括有形资源(或要素)(如R&D投入和非R&D投入)投入和无形资源(或要素)(如创新目标、创新战略、创新思想等)投入。

实施指标是一种中间形态的指标,是技术创新过程中反映某个子过程状态的指标。例如,反映R&D产出的专利指标,反映制造能力的计量和标准化水平等。如果以某个子过程为分析对象,中间形态的实施指标则由该子过程的投入指标、产出指标和实施指标构成。

产出指标属于结果性指标,它主要用以评价技术创新成果。例如,反映技术创新产出的收益性指标(如技术创新净收益率)、反映技术创新产出的技术性指标(如技术水平指数)和反映技术创新产出的竞争性指标(如产品的市场占有率、质量提高率、成本降低率等)。

4. 统计指标和经验指标

在技术创新测度研究中,统计指标指那些能用统计数据反映技术创新活动的指标,例如,R&D经费占销售收入的比重、新产品销售份额和技术净收入等。统计指标在反映投入和产出方面有很强的功能,这是它的优势。它的不足之处在于,统计指标在反映技术创新过程中那些可测度但难统计的特征方面发挥不了作用。在这个领域,需要使用经验指标。

经验指标是问卷调查中某问题的答案数值或数值的统计计算结果。例如,在分析技术创新成功的因素时,区分为内部因素和外部因素,内部因素和外部因素又由若干项目组成。各项目都是经验指标,答卷者对项目的选择和经统计得出的企业对创新成功因素哪个最重要的判断都是经验指标的衡量结果。经验指标来自问卷调查获得的专家意见。在技术创新测度研究中,这两类指标缺一不可,而且,由于统计指标不能单独胜任揭示技术创新过程的重任,因此,技术创新测度应同时重视使用经验指标[60-62]。

第二节 技术创新测度框架的两种设计思路

一、基于技术创新特性的测度

1. 基本内容

已有关于技术创新测度内容集中反映在奥斯陆手册中。该手册关于创新过程测度的基本内容如下。

①创新的目的。包括企业为自己确立的技术目标和经济目标。

②促进或阻碍创新的因素。包括三组影响创新过程的因素:一是创新思想的来源,包括发现不同项目、企业和行业创新思想从哪里来,总的可分为内部来源和外部来源;二是促进创新成功的因素,包括企业内部因素和企业外部因素;三是阻碍创新活动的因素,包括经济因素、创新潜力因素(即决定企业创新能力的因素)和其他不容易归入上述两类因素中的因素。

③确定创新的企业和创新数目。

④创新的定性方面。属于创新测度的一种辅助指标，主要考察创新的新颖性和性质。新颖性分为技术新颖性和市场新颖性。技术新颖性是指产品创新和工艺创新中技术变化的内容和程度。例如，产品创新的技术新颖性分为使用新材料、使用新的中间产品、使用具有新功能的部件和全新功能的产品（即全新产品）等。工艺创新的新颖性区别为新的生产技术、高度自动化和新的组织（关于新技术的）。市场的新颖性按照市场范围大小而定，可区别为国际水平、国内水平、省部级水平和本企业水平等。

创新的性质按创新本身技术价值的大小划分，区别为科学突破性应用、有重大价值的技术创新、技术改进或变化、技术向其他部门转移、使已有产品适应新市场。

⑤创新对企业行为的影响。主要包括以下几个方面：一是新产品销售份额（PNP，Proportion of sales due to New Product），是衡量创新产出的指标之一。它反映过去三年中引入市场的新产品销售额。创新与扩散两者都对 PNP 产生影响。二是引入阶段产品的销售份额（SPI，Proportion of sales due to Products in the Introduction phase），是衡量创新产出的辅助指标，它不受扩散的影响。三是创新努力的成果。用一组行为变量衡量，包括销售额、利润、进入新市场、在传统市场上所占份额。四是创新对生产要素使用的影响。创新引起生产要素使用或大或小的变化，这种变化方向需反映出来。

⑥创新的扩散。创新的扩散定义为创新通过市场或非市场渠道的传播。测度的内容是创新的生产和使用，包括：创新所属的技术组（产品组）；创新生产者部门；创新的使用部门。可区分为两种情况：作为创新的新技术使用和创新中使用的新技术。

⑦专门问题：包括 R&D 专利和技术国际收支问题。

2. 基于技术创新特性测度的特点

①突出技术创新过程特性和产出。

奥斯陆手册中关于创新测度的内容，是从各个侧面揭示创新过程的特征。测度内容虽包括投入方面，如 R&D 专利、创新目标等，但更多的是关于创新投入发生后，创新活动表现出来的特性和创新产出的指标。

由于不是按创新投入—创新实施—创新产出的创新过程进行测度，而是按创新过程中的特性去测度，故此称奥斯陆手册的过程测度方法为基于特性的测度。

②适合有一定研究基础的国家。

对技术创新过程有一定认识之后，研究者知道进一步研究的问题在哪里。因此，基于特性的测度特别关注拟探索的重要问题，基于特性的测度研究与研究者的这种认识有关。因此 OECD 国家普遍开展的创新调查在思路上相同，在内容上差别很小。

二、基于技术创新阶段的测度

奥斯陆手册中关于创新过程测度的内容对我国技术创新测度框架的设计具有很大影响，由于我国缺乏基于特性测度的研究基础，不宜采用基于特性的测度方法。从我国国情出发，考察我国技术创新过程应采用基于阶段的测度，即分别对创新投入—创新实施—创新产出阶段进行测度。

基于阶段的测度有四大特色：一是把创新投入全面纳入过程测度；二是增加对创新实施的测度；三是按初步提出的产出测度分类分析创新产出；四是把影响创新过程的非阶段因素划为一类，使测度分析的思路更为清晰。因此，基于阶段的测度框架完全是根据中国国情，在吸收国外最新研究成果的基础上设计的。

技术创新过程经历创新投入、创新实施和创新产出。基于阶段的测度包括投入、实施和产出的测度。此外，有一些不能归入这三个阶段的因素集合成非阶段因素，作为基于阶段测度的第四个方面。

1. 投入的测度

创新投入包括有形要素和无形要素。有形要素指设备、资金和人员；无形要素指创新目标、创新战略、创新思想来源。西方国家对有形要素已有相当的研究，他们的创新调查偏重于无形要素。我们则必须要既重视无形要素，又重视有形要素。

企业的装备水平是技术创新的基础，作为已有技术水平的存量，其高低对创新实施阶段产生重要影响。技术创新资金除用于R&D投入外，还用于非R&D投入，而且这部分资金对我国企业创新具有更大的推动作用，是目前我国企业技术创新的资金投入重点。专利是R&D的产物，无论是企业购买专利还是使用自有专利，专利都是企业技术创新的投入之一，专利列入非R&D投入。技术创新投入包括R&D投入、非R&D投入、企业技术装备水平、创新目标、创新战略和创新思想来源。创新的实施和产出建立在创新的有形投入和无形投入之上，企业技术创新需要这两种投入。

2. 实施的测度

创新过程的链式模型为大多数学者所推崇，该模型对创新过程进行了恰当的阶段划分，并在各阶段的联系上注入丰富的知识，由此既熟悉创新过程的一般阶段顺序，又克服了以往模型在认识上的局限。

技术创新过程的各阶段间存在动态联系，创新实现过程有多种方式。按照创新过程链式模型的观点，完整的创新过程要经历潜在市场分析、发明（或）工程分析设计、详细设计和试验、再设计和生产、市场营销。实施的测度旨在考察每个子过程成功的决定因素、引起失败的原因和子过程界面的管理。

3. 产出的测度

技术创新产出的测度包括定量测度和定性测度两方面。技术创新产出又可区分为直接产出和间接产出，前者指企业技术创新产出的量，后者指企业技术创新对企业行为和业绩的影响。由此，可以构造出技术创新产出测度的框架（表5-1）。目前国外能够考虑到的只有①②④三类产出测度，第③类产出测度尚未研究，主要困难在于数据采集困难。

表 5-1　创新产出的测度框架

创新产出测度	定量	定性
直接产出 （产品、工艺）	PNP、SPI 创新企业和创新数目 ①	技术创新的新颖性 技术创新的性质 ②
间接产出 （效应）	生产要素使用的变化量 企业业绩的变化量 ③	生产元素使用的变化方向 企业业绩的变化方向 ④

4. 非阶段因素的测度

在基于阶段的测度方法中，阻碍创新活动的因素、政府政策对创新的影响、激励创新的因素等都不是影响某个阶段的，而是对技术创新是否发生或创新全过程产生影响。把这三种因素单独辟为一类，称为非阶段因素。对非阶段因素的测度构成创新过程测度的第四个方面。

概括上述分析，可知为技术创新过程的测度框架是一个包括投入测度、实施测度、产出测度和非阶段因素测度的结构（图5-2）。

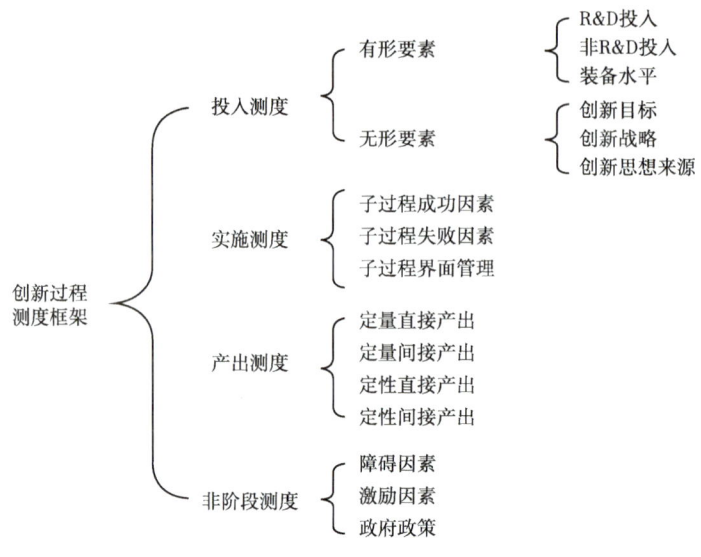

图 5-2　技术创新过程测度框架

第三节　非常规油气资源开发创新综合评价

一、非常规油气资源开发创新评价体系构建思路

本书将尝试采用层次分析法和模糊综合评价的方法，建立一组较为客观全面的指标体系对非常规油气资源开发创新进行综合评价。具体设计思路如图5-3所示。

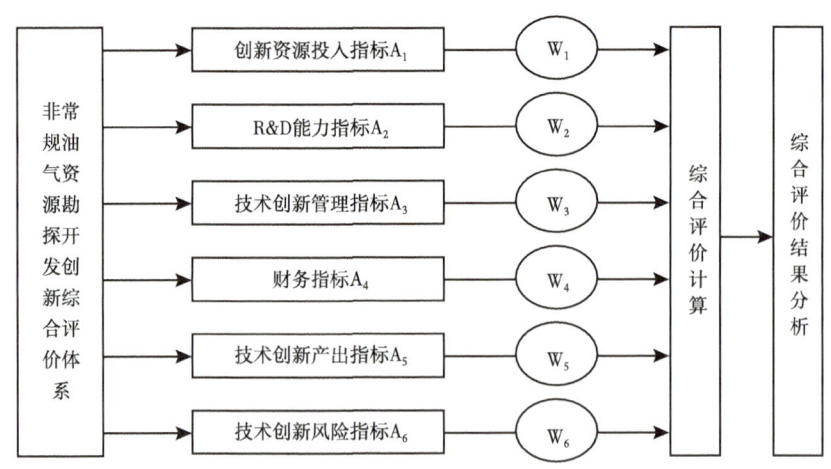

图 5-3　非常规油气资源勘探开发创新评价体系设计思路

如图 5-3 所示，根据评价的要求来确定非常规油气资源勘探开发创新评价体系的设计思路。创新评价体系中的创新资源投入指标反映了非常规油气资源勘探开发所投入的资源数量，包括技术创新经费总额、技术研发人员总数、技术创新经费年增长率、技术创新人员占全职工总人数的百分比以及技术创新装备投入；R&D 能力指标反映了非常规油气资源勘探开发过程目前所拥有的技术创新实力，包括专利拥有数、R&D 成果的水平（科技论文、获奖技术成果和科研课题）以及 R&D 研究人员水平；技术创新管理指标反映出非常规油气资源勘探开发过程中各部门之间的配合和协调能力，这是保证勘探开发顺利进行的关键，包括技术研发人员的素质和技术创新机制有效性；财务指标设计到经济评价指标，是非常规油气资源勘探开发创新所重点考虑的指标，包括投资回收率（ROI）以及承担财务风险的能力；技术创新产出指标则反映出勘探开发过程的产出效果以及可持续发展能力，包括专利申请数、科技论文、获奖科技成果、科研课题数量以及新技术产值（现价）；技术创新风险指标反映了非常规油气资源勘探开发过程中可能面临的风险性，包括政策风险、技术研发风险、市场风险、财务风险以及管理风险。

基于以上考虑设法从非常规油气资源勘探开发创新综合评价指标分为创新资源投入指标、R&D 能力指标、技术创新管理指标、财务指标、技术创新产出指标以及技术创新风险指标等二级指标，然后在每一个二级指标下面分设可以直接予以评价或者量化的三级指标，利用层次分析法的方法来确定各级指标的权重值。

二、非常规油气资源勘探开发创新评价体系构建的原则

非常规油气资源勘探开发创新综合评价指标体系设计的基本原则是依照系统论的思路进行指标设计。非常规油气资源勘探开发创新评价指标体系可以通过逐层分解，构建出目标层、准则层和指标层三个层次，这样就可以将综合评价目标分解成一组各有侧重点，又彼此之间相互联系，能够系统综合反映非常规油气资源勘探开发创新优劣的指标集，以作为综合评价非常规油气资源勘探开发创新性的依据。技术创新评价指标体系的建立，不仅有利于企业自身的技术创新活动和经营决策，而且有利于同行业不同企业之间的相互比较。为了保证非常规油气资源开发技术创新评价体系的科学性、实用性和正确性，在建立评价指标体系时，应遵循下列几项原则。

1. 可比性原则

研究非常规油气资源开发技术创新评价要以国家标准、国际惯例和国际市场规则下，在同一规范下的公平竞争为前提，若无此条件，技术创新评价就没有依据。

2. 层次性原则

评价指标体系的设置应准确反映各层次之间的支配关系，各指标有明确内涵，按照层次递进关系，组成层次分明、结构合理、相互关联的整体，排除指标之间的相容性，保证评价的科学性。

3. 系统性原则

非常规油气资源开发技术创新评价受自身的人、财、物、信息等各种因素及其组合效果的影响。利用层次性原则对技术创新评价指标体系建立递阶系统结构。采取系统设计、系统评价的原则，以便全面反映评价对象的优劣。

4. 可行性原则

指标设置应尽量实现与现有统计资料、财务报表的兼容；同时注意指标含义的清晰度，避免产生误解和歧义。另外还应考虑指标数量得当，以此来提高实际评估的可操作性。

三、具体的评价指标分析

对于评价指标的建立，本书主要采用的方法是专家调研法，这是一种向专家发函、征求意见的调研方法。评价者可根据非常规油气资源勘探开发项目方案评价目标以及评价对象的特征，在所设计的调查表中列出一系列的评价指标，分别征询专家对所设计评价指标的意见，然后进行统计处理并反馈咨询结果，经几轮咨询后，如果专家意见趋于集中，则由最后一次咨询确定出具体的评价指标体系。

非常规油气资源开发技术创新评价体系是对创新性进行评价，创新能力是由多要素构成的综合能力，按照技术创新过程测度、企业技术创新能力主要包括创新资源投入能力、科学研究与实验发展（Research and Development，R&D）能力、创新管理能力、生产（或制造）能力、财务能力和产出能力等。遵循可比性、层次性、系统性和可行性等原则，同时考虑合适的指标体系规模，建立非常规油气资源开发技术创新能力指标体系。具体指标分析如下（表5-2）。

1. 创新资源投入指标

创新资源投入指标包括创新资源投入总额以及创新资源投入强度两个方面，即技术创新经费总额、技术研发人员总数、技术创新经费年增长率、技术创新人员占全职工总人数的百分比以及技术创新装备投入。企业的技术装备水平影响技术创新的新颖性，企业技术准备水平高，其技术创新的新颖性也高；相反，企业技术装备落后，其技术创新的新颖性也低。

2. R&D 能力指标

R&D 能力指标包括专利拥有数、R&D 成果的水平（科技论文、获奖技术成果和科研课题）以及 R&D 研究人员水平。R&D 研究人员水平可以用参与技术研发的人员中大专及以上学历人数来表示，这可以反映出项目方案实施过程中劳动力的综合素质和创新能力。

3. 技术创新管理指标

技术创新管理指标包括技术研发人员的素质和技术创新机制的有效性。

4. 财务指标

财务能力包括投资回收率（ROI）以及承担财务风险的能力。投资回收率的计算公式如下：ROI= 年利润或年均利润 / 投资总额 ×100%。

5. 技术创新产出指标

技术创新产出指标包括专利申请数、科技论文、获奖科技成果、科研课题数量以及新技术产值（现价）。技术创新产出指标包括的内容主要是从项目实施到结束这段时间所产出的数量，科技论文包括科技论文发表数、科技论文被国际三大检索系统收录数；获奖科技成果包括获奖科技成果数以及省部级以上获奖科技成果数；科研课题包括全部科技项目数、新技术开发项目数、R&D 项目数以及省部级以上项目比重。

6. 技术创新风险指标

技术创新风险指标包括政策风险、技术研发风险、市场风险、财务风险以及管理风险。政策风险指的是目前国家宏观经济政策以及国家产业政策变动对于非常规油气资源开发项目方案的顺利实施的影响程度相当之大。不仅仅针对本国，非常规油气资源国政府的更迭、政局的变化、政策法规的变更等因素会导致方案运行受阻甚至出现无法运行的局面。技术研发风险包括技术研发难度大，技术研发知识难以获得，关键技术难以突破以及存在技术障碍和技术壁垒。市场风险指的是新技术由于性能、稳定性等因素一时难以被市场接受，市场开拓难度大以及市场信息失真等。财务风险指的是技术创新资金不足或融资渠道不畅等。管理风险包括部门之间配合不好、高层领导关注不够、机构设置不合理或责任权利分配不清晰等，另外，所涉及组织机构若相当复杂，或者机构管理者频繁出现更换，则会影响技术项目运行效率。

表 5-2 非常规油气资源开发评价指标体系

项目	一级指标	二级指标	性质
非常规油气资源开发评价指标体系	创新资源投入指标	技术创新经费总额	定量/正
		技术研发人员总数	定量/正
		技术创新经费年增长率	定量/正
		技术创新人员占全职工总人数的百分比	定量/正
		技术创新装备投入	定性/正
	R&D 能力指标	专利拥有数	定量/正
		R&D 成果的水平	定量/正
		R&D 研究人员水平	定量/正
	技术创新管理指标	技术研发人员素质	定性/正
		技术创新机制有效性	定性/正
	财务指标	投资回收率	定量/正
		承担财务风险的能力	定性/正
	技术创新产出指标	专利申请数	定量/正
		科技论文数量	定量/正
		获奖科技成果数量	定量/正
		科研课题数量	定量/正
		新技术产值（现价）	定量/正
	技术创新风险指标	政策风险	定性/负
		技术研发风险	定性/负
		市场风险	定性/负
		财务风险	定性/负
		管理风险	定性/负

四、因素集和评价集的设定

如前所述，设因素集：$U=\{U_1, U_2, U_3, U_4, U_5, U_6\}$ ={ 创新资源投入指标，R&D 能力指标，技术创新管理指标，财务指标，技术创新产出指标，技术创新风险指标 }。将

因素集 U 分为 6 个组，则 $U_1=\{u_{11}, u_{12}, u_{13}, u_{14}, u_{15}\}=$ { 技术创新经费总额，技术研发人员总数，技术创新经费年增长率，技术创新人员占全职工总人数的百分比，技术创新装备投入 }；$U_2=\{u_{21}, u_{22}, u_{23}\}=$ { 专利拥有数，R&D 成果的水平，R&D 研究人员水平 }；$U_3=\{u_{31}, u_{32}\}=$ { 技术研发人员素质，技术创新机制有效性 }；$U_4=\{u_{41}, u_{42}\}=$ { 投资回收率，承担财务风险的能力 }；$U_5=\{u_{51}, u_{52}, u_{53}, u_{54}, u_{55}\}=$ { 专利申请数，科技论文数量，获奖科技成果数量，科研课题数量，新技术产值（现价）}；$U_6=\{u_{61}, u_{62}, u_{63}, u_{64}, u_{65}\}=$ { 政策风险，技术研发风险，市场风险，财务风险，管理风险 }。

设立评价集 $V=\{v_1, v_2, \cdots, v_n\}$，将每一个指标 R_i 也划分为 3 个档次：优、中、差，得到评语集 $V'=\{v_1', v_2', v_3'\}$，综合评价 C 评价集则为 { 优，中，差 } 或 { 强，一般，弱 }。对每一个因素 R_p 建立相应 $\{R_{p1}, R_{p2}, \cdots, R_{pm}\}$ 的隶属度函数，且 $R_{vi} \rightarrow [0,1]$。

五、评价指标权重的设定

指标的权重，表示该评价指标对评价目标的重要性。现阶段，指标权重的确定主要有两两比较法、环比法、德尔菲法、主观概率法、层次分析法等，其中层次分析法误差最小，相对来说最具有科学性，因此，本书进行非常规油气资源勘探开发创新评价时采用层次分析法。

非常规油气资源开发系统解决方案分析是一个由相互联系、相互制约的因素构成的复杂系统，既有定量也有定性指标，层次分析法可以为这类问题的权重设定提供了一种实用的方法。

运用层次分析法建模，大体上可以按照下面四个步骤进行：①建立递阶层次结构模型；②构造出各层次中的所有判断矩阵；③层次单排序及一致性检验；④层次总排序及一致性检验。

1. 建立递阶层次结构

通过对影响评价指标的各种因素分解，得到一个多层次结构，如图 5-4 所示。

2. 建立判断矩阵

层次结构建立后，可建立判断矩阵。由图 5-4 可知，共有三层递阶层次结构。第一层为目标层，设为 A；第二层为准则层，设为 A_1、A_2、A_3、A_4、A_5、A_6；第三层为指标层。

如 A 层因素中的 a_k 与相邻下一层次中的 A_1，A_2，$\cdots$，A_n 有关联，则其判断矩阵的形式有：

a_k	A_1	A_2	$\cdots$	A_n
A_1	a_{11}	a_{12}	$\cdots$	a_{1n}
A_2	a_{21}	a_{22}	$\cdots$	a_{2n}
$\cdots$	$\cdots$	$\cdots$	$\cdots$	$\cdots$
A_n	a_{n1}	a_{n2}	$\cdots$	a_{nn}

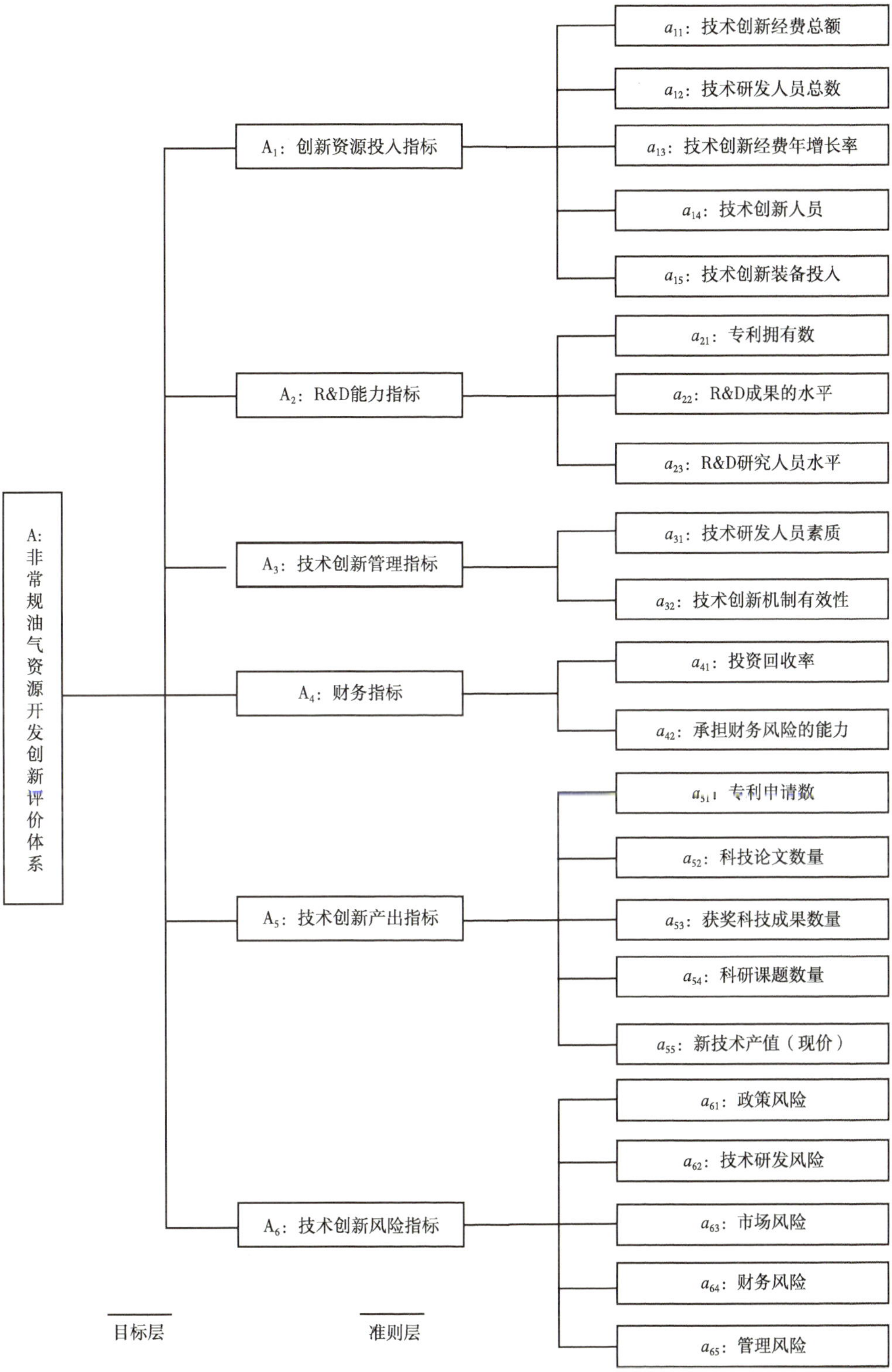

第五章　非常规油气资源开发创新评价体系研究

```
A: 非常规油气资源开发创新评价体系
├── A₁: 创新资源投入指标
│   ├── a₁₁: 技术创新经费总额
│   ├── a₁₂: 技术研发人员总数
│   ├── a₁₃: 技术创新经费年增长率
│   ├── a₁₄: 技术创新人员
│   └── a₁₅: 技术创新装备投入
├── A₂: R&D能力指标
│   ├── a₂₁: 专利拥有数
│   ├── a₂₂: R&D成果的水平
│   └── a₂₃: R&D研究人员水平
├── A₃: 技术创新管理指标
│   ├── a₃₁: 技术研发人员素质
│   └── a₃₂: 技术创新机制有效性
├── A₄: 财务指标
│   ├── a₄₁: 投资回收率
│   └── a₄₂: 承担财务风险的能力
├── A₅: 技术创新产出指标
│   ├── a₅₁: 专利申请数
│   ├── a₅₂: 科技论文数量
│   ├── a₅₃: 获奖科技成果数量
│   ├── a₅₄: 科研课题数量
│   └── a₅₅: 新技术产值（现价）
└── A₆: 技术创新风险指标
    ├── a₆₁: 政策风险
    ├── a₆₂: 技术研发风险
    ├── a₆₃: 市场风险
    ├── a₆₄: 财务风险
    └── a₆₅: 管理风险
```

目标层　　　　　　　　准则层

图 5-4　非常规油气资源开发系统解决方案综合评价指标层次结构图

为了使判别矩阵定量化，Seaty 引用了 1~9 标度法。

3. 求同一层次的单个权重并一致性检验

计算本层次相关元素相对重要性的权重可采用计算判断矩阵的最大特征根和相对的特征向量，即对判断矩阵 B，此判断矩阵满足：

$$B \cdot \alpha = \lambda_{\max} \cdot \alpha \tag{5-1}$$

式（5-1）的特征根 $\lambda_{\max}$ 及相对应的特征向量 α，将算出 α 经归一处理之后，即为对应元素单排序的权值。

然后，对 B 进行一致性检验，即计算 A_n 的一致性指标：

$$CI = \frac{\lambda_{\max} - n}{n - 1} \tag{5-2}$$

4. 求组合权重

上面算出的仅是同一层次各元素重要性的排序。最后需要算出低层次元素对最高层的相对重要性的排序即为总排序。假定上一层次所有元素为 A_1，A_2，$\cdots$，A_m，其层次总排序权值 a_1，a_2，$\cdots$，a_m，相邻下一层次 B 包括 n 个元素 B_1，B_2，$\cdots$，B_n，与 A_j 对应的 B 层次元素 B_1，B_2，$\cdots$，B_n 的单排序权值为 $(b_{1j}, b_{2j}, \cdots, b_{nj})^T$，（当 B_k 与 A_j 无关联时 $b_{kj}=0$），此时 B 层次总排序权值如下所示：

$$\sum_{j=1}^{m} a_j b_{1j}, \sum_{j=1}^{m} a_j b_{2j}, \cdots, \sum_{j=1}^{m} a_j b_{nj} \tag{5-3}$$

$$\sum_{i=1}^{n}\sum_{j=1}^{m} a_j b_{ij} = 1 \tag{5-4}$$

此时也要检验 B 层总排序结果的一致性：

$$RI = \frac{\sum_{j=1}^{m} a_j \cdot CI_j}{\sum_{j=1}^{m} a_j RI_j} \tag{5-5}$$

当 $RI \leqslant 0.10$ 时，则认为总排序的计算结果具有满意的一致性。

六、指标的单因素评价

1. 定量指标的单因素评价

非常规油气资源勘探开发创新评价指标可以分为定量指标和定性指标，因为定量指标可以通过具体的数据予以量化，因此，借鉴具有代表性项目的统计数据可以得出定量指标的单因素评价；而对定性指标而言，定性指标则通过专家评分的方法进行单因素评价。

定量指标可以分为两类，一类是正指标，另一类是逆指标。设 c_i 为指标样本中指标

U_i 的最小值，d_i 为指标 U_i 的最大值。下面对正负两类指标加以分析。

1）正指标

当指标值 $a_i \geq d_i$ 时确定非常规油气资源勘探开发创新评价指标，对指标 U_i 来讲，评价为优的隶属度绝对为 1，当指标值 $a_i \leq c_i$ 时确定该企业对指标 U_i 来讲，评价为不及格的隶属度绝对为 1，下面去确定评价为良、中、及格的隶属度绝对为 1 的指标值，为此将该创新评价体系中的评价指标 U_i 的观测值从小到大平均分为三类 L_1、L_2、L_3，记为：

$$L_1 = \{z_{11}, \cdots, z_{1i_1}\} \quad (5-6)$$

$$L_2 = \{z_{22}, \cdots, z_{2i_2}\} \quad (5-7)$$

$$L_3 = \{z_{33}, \cdots, z_{3i_3}\} \quad (5-8)$$

现在去求三类 L_1、L_2、L_3 的平均值：

$$\xi_1 = \frac{1}{i_1}\sum_{j=1}^{i_1} z_{1j}, \quad \xi_2 = \frac{1}{i_2}\sum_{j=1}^{i_2} z_{2j}, \quad \xi_3 = \frac{1}{i_3}\sum_{j=1}^{i_3} z_{3j} \quad (5-9)$$

令 $x_{1i}=c_i$，$x_{2i}=\xi_1$，$x_{3i}=\xi_2$，$x_{4i}=\xi_3$，$x_{5i}=d_i$，以下限值 x_{1i} 和上限值 x_{5i} 作为边界，凡是指标值 $u \leq x_{1i}$ 者完全属于 v_5（不及格），$u \geq x_{5i}$ 者则完全属于 v_1（优秀），把 $[x_{1i}, x_{5i}]$ 区间划分为 5 个等级，以最能表示某级特性的点（平均值点）的隶属度为 1，而边界交点概念最模糊，隶属度为 0.5，构造正指标的五个等级隶属度函数如下：

$$v_{5i}(u) = \begin{cases} 1, & u \leq x_{1i} \\ (u-x_{2i})/(x_{1i}-x_{2i}), & u \in [x_{1i}, x_{2i}] \\ 0, & \text{others} \end{cases} \quad (5-10)$$

$$v_{4i}(u) = \begin{cases} (u-x_{1i})/(x_{2i}-x_{1i}), & u \in [x_{1i}, x_{2i}] \\ (u-x_{3i})/(x_{2i}-x_{3i}), & u \in [x_{2i}, x_{3i}] \\ 0, & \text{others} \end{cases} \quad (5-11)$$

$$v_{3i}(u) = \begin{cases} (u-x_{2i})/(x_{3i}-x_{2i}), & u \in [x_{2i}, x_{3i}] \\ (u-x_{4i})/(x_{3i}-x_{4i}), & u \in [x_{3i}, x_{4i}] \\ 0, & \text{others} \end{cases} \quad (5-12)$$

$$v_{2i}(u) = \begin{cases} (u-x_{3i})/(x_{4i}-x_{3i}), & u \in [x_{3i}, x_{4i}] \\ (u-x_{5i})/(x_{4i}-x_{5i}), & u \in [x_{4i}, x_{5i}] \\ 0, & \text{others} \end{cases} \quad (5-13)$$

$$v_{1i}(u) = \begin{cases} 1, & u \geq x_{5i} \\ (u-x_{4i})/(x_{5i}-x_{4i}), & u \in [x_{4i}, x_{5i}] \\ 0, & \text{others} \end{cases} \quad (5\text{-}14)$$

根据非常规油气资源勘探开发创新综合指标评价体系，指标体系中定量指标为正指标的是技术创新经费总额、技术研发人员总数、技术创新经费年增长率、技术创新人员占全职工总人数的百分比、专利拥有数、R&D成果的水平、R&D研究人员水平、投资回收率、专利申请数、科技论文数量、获奖科技成果数量、科研课题数量、新技术产值（现价）等。

2）逆指标

可由指标值 $a_i \geq d_i$ 时确定该企业对指标 U_i 来讲，评价为不及格的隶属度绝对为1，由指标值 $a_i \leq c_i$ 时确定该企业对指标 U_i 来讲，评价为优的隶属度绝对为1，下面去确定评价为良、中、及格的隶属度绝对为1的指标值。方法与正指标完全相同，确定 x_{1i}, x_{2i}, x_{3i}, x_{4i}, x_{5i}。以下限值 x_{1i} 和上限值 x_{5i} 作为边界，凡是指标值 $u \leq x_{1i}$ 者完全属于 v_1（优秀），$u \geq x_{5i}$ 者则完全属于 v_5（不及格），把 $[x_{1i}, x_{5i}]$ 区间划分为5个等级，以最能表示某级特性的点（平均值点）的隶属度为1，而边界交点概念最模糊，隶属度为0.5，构造逆指标的五个等级隶属度函数如下：

$$v_{1i}(u) = \begin{cases} 1, & u \leq x_{1i} \\ (u-x_{2i})/(x_{1i}-x_{2i}), & u \in [x_{1i}, x_{2i}] \\ 0, & \text{others} \end{cases} \quad (5\text{-}15)$$

$$v_{2i}(u) = \begin{cases} (u-x_{1i})/(x_{2i}-x_{1i}), & u \in [x_{1i}, x_{2i}] \\ (u-x_{3i})/(x_{2i}-x_{3i}), & u \in [x_{2i}, x_{3i}] \\ 0, & \text{others} \end{cases} \quad (5\text{-}16)$$

$$v_{3i}(u) = \begin{cases} (u-x_{2i})/(x_{3i}-x_{2i}), & u \in [x_{2i}, x_{3i}] \\ (u-x_{4i})/(x_{3i}-x_{4i}), & u \in [x_{3i}, x_{4i}] \\ 0, & \text{others} \end{cases} \quad (5\text{-}17)$$

$$v_{4i}(u) = \begin{cases} (u-x_{3i})/(x_{4i}-x_{3i}), & u \in [x_{3i}, x_{4i}] \\ (u-x_{5i})/(x_{4i}-x_{5i}), & u \in [x_{4i}, x_{5i}] \\ 0, & \text{others} \end{cases} \quad (5\text{-}18)$$

$$v_{5i}(u) = \begin{cases} 1, & u \geq x_{5i} \\ (u-x_{4i})/(x_{5i}-x_{4i}), & u \in [x_{4i}, x_{5i}] \\ 0, & \text{others} \end{cases} \quad (5\text{-}19)$$

根据非常规油气资源开发创新综合评价指标体系，指标体系中定量指标中没有为负的指标。

2. 定性指标的单因素评价

对于定性指标的单因素评价，采用的是模糊统计的方法即让参与评价的各位专家，按预先制定的评价标准给出评价因素或指标划分为 3 个等级，然后依次统计评价因素属于某级 V_i 的频数 M_i，进而计算出评价因素对该等级的隶属度。

$$U_{vj}(u_1) = M_i / n \tag{5-20}$$

式中，i，j=1，2，3；n 为参与评价的各位专家的有效评价总数。

七、一级模糊综合评价

以上所处理的数据，得到了各个评价指标的权重系数和单因素评价向量，据此，综合建立非常规油气资源勘探开发创新综合评价矩阵。

首先分别计算准则层即创新资源投入指标、R&D 能力指标、技术创新管理指标、财务指标、技术创新产出指标和技术创新风险指标的评价矩阵（模糊评价矩阵由所有综合评价指标的评价向量组合而成），即：

$$r_i = \begin{bmatrix} r_{11} & r_{12} & \cdots & r_{1n} \\ r_{21} & r_{22} & \cdots & r_{2n} \\ \cdots & \cdots & \cdots & \cdots \\ r_{m1} & r_{m2} & \cdots & r_{mn} \end{bmatrix} \tag{5-21}$$

则指标的一级模糊评价结果为：

$$B_i = A_i \cdot r_i \tag{5-22}$$

八、二级模糊综合评价

根据一级模糊评价结果，建立二级模糊综合评价矩阵，对非常规油气资源勘探开发创新进行综合评价：

$$R_i = \begin{bmatrix} R_{11} & R_{12} & \cdots & R_{1n} \\ R_{21} & R_{22} & \cdots & R_{2n} \\ \cdots & \cdots & \cdots & \cdots \\ R_{m1} & R_{m2} & \cdots & R_{mn} \end{bmatrix} \tag{5-23}$$

则综合评价结果为：

$$B = W \cdot R \tag{5-24}$$

第六章 非常规油气资源开发创新组织建设研究

能源是一个国家发展的前提保障，是国家经济发展的基础以及重要的组成部分。但是目前我国的能源消费结构与国外消费相比不合理，一次性化石能源在总能源中约占80%，所引发的环境问题成为了世界关注的焦点。由于非常规油气资源作为新型的油气能源，在改善我国能源结构、推动我国能源生产与消费革命方面发挥着重要作用，这关系着我国经济和社会的可持续发展，所以目前非常规油气资源的开发是能源领域的重点研究方向。但非常规油气资源的开发是一项复杂的系统工程，在传统技术管理模式下，从研发到应用周期长，难以适应快速发展的需求，因此目前针对非常规油气资源亟需新型的开发模式。

创新组织建设是创新方法工作的有力抓手，也是推动非常规油气资源开发创新方法工作的有效途径。创新组织建设的科学性、实用性、针对性和适用性影响着创新工作推动的进度与成效，是企业创新方法工作开展和落实的重要保障。非常规油气资源开发的创新组织建设就是要把创新作为一项系统性、持续性的重点工作来抓。通过创新组织建设，做到管理创新促进技术创新、技术创新推动管理创新，二者持续融合、螺旋上升，同时实现非常规油气资源开发创新型组织的不断进步和自我更新，此外还可以有效避免技术创新与管理创新脱节，促成创新成果的工业化应用，提高非常规油气资源开发的经济效益和环境效益。这对于创建非常规油气资源开发工程技术与管理"持续融合"创新体系，推动我国非常规油气资源开发行业创新工作的开展具有重要意义。

为增强非常规油气资源创新组织的自主创新能力和企业核心竞争力，推动企业发展方式转变，本方案基于"长效、整体、协同"的系统科学管理理念，根据国家关于推进学习型、创新型、服务型组织建设，全面提升企业"软实力"的意见要求，制定了非常规油气资源开发创新组织建设方案。本方案提出了非常规油气资源开发技术创新工作开展过程中营造创新氛围、优化创新机制、完善创新体系、强化队伍建设、狠抓质量管理和加强成果应用的六大主要任务和重要举措，并形成了相应的组织实施方案，为建设新型创新型企业提供了有力支撑。

第一节 指导思想和建设目标

一、指导思想

长期以来，党中央、国务院高度重视企业的创新工作。2006年，《国家中长期科学和技术发展规划纲要（2006—2020年）》公布；2012年党的十八大做出了创新驱动发展战略部署；2015年，《中共中央、国务院关于深化体制机制改革加快实施创新驱动发展战略的若干意见》发布，同年还发布了《深化科技体制改革实施方案》；2016年，中共中央、国务院又发布了《国家创新驱动发展战略纲要》。在国家由要素驱动转向创新驱动的大环境下，支持企业创新的氛围也日益浓厚，确立企业技术创新主体地位的战略思想深入人心，企业的创新动力和活力显著增强。各地方、部门认真落实《国家创新驱动发展战略纲要》，采取有力的措施积极支持企业的创新，取得了重要进展，积累了宝贵经验。

开展非常规油气资源开发创新组织建设的指导思想是：深入贯彻习近平总书记系列重要讲话精神，深入贯彻落实党的十九大精神，以邓小平理论、"三个代表"重要思想、科学发展观和习近平新时代中国特色社会主义思想为指导，进一步落实《国家创新驱动发展战略纲要》，大力发扬大庆精神、铁人精神和石油工业优良传统，坚持固本强基、促进发展、求真务实、继承创新。以优化组织创新模式为重点，以促进该能源结构调整和改善环境问题为目标，不断增强组织的自主创新能力和企业核心竞争力，为推动企业发展方式转变，建设新型创新型企业提供有力支撑。

二、建设目标

基于工程哲学思想和"长效、整体、协同"的系统科学管理理念，创建面向非常规油气资源开发工程技术与管理"持续融合"式的开发模式：根据开发对象不同开展技术创新，根据开发进程变化实施管理创新，实现工程技术创新与管理创新螺旋式同步发展。建立非常规油气开发企业创新方法组织体系，推动非常规油气资源开发。完善有利于长久创新的法规政策，提高对于人才培养的重视程度，发挥人才对于企业创新的关键作用。

总的来说本方案会从以下三个方面实现非常规油气资源开发创新型组织建设：

①建设有利于创新的组织体系、管理模式和软件系统：从软硬两个方面为持续融合创新和成果转化提供基础和土壤；

②统筹、协同和优化相关的流程、资源、人才等：实现持续融合创新的手段；

③提出政策建议、探索人才培养模式：持续融合创新长期稳定发展的外部保障。

第二节 总体要求和基本原则

一、总体要求

健全创新机制。充分发挥思想政治工作对组织建设的指导协调作用，组织内各部门要按照分工做好政策研究和落实工作，自上而下完善监督机制。将科研和产出通过更高效的方式结合起来，以科研提产出，以产出促科研。运用系统工程的分析视角和管理科学的理论方法，设计适应新的创新形势、高效有序的管理模式，充分调动组织内部各部门分工协作积极性，提高融合创新工作的效率。

落实工作责任。组织内部要制订具体目标规划，摆上重要议事日程，明确主管领导，落实具体实施部门，切实抓好各项工作。要加强创新活动的组织实施，明确责任和目标，细化考核标准，经常分析创新组织建设情况，做到每年进行一次考核评价，实行动态管理，逐步形成制度，确保各项任务目标得到落实。

突出工作重点。组织要将提升非常规油气资源开发质量和效率作为创新的重点目标来抓，切实发挥人才对于创新的核心作用。在组织内部优化人才培养模式，建立以产出为导向的创新型人才培养模式；严格人才考核制度，消除创新道路上的消极懈怠、一劳永逸的不良工作态度；优化人才激励制度，保持优秀人才的持续创新活力。充分吸收组织外部的科研优势，转化为组织内部的创新动力，通过和高校、研究所等外部科研力量合作，调动人才资源促进创新。

务实工作实效。在提升非常规油气资源开发的过程中，要坚持求真务实，从企业实际和行业特点出发，加强创新制度建设，力争在创建目标、内容、标准、措施、理念上取得新的突破。要按照系统、科学的要求，发动组织人员广泛参与，将创新型组织建设与生产经营管理紧密结合，与深化改革紧密结合。要根据新形势、新任务的要求，进一步探索非常规油气资源开发创新型组织建设的新思路、新途径，建立推进创新型组织建设的长效机制，使组织的创新实力不断迈上新台阶，为提升企业乃至国家的非常规油气资源开发实力助力续航。

二、基本原则

坚持发挥企业主体作用与政府引导作用相结合，坚持科技创新与体制机制创新双轮驱动，推动产学研深度融合。推动思想解放、改革突破，破除思想壁垒、机制障碍、制度障碍，深化体制机制改革，建立适应新的发展环境的非常规油气资源开发创新型人才培养机制模式。坚持动态发展、循序渐进，平稳、快速、有效地推进创新型组织的建设。立足多维整体的视角，统筹内外部资源，从各个方面对非常规油气资源开发组织结构进行优化升级，全面提升组织整体创新能力和创新水平。坚持从实际出发，把握住工作的重点问题和关键环节，深刻认识非常规油气资源开发创新型组织建设的长期性和复杂性，在实践中积极探索创新组织建设的新模式和新途径，不断完善非常规油气资源开发创新型组织理论体系。

第三节 重点任务与关键举措

一、营造创新氛围

与常规油气资源相比，非常规油气资源的开采难度更大，经济效益较差，其规模化的开发利用和产业化发展需要不断突破技术和成本瓶颈，因而具有更大的创新需求。面对日益激烈的国内外市场竞争，我国非常规油气资源开发面临着更大的挑战，更加需要不断地创新才能得以生存与发展。良好的组织创新氛围有利于创新的形成，组织创新氛围也是推动员工创新行为的重要因素，营造良好的组织创新氛围对于提高创新行为绩效方面有着积极的影响作用。

1. 构建开放式知识共享网络

首先，培育开放式的知识创新理念，塑造知识共享的价值观。鼓励员工积极拓展外部知识资源，制定企业外部知识开发机制；同时不断深挖内部知识资源，制定企业内部知识共享机制，增强员工对共享知识网络的认同，实现个人利益与企业利益的集合。其次，建立合理的多样化知识共享流程和次级网络。非常规油气资源开发过程中涉及钻井、油藏、采油和地面工程等多个环节和不同行业的技术创新，建立双边或多边知识共享流程，并创建次级网络，使单个成员企业与拥有特定相关知识的其他企业建立联系，从而在做好知识产权保护并合理控制企业参与知识网络收益成本的基础上，实现特定知识在企业间的高效传递。对此，可以通过网站平台、专栏、座谈会、会议等多种形式展示创新理念、创新成果，促进知识交流共享；推行员工成长积分制度，通过员工的在线培训考核，规范开展网上学习活动，促进企业内部知识认同，营造知识分享氛围；组织省局相关部门对非常规油气资源开发这一重点创新领域提炼创新方向，联合相关行业和企业成立非常规油气资源开发专项技术研究组，充分发挥产—学—研合作互补优势，提高企业创新行为绩效。

2. 搭建群众性创新活动平台

首先，调研学习需求，提升专业素质。调研员工的学习需求，并有针对性地开展学习培训活动，尤其是开展针对于非常规油气资源开发的专业理论和专业技术的学习交流活动，并鼓励员工参加相关学历教育，提升整体员工专业素质。同时与国内外高水平高校和先进企业单位达成合作，为员工的交流学习提供一个广阔的平台。其次，健全组织制度，搭建创新平台。相应生产和技术部门要成立创新活动联合小组，搭建创新创效活动平台，促进相关部门和相关技术之间的交流与共享，通过这种联合小组的共同管理实现技术创新的协同和共享，激发出创新的新活力，进一步促进企业管理创新与技术创新的融合。针对非常规油气资源开发的发展方向以及相关部门和项目的运作模式，应召开专门会议讨论制定群众性技术创新、合理化建议活动计划，做好群众性创新活动的策划、组织和推广，广泛发动基层员工建言献策。此外，注重活动实施，提升创新质量。通过宣传创新活动，充分利用媒体、网络平台、会议和座谈会等形式广泛宣传群众性创新创效活动的意义，营造良好的创新氛围；拓展创新渠道，支持员工围绕经营管理和技术创新开展多种形式的创新创效活动，搭建群众性创新活动平台，如设立创新论坛，开展创新竞赛和劳模竞赛，深入开展"金点子"合理化建议等活动，从而实现全员参与；对于合理的创新建议要进行奖励，并及时转送到相关部门进行实施，提高员工参与群众性创新创效活动的积极性和创新质量。

3. 持续推进创新文化建设

首先，构建"以人为本"的企业创新文化氛围。人是创新的主体，必须充分认识到人的创造性和潜能的关键作用。企业应建立开放式的沟通和交流平台，不同部门的员工之间，以及上下级之间，在对组织长远目标共同承诺的前提下，相互尊重，相互理解，坦诚沟通和学习交流，使员工的主观能动性得到更全面的发挥。另外，领导者要注重对群众创新想法和建议给予公平、客观和鼓励性的评估，积极营造鼓励大胆创新、勇于创新、宽容失败的良好氛围，激发一线工人、一线科技人员以及一线管理岗位工作者的创新激情与活力。其次，推进企业生态文化理念建设。文化其实就是思想，文化进步就是思想进步，在进步思想的推动下，科技也在进步。非常规油气资源产业作为一种新兴产业，创新文化是必不可少的要素，它是指导进行创新活动行为的基础，只有在创新文化的指导下，才会产生较为先进的创新思想以及创新技术。企业要坚持以发展循环经济为核心、以生态现代化为方向、以促进可持续生态化发展为目标，从生态科技文化、生态法治文化和生态道德文化入手，推进生态文化的建设与发展，降低社会风险和环境风险，为社会树立良好的企业形象，推动非常规油气资源开发的可持续发展。此外，利用企业文化建设推动管理制度和技术方法创新。在日常的管理工作中，不断推进企业文化和石油行业精神文化建设，通过富有特色的文体活动，体现非常规油气资源开发人员的精神文化和工作特点，从而构建和谐的团队工作氛围，培养员工之间的情感沟通，推动石油化工"硬"企业的"软"管理。同时，企业的管理创新要以企业文化的价值理念为导向，并在创新过程中进一步将企业文化价值理念逐步渗透到职工个人的价值取向中，从而利用企业文化建设推动管理制度创新。比如，通过树立典型人物事迹，发挥榜样的力量，加强对职工的教育培训，提高企业职工的文化素养和综合素质，为促进企业的发展贡献力量。

二、优化创新机制

机制是在组织生产活动中对涉及生产对象、媒介以及企业员工之间的联系的过程和程序，上述因素之间的连接状态也是由机制决定的，同时企业机制决定了企业内部对科技创新成果的实际应用水平和企业对创新水平反应的及时性，也决定了企业设备或实验室和员工的作用发挥程度。只有通过合理的先进创新机制，将创新的主体实现合理的最佳利用，才能形成有效的创新能力，才能实现企业或产业的创新。因此提高非常规油气资源开发企业的创新能力，实现企业管理创新和技术创新的持续融合，必须以相应的创新机制为基础。

1. 完善创新信息机制

首先，创新需要充足的信息，为了准确把握科技发展的动向，促进产业创新，需要建设非常规油气资源开发创新信息交流平台。在企业内部要进一步完善主营业务智能共享平台，实现上游业务数据互联、技术互通、研究协同，进一步推进勘探开发的整体研究、整体部署、整体勘探，推进勘探开发的智能化和协同一体化。另外，信息交流平台可由各高校、研究机构以及石油化工企业共同建设，集信息收集、整理、传播，技术交流、技术服务，知识产权交易等功能于一体。开采企业需要技术或设备服务，可在平台公开发布、公开招标，由石油创新团队竞争投标。此外，应该建立企业内部上下游信息共享平台，实现对非常规油气资源从勘探、试采到生产和运输等全过程的一体化运作，扫除企业内不同部门的信息壁垒，降低企业内部交易成本。其次，市场化是创新的基础，信息机制改革过程中，需要推动市场多元化主体参与。非常规油气资源开发的创新发展需要进一步吸引包括民营企业和国际油气企业的参与，形成国企、民企以及国际油气企业三股企业力量之间的联动，通过合理的盈利模式和风险管控，增强不同行业之间和不同企业之间的信息交流，优化相关行业和企业间的创新资源配置，激发非常规油气资源开发企业的创新活力。

2. 优化创新制度机制

首先，创新矿权配置流转制度。非常规油气资源的发展受制于矿权配置集中不能流转，推进矿业权的竞争出让，进一步建立和完善油气矿业权流转制度，减少审批程序，精简下放审批和评估权，并探索探矿权和采矿权的"两权合一"的制度机制，通过创新矿权的配置和流转制度，适度放权，促进油气资源的综合开发利用，激发非常规油气资源开发行业活力。此外，要积极利用产—学—研合作推动制度机制不断创新。产—学—研合作是企业创新发展的必然选择，政府、石油企业和高校建立合作关系，形成不同科研项目的产学研综合创新体，既符合技术推动的创新模式，又符合市场拉动的创新模式，能够有效推动技术创新与管理制度创新的深度融合。

3. 创新项目决策和监督运行机制

首先，平衡投资管理规划与计划。非常规油气资源开发具有投资成本相对较高，经济效益相对较低，试采时间长等特点，因此应该在制定科学合理的中长期投资规划的基础上，进行每年度的投资计划，并建立与规划相符的一体化项目储备库，以实现项目投资规划和计划的平衡发展。其次，严格项目建设的立项招标工作。按照国家、省局要求开展创新申报、结题、评优等工作，对原有的创新管理类作业指导书进行持续改进，使作业指导书与上级要求、本级实际、下级建议紧密靠拢，特别要建立完善 QC 小组活动管理办法和相关工作程序，确保创新项目以及 QC 小组都要有一套严格立项、严格审批、严格管理、严格验收的制度体系。另外，市场的竞争是企业活力的良好保证，企业需要在良好的市场竞争机制下对外进行市场招标，通过市场竞争降低项目建设造价，提高项目建设质量。此外，制定并严格执行相关规章制度以监督投资项目。可以对公司员工进行考核并制定相应的奖惩机制，并制定投资计划的实施和效果评价方案。同时，也可以聘请外部人员或同行对监控过程的重要环节进行检查，以此保证项目高标准严要求的顺利进行。在项目实施后期要注重项目评价和经验总结，从而实现对项目整个运行过程进行全方位的监控和管理。

4. 优化创新激励机制

首先，在充分考虑员工内在心理需求的基础上，建立并完善相应的创新奖励机制。将创新活动纳入绩效考核中，完善创新考核激励机制，给业务骨干交任务、压担子、定指标，精心制订创新推进计划，采取差异化绩效挂钩办法，建立一套科学合理的评审、考核、奖励、晋升长效机制，充分调动全员创新的积极性和创造性。同时，对创新项目和人员给予政策扶持，对取得创新成果的个人和项目及时奖励，选树创新典型，加大宣传力度，并在职称晋升、先进评选等方面给予优待。逐步形成你追我赶、奋勇创新的态势，以典型引路、由点及面促使创新活动深入开展。其次，要加强企业创新文化和团队精神建设，形成价值观和精神激励。石油化工企业有特殊的石油精神和石油文化，企业应该在发展过程中树立良好的企业形象，使员工获得对企业的归属感和荣誉感。还应该在选人、用人机制上打破工人与干部之间的鸿沟，把优秀的人才选拔到管理岗位上来。通过评先进、树标兵，对优秀员工给予政治荣誉，并把优秀员工吸纳进管理梯队中，使员工通过晋升实现自我价值。此外，在产—学—研一体化的创新模式下，需要完善相关行业的创新政策和企业内部的规章制度。不断完善产—学—研合作的相关政策法规，形成全面完整的产学研合作政策法规体系和财政金融支持政策，加大对企业和科研院所重要科研项目的资金投入，落实好对创新科研项目的政策和资金扶持，为非常规油气资源开发人才的培养和吸纳打造良好的物质基础和创新环境，充分调动企业和科研院所创新的积极性。最后，从政府层面，要加强对常规剩余难动用储量与非常规油气的开发补贴激励机制。积极出台和严格贯彻非常规油气产业支持和优惠政策，鼓励技术攻关。加大对非常规油气开采企业的财政补贴和资源税收减免程度；制定产业优惠政策，对有关产业提供低息或免息的投资贷款，加强对市场的培育；还应鼓励和重视民间资本的引入，激发市场活力。

三、完善创新体系

不断建设与完善创新体系是提高企业自主创新能力和核心竞争力的重要举措。为适应国家能源发展战略要求，完善非常规油气资源开发这一新领域的创新体系，从而提升我国非常规油气企业在国际市场上的竞争力，这对于促进非常规油气资源开发技术创新和管理创新的持续融合，推动我国非常规油气资源开发的可持续发展，改善我国能源结构和完善国家能源安全体系具有重大的战略意义。

1. 持续完善创新组织体系

组织体系建设是落实创新责任、保证创新质量的核心资源。首先，完善创新决策体系。通过建立科技项目委员会，并成立下属的特定技术相关的专业委员会，为重点科技项目和标准化项目建立创新工作规划建立工作规划，并提供最优的指导和决策支持，推进重大项目集中攻关。通过重大专项组织方式，与兄弟企业，相关高校达成合作关系，形成"应用基础研究—技术攻关—技术应用"攻关模式，确保研究与应用的紧密结合，保证科技成果尽快推广应用，实现理论技术创新、生产应用时效和创新能力提升三大目标的统一。其次，还需不断完善研发组织体系，优化科研资源配置。构建专业配套、学科齐全、技术力量雄厚、与公司主营业务发展相适应的科技创新组织体系，保障企业生产建设的平稳运行和发展目标的实现，实现管理创新与技术创新螺旋式同步发展的统一。再次，构建技术研发与实践应用一体化的新型部门组织形式，在石油公司的技术创新实践中，技术研发与应用脱节是创新失败的重要原因。近10年来出现的一种新型技术创新组织模式——PTP（项目—技术—采购部）或P&T（项目与技术部），将公司的技术研发、项目实施、采购等职能整合到一个部门，融为一体，彻底打破了技术研发的封闭体系。这样做，不仅减少了管理界面，提高了管理效率，而且突出了业务主导，加速了技术成果应用，促进了技术的首次现场应用，实现了更好的项目交付和更好的HSE管理；通过一体化的管理，可以在全公司范围内调动资源，提高资源利用率，特别是优化人力资源，解决工程技术人才不足的问题；通过集中采购，可以减少项目成本，实现全成本控制。这种组织模式充分体现了创新价值链、技术一体化的理念。技术的含义不再仅仅是研发，而是变成了一整套的技术系统工程，从研发、技术解决方案到工程设计、建设，结成了紧密的创新价值链。成立项目与技术部，将原隶属于公司勘探开发和下游业务板块下的研发部门并入该部门，全面负责公司的技术规划、定位、研究、开发、推广和应用以及重大项目和工程的设计与管理、合同谈判与采购，直到项目交付，投入日常生产，同时负责IT、安全和环保的标准与规范制定及管理等。新模式实现了沿着创新价值链，从研发到提供技术解决方案的一体化组织与管理。最后，需要不断健全科技创新保障体系建设。由于非常规油气资源开发的特殊性，需要探索形成一整套符合国情、油情、企情的制度办法、规范流程、科技创新工作机制、秩序和政策环境。

2. 加强基础条件平台建设

强化公司现有研究机构，形成创新平台。基于现有条件，进一步加强非常规油气资源创新平台建设，以国家需求为己任，服务于国家能源战略，打造中国石油非常规油气领域"新技术"和"新理论"的研究基地，成为"产生成果、培养专家"的科技摇篮，成为"人才培训"和"学术交流"中心，建立非常规开发实验室，搭建多种实验平台，开展室内物模实验，为机理研究及现场应用奠定基础。全面提高我国非常规油气资源勘探开发能力。成立重点实验室和试验基地。创新基础设施是人们进行创新活动所必需的基础，一个好的创新基础设施为完成科技创新活动提供必备的手段，大到一个国家、一个产业，小到一个企业，在好的思想以及构思下，没有相应的设备进行检验或提供实验，只能是停留在空想基础上。为满足非常规油气资源开发中长期技术发展需要，提升技术创新能力和促进科技成果工程化、产业化为主要任务，应依托科研院所、重点企业规划建设非常规油气资源开发的重点实验室和试验基地。在此基础上，为重点实验室和试验基地配备一流的实验条件和开放联合组织形式，为科研人员创造了相对稳定的工作环境和学术氛围，从而吸引更多的高层次科研人员组成实力更加雄厚的研发团队。开发应用一体化创新管理系统。通过将标准化创新管理系统导入质量管理系统，从而使企业具备快速识别新兴技术或科技的能力，有效改善企业内部创新技术、新产品与新服务的产生过程，持续提升企业创新质量和工作效率。此外，将技术支持系统、质量管理系统与创新管理系统进行整合，做到开发方式和作业方式的一体化协同管理，做到技术创新与质量管理的一体化协同管理，从而以管理创新促进技术创新，以技术创新推动管理创新，夯实创新管理基础，最终提升企业的核心竞争力。

3. 打造国内外、产学研一体化的创新体系

建立产学研合作的开放式研发体系，积极建立政府、石油企业和高校之间的合作关系，充分整合社会各界资源，完善非常规油气资源开发创新研发体系，为技术创新提供体系支持和组织保障。完善产—学—研内部信息传递和反馈交流机制。通过建立科技情报网络，促进科技情报信息的安全传递和流通，并广泛参与和开展产学交流活动，如产学研洽谈会、对接会等，为企业的相关负责人与相关学科领域的优秀科技人员之间提供一个交流沟通的平台；建立产学研信息反馈交流网络平台，设立问题研究中心、国内外科研成果数据库、各类生产难题汇总、各类对接项目概览、科研人才荟萃，不断提高信息传递速率和广度，形成信息传递和反馈的闭环网络。不断完善产—学—研合作的创新保障机制。设立必要的政策资金和专项启动资金，在科研经费投入、科研立项审批等方面给予产学研合作的各方和参与人员政策倾斜，吸引高校、研究机构相关科技人员参加，组成科技创新小组、技术攻关小组，开展创新活动。建立高层次人才的培养提高机制。一方面是聘请国内外高校和科研院所的专家到油田企业进行专题讲座、咨询、合作研制开发；另一方面，还要积极把非常规油气资源开发领域的中青年骨干科技人才、管理人才送出去深造，切实提升研究、创新能力，打造高水平的科研人才队伍。

四、强化队伍建设

抓好队伍建设是做好各项工作的基础，而人才是队伍建设的核心和实现创新的基础。非常规油气资源的开发是一项复杂的系统工程，在传统技术管理模式下，从研发到应用周期长，难以适应快速发展的需求。相对于西方发达国家，我国研究非常规油气资源的时间较晚，技术较不成熟，为攻克制约非常规油气资源开发行业发展的技术瓶颈，推动我国非常规油气行业的可持续发展，培养与建设一批非常规油气资源开发应用的专业技术人才和管理人才，打造更加优秀的非常规油气资源开发人才队伍显得尤为重要。通过专业技术人才与创新型管理团队的相互配合与协同创新，推进技术创新与管理制度创新的持续融合，共同推动我国非常规油气资源的开发与应用。

1. 非常规油气资源专业技术人才培养与建设

首先，优化人才队伍结构，组建一流科研团队。非常规油气资源的开发应用属于一

个新型跨学科跨领域且尚未成熟的领域，对于该领域的人才队伍要具备合理的专业结构和年龄结构。在选聘团队成员过程中，要结合现有的人才队伍结构，充分考虑团队成员的年龄、专业、学历等因素，做到专业交叉，优势互补，既要一人多岗，也要协调好岗位配置不合理的现象。在团队建设过程中，要明确团队的研究方向和创新工作的任务目标。结合我国非常规油气资源开发的特点，如油气资源禀赋、技术研发能力、生产组织复杂性等，紧紧围绕企业的发展规划、非常规油气资源开发的技术难点问题开展创新研究，努力攻克行业领域的技术难点和瓶颈问题，抢占非常规能源制高点，实现我国非常规油气资源开发技术在世界范围内的领先。其次，深化校企合作，完善人才引进机制。企业要与国内外高水平的石油高校建立合作，鼓励团队成员去高水平石油高校继续学习深造，提升团队整体专业素质和创新能力；同时，通过高校优秀毕业生的输送与企业对外优秀人才的引进，保证非常规油气资源开发团队的人才规模与人才质量，提高整个团队的创新能力。

另外，创新人才培养机制，提升团队专业素质。围绕非常规油气资源发展的需要，对于新引进人才要改革创新，进行创新型专业技术人才的培养。相比于常规油气资源开发的不同，非常规油气资源开发需要哪一种专业技能和专业素质，就必须要对新型专业技术人才进行引导和培养，使他们具备相应的专业技能和专业素质。在培养专业技术人员职业技能的同时，必须同等程度重视人才道德素养的提升，一个新兴领域的不断发展，需要的不仅是专业性强的技术人员，更需要具备优秀道德素质和职业操守的技术人员，因此对于人才培养建设，需要注重道德操守的培养。最后，还应着眼企业发展战略，搭建人才发展平台。为了弥补国内非常规油气资源开发领域的欠缺和短板，积极做好与国外该领域发展较好的国家和地区的合作关系，搭建有利于非常规油气资源人才成长发展的广阔平台，为我国该领域专业技术人才提供更广泛的交流学习机会，积极学习国外先进经验，并结合中国非常规油气资源开发现状进行专业技术人才的培养。立足当前，着眼国家和自身企业未来的发展战略，重视岗位紧缺急需人才的培养与发展，从而有效提升团队科研综合实力，进一步适应生产发展需要。

2. 非常规型油气资源管理团队的创新型建设

创新型组织是建设创新型国家的基础，而领导者是创新型组织发挥创新技能的关键因素。创新型组织往往都是以团队工作为基础，一个优秀的创新型企业必然需要有一个优秀的管理团队。首先，需要完善基本的团队管理制度。在做好团队组建的同时，要建立岗位责任表、技术工作标准和管理制度，建立包含团队成员选择、培训、责任分工、HSSE 安全、考核、激励制度等方面的团队 QHSE 管理体制；要建立奖惩机制，构建良好的切实可行的绩效评估体系，权衡团体与个人关系，制定好具体措施，杜绝干多干少一个样的现象出现。其次，需要做好团队的合作协调。非常规油气资源开发创新型组织的任务复杂度高、创新性强、不确定性高，需要多领域知识的交叉融合，需要整个团队在有着彼此分工的前提下，又能够互相渗透到对方的岗位中，实现相互依赖、充分合作的工作关系。作为非常规油气资源开发行业的管理团队，更应该处理好团队内部的创新合作关系。团队要在总结以往团队管理方式单一不足的基础上，建立灵活的即时沟通和定期汇报评估的新机制，并加强与合作单位的交流学习，从而实现良好的团队内合作与团队之间合作的协调。此外，需要创新领导团队的运作方式。作为非常规型油气资源开发行业的创新型领导团队，要秉承"以人为本"的理念，主导形成团队共同的发展愿景，结合企业发展战略明确团队的研究方向和研究规划；并

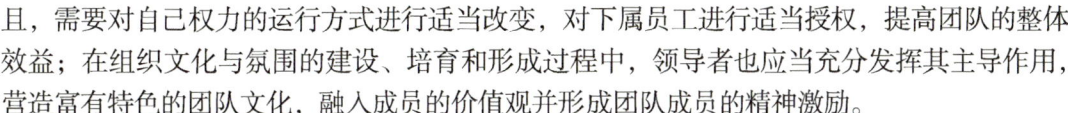

且，需要对自己权力的运行方式进行适当改变，对下属员工进行适当授权，提高团队的整体效益；在组织文化与氛围的建设、培育和形成过程中，领导者也应当充分发挥其主导作用，营造富有特色的团队文化，融入成员的价值观并形成团队成员的精神激励。

五、狠抓质量管理

市场竞争，归根到底是质量的竞争。与常规油气资源相比，非常规油气资源开采难度更大、经济效益较差，但油气产品与常规油气产品具有近似的同质性，且在相同的油气市场上进行售卖和竞争。因此，为抢占和占领油气产品市场，质量管理是其中一个至关重要的因素。

1. 做好质量与品牌规划

高质量的石油产品铸就了石油品牌，品牌是石油产品质量的保证，质量管理与品牌建设相辅相成、相互促进。在非常规油气资源开发的创新工作中，首先需要做好石油品牌规划，树立良好的品牌形象。企业品牌规划要与企业发展愿景和发展战略相统一，对于非常规油气资源开发的不同阶段要树立相应的品牌建设的目标、方向和任务。在此基础上，树立好差异化的企业品牌形象，并提炼出能够感染消费者的品牌文化和品牌核心价值观。一方面，企业的文化为社会树立良好的企业形象，能够获得消费者对产品的信赖和忠诚，提高企业产品在市场的占有率；另一方面，在企业内部形成品牌核心价值观，能够强化员工的品牌质量观念，能够让质量管理观念深入到每一位企业员工的创新工作中。其次，需要做好质量规划，为品牌发展提供保障。非常规油气资源开发创新工作过程中的质量管理，要切合我国非常规油气资源开发现状进行分析，然后结合企业战略发展目标，考虑生产管理的特点制定质量管理规划和具体的实施方法，巩固和丰富品牌内涵。此外，要编制合理的产品分类分级规范，形成稳定的产品质量。产品可以根据不同的用户进行分类或分级，但每类或不同级别的产品必须是高质量的。质量不同于等级，质量是"一系列内在特性满足要求的程度"，而等级是"对用途相同但技术特性不同的产品或服务的级别分类"。因此，在质量规划过程中，要对不同类型和不同等级的石油产品都进行严格的质量控制，形成稳定的石油产品质量，依靠产品质量和科技含量打造更高的品牌知名度和品牌认可度，为品牌建设保驾护航。

2. 强化全员质量管理意识

人是管理和技术的主体。提高石油企业质量管理体系运行有效性的前提是让企业从决策者到基层员工都必须清楚地理解质量对企业效益和发展的影响。树立"质量是一切效益的唯一标准"的理念，坚持质量层层把关，监督者恪尽职守。广泛开展质量管理宣传工作，强化质量管理意识。动员全公司员工积极参与到质量管理的宣传工作中，比如可以定期开展质量宣传讲座，开展"质量周""质量月"等活动，通过对质量管理工作的宣传，丰富员工的相关专业知识，强化在创新工作中的质量管理意识。加强质量管理培训，提高全员专业素质。非常规油气产品从勘探试采到成品油气产品的炼制和运输都需要做好安全和质量管理，这是保证企业不断提升市场竞争力，占有更大市场份额的重要保证。对科研技术岗位和生产一线员工进行相关的技术培训和质量管理培训，制定合理的培训方案和考核激励方法，营造全员参与质量管理的良好氛围，使各个部门及环节进一步形成自我约束、自我完善、自我提高、自加压力抓质量的环境，提高在基础创新和增产增效环节对质量的关注度，进而提升技术创新质量和产品品质。比如，可以通过编制质量管理体系知识手册和专业技术标准手册，并对此开展知识竞赛活动等。

3. 优化全面质量管理体系

首先，应当制定统一准确的质量标准。非常规油气资源开发作为传统油气资源开发领域的一个新的方向，其质量问题应当得到格外的重视，从一开始就应该建立长效的质量管理和监督体系。但目前各大石油企业对质量的理解有所不同，这个问题将导致企业在运行过程中不能完全按照管理体系的要求进行工作和发展。因此，应该联合政府、企业和高校一起制定合理统一的行业标准。其次，以过程管理方法为基础，构建全过程质量管理机制。从化工用料的入厂、抽检、发放、使用到原油的采出、处理、外输全过程管控，形成原油质量管理联动机制。将过程与资源相结合，遵循"以顾客为关注焦点、领导作用、全员参与、过程方法、改进、询证决策和关系管理"的基本质量管理原则，根据企业的特点构建包括管理活动、资源提供、产品实现及测量、分析与改进活动等的质量管理体系。最后形成文件化的形式，并以此作为指导组织内部或者相关领域质量管理工作的要求。此外，加强质量风险管理，构建动态的全面质量管理体系。在质量管理的规划过程中，要加强对非常规油气资源开发创新过程中不同环节的质量风险识别和评价，并制定有效的防范和应对措施，以有效化解可能的质量及安全事故。构建一个从质量管理的规划、实施、检查和处置的闭环体系，把各部门都纳入到统一的动态管理体系中，制定质量管理责任制，把工作质量责任分配到每个部门和每个员工，做到奖惩分明。通过标准化、专业的质量管理体系，科学检测、评估和指导油气开发流程的每一个环节，保证研发和生产的高质量水准。

六、加强成果应用

科技成果的转化与应用是技术创新的最终目的。非常规油气资源开发的投资更大，难度更高，经济效益相对较差。因此，在油气资源开发工程技术创新和工程实施过程中，充分将技术创新和管理制度创新融合，将技术开发与市场开发结合，将技术进步与企业管理结合，缩短成果转化周期，加强创新成果的应用，实现非常规油气资源开发技术进步与经济效益协同并进和共同提升。

1. 创新成果的转化与推广

首先，做好市场调研，技术创新方向与市场需求对接。在项目前期调研阶段，要紧密结合国内外市场需求、企业主营业务发展需求，确保研究方向与市场精准对接，符合市场需要和企业生产需求，避免科技创新与市场需求脱节。其次，建立成果评价体系，对成果转化的可行性进行评估。从成果的技术经济指标、技术成熟度、原料供给、市场需求等方面入手，对不同阶段的科研成果建立相应的评价体系，确定成果等级，正确判断成果转化的可行性，避免资源浪费。此外，要建立相应的技术推广平台，加大成果的宣传和推广。目前非常规油气资源开发创新成果的转化与应用还不够广泛，仅限于局部和个别作业区。可以通过建立技术推广平台，让客户和合作企业尽快地了解技术创新进展，尽快适应企业的新技术和新产品，在时机成熟之后成立技术服务部门，对其他企业进行推广和技术指导，推动行业的进一步发展。另外，可以将创新成果的应用推广作为创新考核的相关指标。结合创新成果实际情况，加大该创新成果指标的激励权重，激励企业员工对创新产品加大力度进行转化和推广，提高企业的整体绩效。

2. 加大非常规型油气资源开发成果的应用研究

完善"产—学—研结合"的合作体系，为创新成果的研究与转化提供保障。与国内外相关领域的高校建立合作关系，对非常规型油气资源开发成果的应用在学术领域进行深层研究，研究非常规油气资源从勘探、开发、利用到技术再创新的整个过程，为其实践应用提供必要的理论依据和数据支撑。坚持产—学—研结合的发展模式，加强对非常规油气资源开发成果转化的研究，共同促进我国非常规油气资源的开发与应用。加强科研工作者和一线技术人员的协作，加强理论成果向应用成果的转化。从研究到应用，每一个环节都要围绕非常规油气资源开发与成果的创新转化，科学研究者做到结合新时代创新型企业的特点，同时比较非常规油气资源与常规油气资源的发展现状，为该领域的发展提供创新方案，配合企业制定符合自身特色的战略目标，同时也为企业专业技术人员提供理论依据和指导方案。企业的成果推广和应用同时也反过来验证科学研究者研究成果的实用性和创新性，并反馈创新方案的不足和欠缺，以供研究者对创新方案的进一步完善和改进。此外，发挥政府职能，完善对非常规油气资源开发成果转化的政策支持体系。政府部门应在科技开发贷款、技术开发成本、产品自主定价、科技人员奖励、知识产权保护等许多方面提供政策和资金支持，并做好市场信息和技术信息之间的传递，降低市场的信息不对称程度，为创新项目的申报与立项、创新成果的转化与应用营造良好的外部市场环境。

3. 制定创新成果知识产权与专利计划

在知识经济时代的大背景下，知识产权与专利保护已经成为促进社会各个方面创新持续健康发展的重要源泉和动力。非常规油气资源开发作为一个新兴领域，其发展并没有完善，因此技术上的创新有无限的可能，这也需要大量研究者和技术人员为之努力。知识产权的有效保护为创新成果的实现者提供了根本上的创新保障，并能够激励更多的创新成果产生，从而更有可能实现突破性的发展。

一方面，政府部门要不断完善知识产权保护和专利申请的相关政策法律。做好相应的知识产权与专利的保护工作，完善非常规油气资源领域技术创新知识产权的申请、审查和先用权限制相关政策，防止侵犯产权和专利的情况出现，保护非常规油气资源开发领域的创新成果。另一方面，企业自身要增强专利申请和产权保护意识。对于产生的创新成果和技术专利，应当做好产权保护和专利申请工作，保证企业自身在相应领域的主动权和优势地位，从而进一步推动非常规油气资源的开发与发展。对于核心技术手段一定要加大力度做好保密工作，做到精准定密、妥善保密、及时解密。此外，要加强企业内部核心团队人员的保密管理和教育工作。因为在保密工作中最大的风险及不确定要素就是人员，所以要在组织内加强员工对于专利产权、涉密保密相关知识的教育，提高组织成员的专利及保密意识。在做好知识产权与专利保护相关工作的基础上，鼓励广大研究者和技术人员不断创新，实现非常规型油气资源的突破性发展。

第四节 组织实施

一、加强组织保障

创新形成于良好的创新范围，依托于组织的支持与保障。创新组织的建设是确保非常规油气资源开发工程的战略方向和决策部署贯彻落实的基础。

1. 成立创新领导小组

创新领导小组总领非常规油气资源开发创新性组织建设全局，负责贯彻落实企业创新发展战略和钻井提速四个15%、工厂化压裂提速30%等目标，配合保障"四开四完"、"五开五完"的尽快实现；研究制定致密油气、煤层气、页岩气等非常规资源的开发生产政策，统筹规划、协调解决开发与生产过程中面临的重大问题；进一步深化工厂化作业模式，建立油服层面统一的技术研究、地质工程一体化研究和后勤保障体系，集中配置、整体协调人力、设备、投资、组织等要素，优化生产组织方式等战略方向和决策的部署与落实。领导小组下设工作小组，由工作小组具体负责方案组织实施。

2. 组织结构调整

建立健全各部门协同工作机制，由原来的从上至下的垂直结构、向水平型的矩阵式结构转变。在扁平化的组织结构下，确立各组织结构的主体地位，明确各部门间的责任分工，打破原有的分公司与区域概念，实现真正的区域联合、专业协同的系统工程。

3. 搭建创新活动平台

加强政策与服务保障，需要有一个平台进行支持。搭建创新活动平台，有利于营造良好的创新建设氛围，构建开放式知识共享网络，推进集团创新文化在公司内部的建设与传播，确保全员新想法、新理念的完整上达、准确评估、及时反馈、稳健落地等方案建设全生命周期的保障与落实。

二、强化落实管理责任

明确管理责任，有利于集团企业员工明确责任目标，规范自身行为，各尽其责各司其职。贯彻责任力就是领导力的理念，就必须要强化落实管理责任。

1. 建立多层次管理机制

建立领导牵头、相关部门共同参与、参与生产开发协同管理、前线指挥部指挥负主体责任的多层次管理机制。一级单位由机关处室或其直附属单位牵头，参与前线开发生产的二级单位及生产调度处组成管理委员会，由工作小组负责协调。二级单位则由前线指挥部主要负责人担任负责人，统筹平台相关资源。

2. 文件化与本土化相结合

以质量管理体系的规划为标杆，以文件化的形式落实管理责任，以实事求是的态度对集团公司的政策、规章、方案的落地实施进行因地制宜式的细化，把握好非常规油气资源开发的工作方向和战略目标，在恪守准则的同时，也需要以人为本。

3. 统筹协作，重视基层

在规划部署、生产调度、安全标准、工程监督、合同管理等方面实行"指挥部统筹、项目部协作"的统一管理，并由专人负责不同区块生产组织的实施，以应对点多、线长、面广复杂多变的生产形势。同时，结合党建经验，将党员层面建设作为生产工程的枢纽线、支部层面建设作为生产工作的风向标、党委层面建设作为生产工作的指南针，发挥基层党组织的战斗堡垒作用，推进勇于创新、严谨务实和敢于担当的工作作风。落实安全生产责任制，实施生产经营基层安全标准化建设，开展管理能力评估和管理技能培训，不断提升管理效率。

三、建立指导督导机制

指导与督导作为开发工程中一项重要的制度安排,在提升一线部门专业能力、规范质量标准、保障服务质量、把握战略方向等方面发挥着重要的作用。

1. 定期评测季度汇报

在现代管理制度的要求下,集团公司需要进一步建立健全方案落实指导督导机制,由创新领导小组组织专家队伍,定期就一级平台和二级平台建设、可持续发展体系建设、质量保障机制和工程技术评价机制等工作进展进行评测,对存在问题提供指导性意见。建立季度汇报制度,由工作小组牵头,每季度向领导小组进行专题汇报,并由领导小组就方案实施过程中的问题进行指导。

2. 全周期管理与一体化建设

树立全周期管理理念,进行投资、开发、产出、成本等全周期、一体化管理制度与一体化创新管理系统建设,打造信息化平台与配套软件辅助管理。非常规油气资源的开发,存在开发难度大、费用高、风险大的特点,同时鉴于在非常规油藏开发的各周期中、不同油藏开发的经济效益对于未来开发生产趋势的影响,需要从油藏勘探、规划预算、开发生产、成品销售、开发退出的生命周期中,综合考虑成本、产量、油价在周期内的波动情况,对开发过程进行动态跟踪,保障非常规油气开发的成效。

四、建立保障激励机制

激励作为人力资源管理的核心,其对集团企业的重要程度不言而喻,建立恰当、有效的保障激励机制,有利于提高员工的积极性、主动性与创造性,有利于激发企业的活力、增强竞争力。

1. 技术队伍与平台建设

统筹各项政策和制度,引导和保障创新型平台建设和创新型组织建设,建立专业技术人才库,在创新领导小组中设立技术专家团,在各分公司生产组织设立技术人员小组,并定期由专家团与各技术人员小组进行培训与考核,采取流动调配的方式,不断发掘优秀的人才进入技术专家团或小组,保持团队的活力与创造力,摒弃论资排辈与功劳簿的旧式升迁模式,建立一支活力高效、相互依赖、充分合作的创新管理团队。

2. 建立创新量化考评机制

为鼓励创新活动的积极发展,同时对相关人员贡献进行激励、提高创新人才与监督管理人员待遇,就需要对创新活动进行科学合理的考评。由专家团联合技术人员小组对员工或组织内的创新方案进行考核评估,不唯成果论,制定完善的、契合各岗位实际情况的创新量化考核指标与流程,在组织运作过程中不断调整。同时,创新管理制度也需要依据对组织创新开展情况与成果的阶段性总结而持续不断地改进。只有在落实过程中不断地进行修正与改进,才能保持创新性组织的活力与先进性。

3. 制定全环节激励标准

另一方面,在"产学结合"研究体系的推动下,加速创新成果的转化与推广,打通从构想到调研、从开发到应用、从落地到推广的开发链路,建立健全各环节激励标准,进一步激发员工的积极性与创造性,切实保障员工的权益。

五、深入推进综合改革

扎实推进综合改革，深度参与创新驱动发展战略实施。需要进一步解放思想，从全局出发，跳出固有的局限思维，从集团企业的基层与高层、产业的上下游与行业联动、产研学多边合作等方面全面深化改革。

1. 构建双向发力的创新格局

构建自上而下和自下而上双向发力的创新格局，以实事求是的科学态度和实践出真知的科学精神，扎实推进工程创新组织模式、管理监督机制、人才培养机制、资源调配与区域联动等全面深化的综合改革，推动形成以工程质量、成本效益与可持续稳定开发模式、可复制性为核心追求的"创新价值观"，贡献非常规油气资源发展新阶段的战略智慧。

2. 建立全产业价值链

非常规油气发展表现为未来油气资源勘探的接替性战略性领域还不够多，下一批规模性目标区尚不明朗。结合目前我国非常规油气资源情况与开发生产现状，除勘探、钻采与环保处理等技术和装备的不断突破，完善并丰富市场主体也是发展创新探索的一个方向，尝试联动民营企业，有利于建立从技术、设备到服务与销售运维贯穿上下游的生态圈与全产业价值链，有利于生产开发风险与成本的分散及整个行业的蓬勃发展。

3. 寻求多边合作

同时，响应国家技术创新工程号召，深化与高等院校和科研院所的合作，打造科研创新平台，探索人才培养与科研资源共享、共研、技术转移与落地等立体化、全面化的合作模式，引进国内外高层次人才，深入推进综合改革。

第五节 总　　结

非常规油气资源的开发特性与复杂度必然要求创新型组织承担起管理与技术创新的重任，成为市场竞争的主体，提高非常规油气资源开发的经济效益和环境效益。

本方案基于"长效、整体、协同"的系统科学管理理念和全周期管理理念，围绕健全创新机制、落实工作责任、突出工作重点和务实工作实效的总要求与多维统筹、深化改革、实事求是的基本原则，从建设有利于创新的组织体系、管理模式和软件系统，统筹、协同和优化相关资源，探索人才培养与政策保障三方面，制定了关于非常规油气资源开发的创新组织建设方案。

同时，本方案对于创新性组织建设中营造创新氛围、优化创新机制、完善创新体系、强化队伍建设、狠抓质量管理和加强成果应用这六大主要任务和重要举措进行了详细规划与说明，并以此形成了相应的组织实施方案，为集团企业建设创新型组织提供科学指导与支撑。

第七章 外部政策对非常规油气资源开发的影响分析研究

第一节 研究背景与意义

能源是社会经济发展的命脉，能源供应安全直接关系到社会经济的平稳快速运行。经济的高速发展带来石油和天然气资源消费量的猛增，国内能源供需矛盾日益凸显。作为油气消耗大国，由于常规油气资源开采产量的制约，石油对外依存度仍处于较高的水平，数据显示 2015 年我国石油对外依存度已突破 60%，《BP 世界能源展望》预测到 2035 年中国石油对外依存度将攀升至 76%。与常规油气不同，中国非常规油气总量位居世界前列，仅四川盆地累计探明页岩气地质储量达 $7643\times10^8m^3$。随着税收减免、财政补贴、管道运输第三方准入和技术规范与研发等多方面扶持政策的实施，中国非常规油气勘探量和产量均得到大幅提高。根据中国自然资源部、国家统计局、国家能源局等相关机构信息及产量信息统计显示，2014 以来中国非常规油气行业市场规模稳步上移，非常规油气资源将成为中国油气发展的重要战略接替。油气的开发有助于创造就业和增加能源安全，依靠本土油气开采量的上升，国内能源行业对海外市场能源供应的依赖程度大幅降低，从而逐渐摆脱国际原油市场价格波动的影响。此外，非常规油气的低污染排放有利于清洁生产和能源结构优化。加速非常规油气勘探开发能够增加产量、延长石油工业的生命周期，推动低油价引领低成本管理革命，能源成本降低促进制造业的发展，特别是增强高耗能行业的竞争力。

中国非常规油气仍处于发展起步探索阶段，在勘探、开发、环保技术上还与国际水平相差较大。由于地质条件和市场等各方面的差异，中国难以简单复制美国的模式，在选区、资源识别和经济评价方面，需要配套探索。例如我国页岩气建产区人口稠密、土地资源紧张；水资源分布不均，水量受季节和地形影响明显；生态敏感度高；系统性环境风险监管及防范措施仍未成熟。大规模开发非常规油气资源将为经济发展创造新机遇，但环境影响已经成为非常规油气开采新技术扩散的最大障碍。《美国国家科学院院刊》在其周刊上的研究表明，加拿大艾伯塔省北部油砂田污染邻近湖泊，有毒物质含量最多增加 23 倍，美国的一些地区和有些国家因此暂停了开发。受到开采技术水平的限制，非常规油气资源开采带来的诸如大气污染、水污染、噪声污染、土壤污染及振动污染、景观破坏等一系列环境问题。同样，由于开发经验的不足，对于油气开采环境保护的相关政策法规仍需不断完善。政府应该明晰环境保护中的权责，以保障非常规油气开发中的环境成本最小化，尽可能把环境外部成本纳入企业开发成本。如何权衡非常规油气资源开发与社会环境保护，制定合理有效的保护政策是需要亟待解决的问题[63]。

第二节 环境评价标准

一、地下水质量标准

参照《地下水质量标准》(GB/T 14848—2017)，依据地下水质量状况和人体健康风险，将地下水质量划分为五类。油气资源开采区域地下水多为集中式生活用水以及工农业用水，因此采用Ⅲ类标准（表7-1）。

表7-1 地下水质量标准

序号	指标	限值	单位
1	pH	6.5~8.5	—
2	总硬度	≤450	mg/L
3	溶解性固体	≤1000	mg/L
4	硫酸盐	≤250	mg/L
5	氯化物	≤250	mg/L
6	挥发性酚类	≤0.002	mg/L
7	耗氧量（COD_{Mn}法，以O_2计）	≤3.0	mg/L
8	氨氮（NH_4^+）	≤0.5	mg/L
9	硫化物	≤0.02	mg/L
10	硝酸盐（以N计）	≤20	mg/L
11	亚硝酸盐（以N计）	≤1.0	mg/L
12	氰化物	≤0.05	mg/L

二、空气质量标准

《环境空气质量标准》(GB 3095—2012)将环境空气功能区划分为一类自然保护区和其他特殊保护区域，二类居住区、工业和农业地区。考虑非常规油气资源分布的地域特征和开采环境，将一类和二类区域均考虑在内，标准见表7-2。

表7-2 空气质量标准

序号	指标	平均时间	浓度限值 一类	浓度限值 二类	单位
1	二氧化硫（SO_2）	年平均	20	60	$\mu g/m^3$
		24小时平均	50	150	
		1小时平均	150	500	
2	二氧化氮（NO_2）	年平均	40	40	$\mu g/m^3$
		24小时平均	80	80	
		1小时平均	200	200	

续表

序号	指标	平均时间	浓度限值		单位
			一类	二类	
3	一氧化碳（CO）	24 小时平均	4	4	$\mu g/m^3$
		1 小时平均	10	10	
4	臭氧（O_3）	日最大	100	160	$\mu g/m^3$
		小时平均	160	200	
5	颗粒物（粒径小于 10μm）	年平均	40	70	$\mu g/m^3$
		24 小时平均	50	150	
6	颗粒物（粒径小于 2.5μm）	年平均	15	35	$\mu g/m^3$
		24 小时平均	35	75	
7	总悬浮颗粒物（TSP）	年平均	80	200	$\mu g/m^3$
		24 小时平均	120	300	
8	氮氧化物（NO_x）	年平均	50	50	$\mu g/m^3$
		24 小时平均	100	100	
		1 小时平均	250	250	
9	铅（Pb）	年平均	0.5	0.5	$\mu g/m^3$
		季平均	1	1	
10	苯并芘（BaP）	年平均	0.001	0.001	$\mu g/m^3$
		24 小时平均	0.0025	0.0025	

三、声环境质量标准

非常规油气开采涉及矿井开采、运输和加工等诸多过程，参照《声环境质量标准》（GB 3096—2008），制定分类标准下的噪声限值见表 7-3。

表 7-3 声环境质量标准

序号	类别		功能区	昼间	夜间	单位
1	0 类		康复疗养区等需要特别安静的区域	50	40	dB
2	1 类		居民住宅、医疗卫生、文化教育等需要保持安静的区域	55	45	dB
3	2 类		商业金融、集市贸易为主要功能，住宅、商业、工业混杂的区域	60	50	dB
4	3 类		工业生产、仓储物流为主要功能，纺织工业噪声对周围环境造成影响	65	55	dB
5	4 类	4a 类	高速公路、城市快速路等两侧区域	70	55	dB
		4b 类	铁路干线两侧区域	70	60	

四、土壤质量标准

参照《土壤环境质量标准建设用地土壤污染风险管控标准》（GB 36600—2018），衡量钻井平台等施工阶段对周围土壤的破坏，具体见表 7-4。

表 7-4　土壤质量标准

序号	指标	筛选值	管制值	单位
1	铬（六价）	5.7	78	mg/kg
2	铅	800	2500	mg/kg
3	铜	18000	36000	mg/kg
4	汞	38	82	mg/kg
5	氯甲烷	37	120	mg/kg
6	苯	4	40	mg/kg
7	三氯乙烯	2.8	20	mg/kg
8	苯并芘	1.5	15	mg/kg
9	氰化物	135	270	mg/kg
10	石油烃	4500	9000	mg/kg

五、污染物排放标准

1. 废气排放标准

《锅炉大气污染物排放标准》（GB 13271—2014）以 2014 年 7 月 1 为时间划分，在用和新建锅炉执行两套标准，在用和新建锅炉大气污染物排放浓度限值分别见表 7-5 和表 7-6。其中，广西壮族自治区、重庆市、四川省和贵州省的在用燃煤锅炉二氧化硫排放标准按 500mg/m^3 执行。

表 7-5　在用锅炉大气污染物排放限值

污染物项目	限值（mg/m^3）			监控位置
	燃煤锅炉	燃油锅炉	燃气锅炉	
颗粒物	80	60	30	烟囱或烟道
二氧化硫	550	300	100	烟囱或烟道
氮氧化物	400	400	400	烟囱或烟道
汞及其化合物	0.05	—	—	烟囱或烟道
烟气黑度（林格曼黑度）	≤1			烟囱排放口

第七章 外部政策对非常规油气资源开发的影响分析研究

表7-6 新建锅炉大气污染物排放限值

污染物项目	限（mg/m³）			监控位置
	燃煤锅炉	燃油锅炉	燃气锅炉	
颗粒物	50	30	20	烟囱或烟道
二氧化硫	300	200	50	
氮氧化物	300	250	200	
汞及其化合物	0.05	—	—	
烟气黑度（林格曼黑度）	≤1			烟囱排放口

2. 废水排放标准

油气开发主过程涉及施工生活污水、试压废水，生活污水、试压废水经处理后进行回注。参照《石油炼制工业污染物排放标准》（GB 31570—2015），制定废水排放标准见表7-7。

表7-7 水污染排放限值

序号	污染物	直接排放（mg/m³）	间接排放（mg/m³）
1	pH值	6~9	—
2	石油类	3.0	15
3	硫化物	0.5	1.0
4	挥发酚	0.3	0.5
5	苯	0.1	0.1
6	总氰化物	0.3	0.5
7	苯并芘	0.00003	
8	总铅	1.0	
9	总汞	0.05	

3. 固体废物标准

一般固体废物执行《一般工业固体废物贮存、处置场污染控制标准》（GB 18599—2001）及其修改单中Ⅱ类场标准。危险废物执行《危险废物贮存污染物控制标准》（GB 18597—2001）及其修改单规定。

第三节 非常规油气开采潜在社会风险与环境风险评估

一、致密油开采风险评估

1. 致密油分布

致密油主要赋存空间分为两种类型，一类是烃源岩内部的碳酸盐岩或碎屑岩夹层中，另一类为紧邻烃源岩的致密层中。自20世纪60年代以来，我国在松辽、渤海湾、柴达木、吐哈、酒西、江汉、南襄、苏北及四川等盆地均发现了致密油资源，勘探前景十分广阔。鄂尔多斯盆地率先建成了国内第一个工业化生产的成熟致密油区。

致密油主要分布在致密油盆地的局部区域，而且不同的构造区、不同盆地致密油的分布位置、部位和分布面积有很大的差异。中国致密油区的构造环境复杂，以陆相湖盆为主。在空间分布上中国东、西部致密油区带规模小而数量多，中部致密油区带规模大而数量少，致密油资源的潜力与盆地的大小呈正相关（图7-1）。

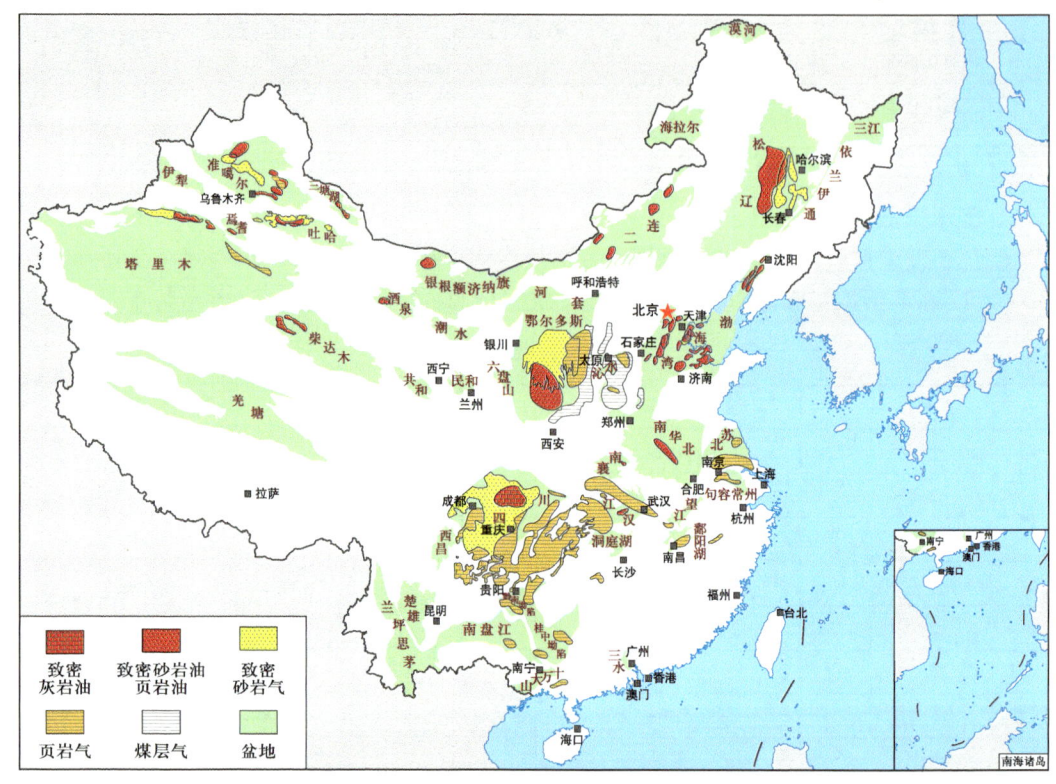

图7-1　中国主要致密油盆地分布示意图

2. 致密油开采关键技术

致密油开采过程主要包含六大开采技术，分别为：注水时机、井网优化技术、不稳定注水技术、气驱技术、储层改造技术和水平井开发技术。前三项技术可概括为水驱技术，即通过向岩层注射大量的淡水来提高开采效果。气驱技术则是用二氧化碳混相驱、氮气驱等提高低渗透率油藏采收率。开采活动可以大致分为7个不同的阶段：打钻孔；混合压裂液；水力压裂；回收返排水或采出水；废水处理；利用运输工具和机械装备；封堵弃井。

目前应用最为广泛的开发技术是水平井加多段压裂技术。从2011年开始，长庆油田通过建立3个致密油水平井体积压裂试验区和3个致密油规模开发试验区，致密油单井产量显著提高，先后创新突破了四项关键技术和三维水平井钻井、"三品质"测井评价等系列配套技术，对国内同行业致密油的科学勘探开发，发挥了很好的示范和引导作用。

3. 致密油开采风险评估

主要环境问题：油田开发施工期废气、钻井液、岩屑、钻井废水、施工临时占地及生态破坏对周围环境的影响；运营期火炬燃烧烟气排放、烃类无组织挥发、油田采出水、井下作业废水、含油泥垢、落地油、井场永久占地的影响。

第七章 外部政策对非常规油气资源开发的影响分析研究

1）空气污染

污染源包括衬垫、道路和管道的建设、钻井和完井以及返排、天然气处理、存储和运输设备。致密油开采空气污染源主要有悬浮颗粒物和废气污染。废气中的大气污染物主要为SO_2、NO_x、CO、烟尘和部分燃烧碳氢化合物、烃类气体。

①钻井和生产工作中提供动力的内燃机引擎排放的废气，勘探、地面施工、井下作业及油气运输等使用汽车产生的汽车尾气和采油、油气集输过程中的加热炉等产生的废气。钻井过程中溢出、井下作业酸化施工排放的H_2S和测井产生的放射性气体等。存在于整个油气开发过程的轻烃挥发，主要发生在开采、贮存和运输环节中，自采油井场、计量站、中转站、联合站及油气管线等油气集输系统排放。压裂液中的有毒物质以及天然气生产过程中压缩机引擎、排气、储罐废气排放和完井时的原料气排放都会造成空气污染。这些污染物在阳光下会发生化学反应生成臭氧，造成地表和低空臭氧污染，危害人类健康。

②油田单位野外施工的地点一般比较偏僻，地面盐碱地较多，植被少，多风沙，地面扬尘产生较多，交通运输业发展比较快，道路二次扬尘加重。

2）水污染

开采相关水质问题的关注包括：地表溢出、矿坑泄漏、钻孔和衬垫施工中淤积的液体对地下和地表水产生污染的风险。水力压裂技术需要将水、沙、化学添加剂（如阻垢剂、减摩剂、杀菌剂）等在强高压的条件下注入井筒，以在形成小裂缝为压力撤出时烃的流出打出通道。对水的巨大需求引起了对水资源潜在影响的关注，压裂井与传统的井相比对水的需求量更大，且在地下高压条件下废压裂液、废酸化液、洗井废水中的化学物质会对环境造成进一步的破坏。

（1）淡水用量增加

用水问题包括获取大量水可能对地表水资源、水流和水生生物（尤其是枯水期）的影响，以及其他竞争性用水的影响（例如市政或农业用水）。这些影响可能是区域性的或者局部的，可以随季节或者较长期的降水变化而变化。水力压裂过程对水的需求量受到地质、地层、油量以及"断裂"的阶段等诸多因素的影响，水资源的来源主要有地表水和地下水两种途径，诸如在新疆等水资源贫瘠地区仍会造成地下水位下降，用水紧张等问题。

（2）地表水质污染

钻井过程中所使用的管道结构和机械是水力压裂液中化学物质泄漏到环境中的潜在途径。在水力压裂过程中，使用的指定压裂液包含水、支撑剂和化学添加剂。这些添加剂包括凝胶和交联剂、减摩剂、腐蚀剂、pH调节剂、酸、缓蚀剂、防垢剂、铁控制剂、黏土稳定剂、杀菌剂和表面活性剂。大约有10%~40%的注入压裂液在水力压裂过程中返回到地表，大量的返排液可能会对环境和人类健康造成影响。返排水可能含有卤化物（如氯化物、溴化物、氟化物）、锶、钡和通常自然产生的放射性物质（NORMs），以及不同的有机或无机物质。

水力压裂作业中的返排液含有大量有毒有害物质，会造成返排液地表水污染。虽然对返排液的回收再利用可以有效缓解该问题，但由于返排液量巨大，污水处理厂配置不当以及成本增加等问题，造成了返排液处理的困难。自带回收罐回收废水时，由于罐体密封垫圈漏油、罐体泵体裂纹等原因，造成废水泄漏，污染地表环境。污水处理厂的废液中含有大量的钡、锶、溴化物、氯化物等有害物质，处理不当的废水将对地区生态环境造成破坏。

（3）地下水污染

水力压裂过程中压裂地层将创建新的管道，污染物可能会迁移到岩层上覆的地下水层，或者水力压裂会促使污染物通过现有管道迁移。压裂液或甲烷可以通过井筒裂缝、岩石天然裂缝或人造裂缝造成地下水污染。

3）固体废物污染

固体废物污染主要产生于项目施工阶段的钻探过程，包括钻井液、岩屑、落地油三类。其产生原因主要为：一是由于地质、岩石性质的变化，更换泥浆体系产生的废弃泥浆，即不适于钻井工程和地质要求的钻井液，在钻进过程中，因部分性能不合格而被排放废弃的钻井液；二是泥浆循环系统渗漏产生的废弃泥浆，即循环系统跑、滴、冒、漏而排出的钻井液。

一般情况下，钻井液的主要成分有水、油、黏土、加重材料、泥浆处理剂（有机处理剂、无机处理剂、表面活性剂）、堵漏材料等。主要污染物：烃类、盐类、各种有机聚合物、木质素磺酸盐、某些重金属如铬、汞、铜等及重晶石中的杂质。危害：过高的pH值、高浓度的可溶性盐及石油类影响土壤的结构和危害植物生长；有害的重金属离子，如六价铬、二价镉、二价汞、二价铅及不易被动植物降解的有机物、分子聚合物易进入食物链，并在环境或动植物体内蓄积，危害人类的身体健康和生命安全；废物中的有机处理剂使水体的COD、BOD增高，影响水生生物的正常生长。

4）地震风险增加

钻探活动使水力压裂作业越发频繁，增加小型地震发生的风险。致密油资源的开发都需要依靠向地下岩层注入大量液体，这种行为可能会激活附近断层的滑坡而诱发地震。据统计，油田中不断增加的液体灌注行为导致北美部分地区的地震发生频率大幅增长。在美国中部，大部分诱发地震都与油气开发活动中采出水的深部排放有关。相比之下，近几年加拿大西部的许多诱发地震都与水力压裂活动开展的时间和空间存在高度相关性。

5）生态环境破坏

井场、道路、哨站、油气管道等工程施工建设扰乱和破坏土壤土体构型，影响土壤通气和透水，改变了地表、地面的原地貌形态和地表土壤结构；毁坏了地表植被，使松动土体岩性物质裸露在地表，土壤抗蚀、抗冲性降低，加速了土壤的侵蚀。尤其在生态环境比较脆弱的地区，例如黄土丘陵沟壑区、戈壁风沙区来说，灌木、蒿草等植被对维持生态系统平衡具有重要作用。土壤被油污染影响其通透性，凡能聚在土壤中的烃类，绝大部分是高分子组成，它们粘着在植物根系上形成一种黏膜，阻碍植物根系的呼吸与吸收，引起根系腐烂，造成植被破坏。

6）社会风险

致密油的开采施工过程中，大量外来施工人员涌入当地社区，对当地住房、餐饮等行业带来冲击。同时，由于人员来源复杂，与当地的人文风俗习惯差异等原因，极易诱发冲突事件，加剧了社会治安风险。

施工材料运输的最后环节，多采用陆路交通工具，对当地运输系统的承载能力提出了挑战。汽车尾气、粉尘等造成当地空气质量下降，诱发呼吸系统疾病。运输产生了巨大的噪声,频繁的运输活动,影响居民的正常生活,夜间运输对居民的休息造成干扰。

二、油页岩开采风险评估

1. 油页岩分布

我国油页岩资源储量丰富,油页岩经干馏得到的页岩油可直接作为燃料销售,也可经深加工得到优质燃料和化工产品,是未来能源的重要补充。随着油页岩开发利用的不断加快,其安全及环境问题越来越受到人们的重视。

我国油页岩的分布比较广泛(图7-2),但分布不均匀,主要分布于内蒙古、山东、山西、吉林、黑龙江、陕西、辽宁、广东、新疆等9省(区)。由于勘探程度较低,目前仅在14个省(区)计算了探明储量,其中吉林、辽宁和广东的储量较多,合计约占全国探明储量的90%以上。我国油页岩以湖泊相沉积环境为主,油页岩地质年代范围很宽,从石炭纪、二叠纪、三叠纪、侏罗纪、白垩纪到古近纪地层都有产出。油页岩经常与煤、油气共生,高含油率的油页岩主要分布在新生代断陷盆地,而低含油率油页岩主要分布在晚白垩世坳陷盆地。

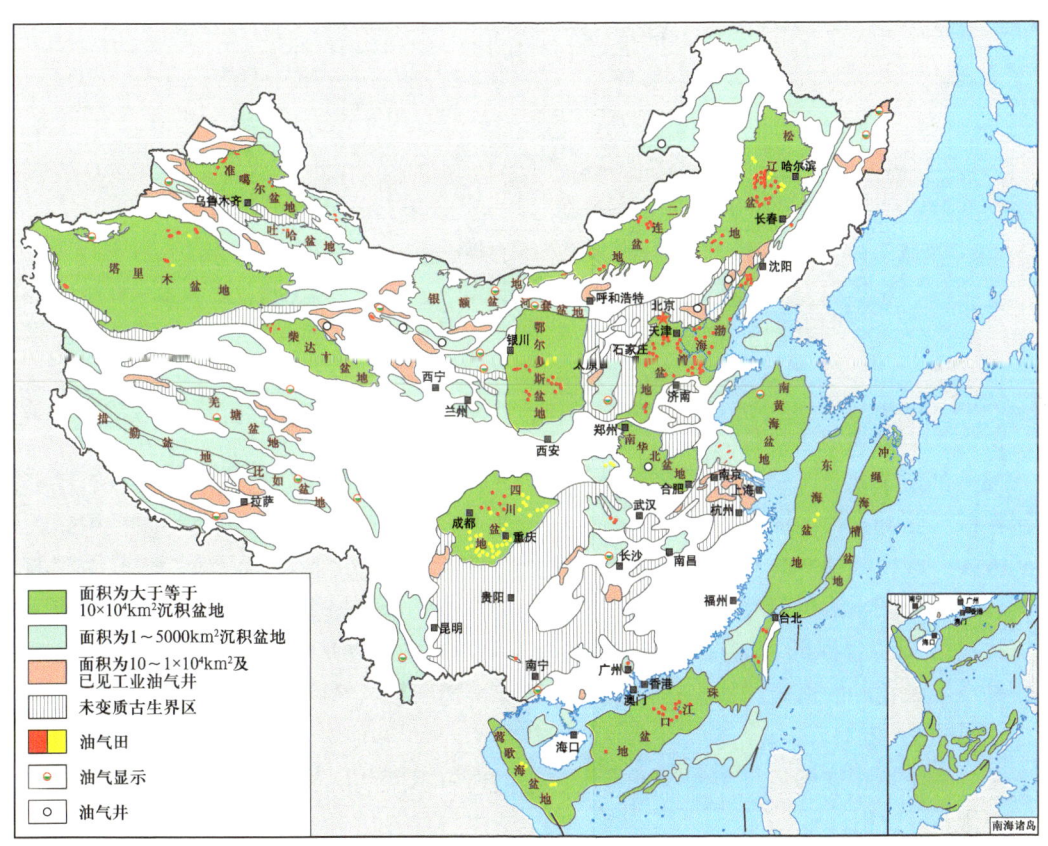

图7-2 油页岩分布图

2. 油页岩开采技术

油页岩是一种细粒沉积岩,含有大量的干酪根,其通过干馏技术可以提取出相当数量石油,含油率一般为3.5%~30%。油页岩最重要的利用途径是提炼页岩油,页岩油的提取主要采用低温干馏法,即在隔绝空气的情况下,在450~600℃范围内,对油页岩进行干馏。

油页岩加工工艺主要包括页岩破碎、筛分、干馏、冷凝回收等过程（图7-3），其中，干馏工艺为整个加工工艺中最为重要的环节。我国油页岩干馏主要采用抚顺式干馏法。露天矿坑开采的油页岩，筛出的8~75mm粒度的油页岩经过皮带转运至干馏炉上部的储料仓中。油页岩干馏是在隔绝空气的条件下，以450~600℃温度进行热解，生成页岩油、干馏煤气、污水、页岩灰等产物。油页岩经过干燥脱出油页岩表面的水分，在预热层预热至200~370℃后进入干馏层，干馏层温度为400~550℃，此时，页岩油产量最大，油页岩在此温度下裂解生成页岩油蒸汽、烃类、焦油、焦炭及CO_2、CO、H_2、CH_4、H_2O等气体，无机矿物质几乎全部残留于半焦中。自干馏炉导出的煤气混合气体依次经过洗涤塔、饱和塔，经过静电捕油、氨吸收塔、冷却塔输出油产品的过程。

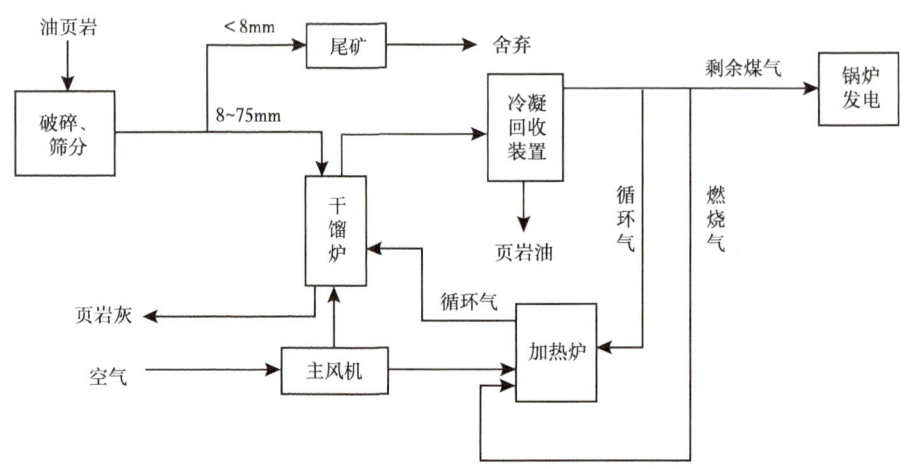

图7-3 油页岩干馏技术图

3. 油页岩开采风险评估

部分油页岩加工企业因资金、技术等实力薄弱问题，沿用旧工艺和设备，不仅资源利用率低，还存在较大的环境污染问题。如对油页岩干馏产生的大量废渣一般采用露天堆放的方式，废渣残留有含硫、氮、氧化合物及多环芳香烃等多种有毒物质。废气中含有二噁英、一氧化碳、氨气等有毒有害物质。废水中含有大量的酚类、吡啶系化合物、硫化物等，均需处理符合标准才能排放。传统的页岩油精制常采用酸碱精制等非加氢精制的方法，易产生大量的酸碱渣，如直接排放，会对环境造成较大影响。

1）大气污染

油页岩干馏产生的大气污染物主要为粉尘、无组织排气以及燃烧废气。

（1）页岩粉尘污染

粉尘是油页岩开采阶段的主要污染物，主要来自于原料系统及出渣系统中的受料装置、油页岩破碎筛分装置、运输通廊、转运站等，随着开采和运输等环节散发到大气中。油页岩燃烧发电、干馏过程中也会产生大量的飞灰。这些颗粒物吸附有大量的有害金属和有机化合物，随风扩散，在一定条件下会发生沉降，将对周围水体、土壤和植物产生一定程度的影响。以抚顺舍场为例，距离市区较近，常年暴露于地表的油页岩，由于没有植被覆盖，在大气作用下产生大量粉尘不仅影响了城市景观，而且加剧了城市的热岛效应以及二次扬尘。油页岩破碎、筛分及皮带运输机的转载点是产生页岩粉尘的排放源,特点是粉尘浓度高,差别大。粉尘特点属矿物性粉尘,空气中粉尘游离二氧化硅的平均含量在14.76%,分散度较高,呈不规则颗粒体。油页岩粉尘游离二氧化硅含量虽低,但因尘内含有C、H、O、N、S等成分,其毒理的相加作用,进入人体肺部内可造成肺纤维化进程。

(2)无组织排气

无组织排气主要来源于:①干馏的操作过程、上料系统、出渣系统等泄漏的干馏气。干馏炉排放源主要在炉顶加料和炉底水封部位,干馏炉污染物排放源为油页岩入炉过程中,由于干馏炉内的压力波动变化,炉内产生正压使干馏炉气向外扩散。用循环水冷却机力通风的凉水塔、污水场和储油罐等装置的自然排空,用于干馏炉水封、灰渣熄焦冷却的污水等都会不同程度地造成气体排放污染。②各类设备的放散管、排气口及设备管道的泄漏气。③无组织排放水汽(水汽中含有微量的 C_mH_n、NH_3、H_2S 等)和油气,主要有干馏炉水盆内水的蒸发、加热炉炉顶水封水分的蒸发、氨水池(洗涤池、冷却池)和油池产生的大量页岩油蒸汽以及装卸无组织挥发等。

(3)燃烧废气

燃烧废气主要来自于自热炉和锅炉,其为燃烧干馏气和煤产生的废气,主要成分为 SO_2、CO_2、H_2O 以及烟尘等污染物。此外,油页岩干馏收集油气后,剩余约四分之三成为固体废物半焦,半焦作为油页岩炼油产生的固体废物,仍含有有机成分和固定碳,具有一定的热值,目前一些企业利用其这一特点进行燃烧发电。油页岩干馏过程中,重金属元素会向半焦中富集,燃烧过程中产生的废气污染物主要是锅炉烟气中的颗粒物、酸性气体(SO_2、NO_x、CO、HCl、HF)、重金属和二噁英等。重金属元素经过复杂的物化过程之后,分别向炉渣、底灰、飞灰和烟气中迁移,最具挥发性的元素大多穿过除尘装置和脱硫系统进入大气环境中。

2)水污染

在油页岩开采、运输、加工、燃烧等过程中,需要消耗大量的水资源,不仅影响周边林业、农业的发展,而且开发中会产生大量的废水:油页岩层中所含地下水、干馏或热处理中的废水、冷却用水等。同时,施工中产生的生活污水也不容忽视。

(1)生活污水

油页岩干馏行业的水污染源主要有厂区生活污水和生产废水。生活污水的量较少,一般含有COD、氨、SS等,主要来源于厂区的厕所、浴室、食堂等生活设施。

(2)生产废水

生产废水可分为冲洗水和氨水,其中冲洗水主要为机泵和地坪冲洗水、初期雨水,污染物含量较低;氨水主要是工艺单元生产,且废水排放量大,水质成分复杂。废水中的无机污染物主要有硫化物,氰化物和硫氰化物、有机污染物除酚类外,还有单环和多环芳香族化合物,以及含有氮、硫、氧的杂环化合物等,其中的多环芳香烃为致癌物质。废水中夹杂着大量矿物盐、悬浮颗粒等流入地表水体或在渗透作用下进入地下水体或进入周围土壤中,影响水体水质和土壤质量。处理不当的废水排放,严重污染周边水源,威胁居民健康。

3)固体废物污染

一般而言,油页岩的含油量较低,灰分含量高,导致油页岩在开发过程中会产生大量的废渣,长期储存的废渣通过地表水径流、雨水渗入、大气扬尘等途径污染大地、水体和空气，危害居民健康。油页岩开采加工固体废物主要有：碎页岩、干馏灰渣、锅炉灰渣。生产 1t 页岩油会产生 10~20t 废渣，经高温后（炼油、燃烧、自燃）的油页岩灰渣因质地疏松，页岩渣堆在雨水冲刷与浸泡过程中，其有害微量元素、各种酚类、多环芳香烃（PAHS）及其烷基同系物大量溶解，并随之流入地表水体中或渗入地下水及周围土壤中，改变了水体的酸碱度、硬度、元素离子浓度和有机物浓度，对周围生态环境造成影响。研究发现，辽宁抚顺西舍场灰渣和燃烧后油页岩中元素及 PAHS 同系物相对油页岩淋出率要高，周围水体大都呈现弱酸性，其中 As、Cd、Cr、Cu、Hg、Mn、Zn 等离子超过国家地表水二级标准 3~17 倍，Se 超标达到几千倍。

4）土地占用

油页岩无论是露天开采还是地下开采，均需要占用大量的土地，对于含油量低，目前技术条件下无法加工利用的油页岩贫矿，开采过程中除了回填矿坑外，绝大多数都堆积在地表。油页岩生产留下的灰渣数量巨大，如果就近堆积会占用大量土地，广东茂名的油页岩工厂几十年间留下了超过 1×10^8t 无法处理的废渣，这些废渣也占用了大片土地。

5）社会风险

①噪声：油页岩加工的噪声源主要来自加工过程中如破碎机、筛分机、运输机、风机、水泵、发电机等机械设备，对施工人员的听力产生影响。

②干馏过程产生的各种污染物，可能对环境大气、地面水、地下水、土壤及作物产生不同程度的影响，并且影响生物与人类的发育。大气污染可以通过呼吸道进入人体，增加患病可能性；地下水污染会导致鱼虾死亡，水质变坏；若用污染过的水源灌溉农田，影响农作物的生产，并且使有害物聚集。

三、油砂开采风险评估

1. 油砂的分布

我国油砂资源在古生界、中生界和新生界中都有分布，但主要分布在中—新生界中。我国油砂的形成主要有两期：燕山期和喜马拉雅期。分布于古生界中的油砂和干沥青主要形成于燕山期，且分布局限，主要位于南方的残留盆地中。如南方的麻江—瓮安地区、黔南坳陷、南盘江坳陷、黔北坳陷和桂中坳陷古生界中的油砂等。这些盆地中的古生界烃源岩于加里东或印支期进入生油高峰，并形成古油藏。燕山运动使古油藏抬升，遭受氧化等成矿。分布于中—新生界中的油砂均形成于喜马拉雅期，且喜马拉雅期形成的油砂分布广泛、丰富，是我国重要的油砂矿期，如准噶尔盆地、松辽盆地、二连盆地、四川盆地（图 7-4）。

2. 油砂开采技术

依据油砂油的性质及其埋藏深度，所采用的开采方式有所不同。目前油砂开采主要采用露天开采和井下开采两种方式。

露天开采（图 7-5），就是将地表上的土壤、植被和湿地等"覆盖层"用卡车和铲子除去，露出油砂，直接开采，开采难度较小。采用露天开采将油砂矿开采出来以后，再将其与热水以及少量的表面活性剂混合搅拌，通过浮选的手段将沥青质析出；或者在采出地面的油砂内注入热水或者蒸气，再通过离心方法获取沥青。使用露天开采法开采油砂矿藏，一般情况下都有较高的采收率。不过露天开采需要大量地剥离油砂上部的"覆盖层"，并且建立油、砂分离的传送装置，投入大，工期长。虽然如此，目前世界上油砂矿开采大部分都是采用此法。

图 7-4　中国主要油砂分布图

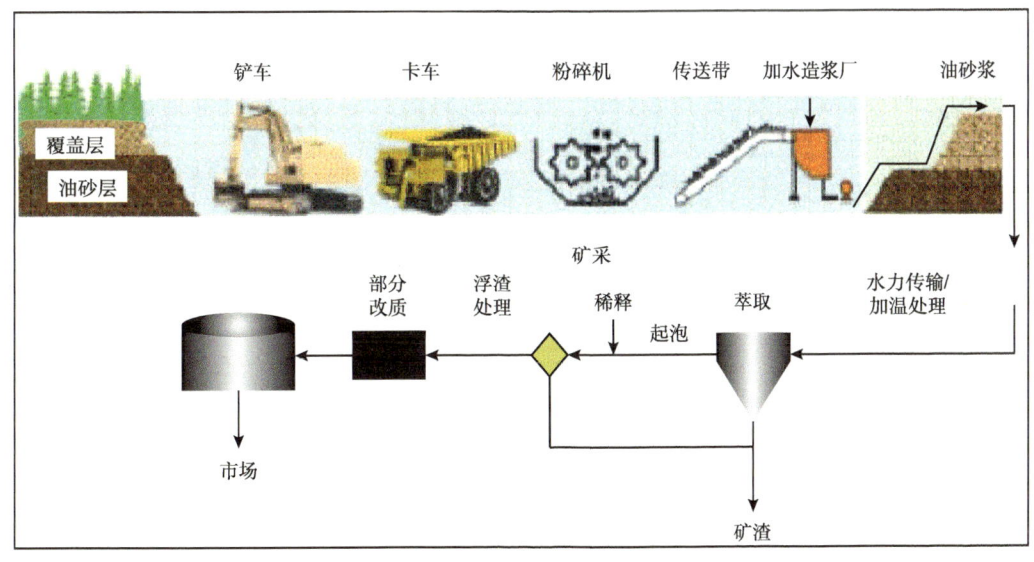

图 7-5　露天开采示意图

除去露天开采外，另一种方法便是适合于埋藏较深的油砂资源开采的就地分离处理开采方法，也就是所谓的井下开采。井下开采可用于埋深大于 75m，厚度大于 10m 的油砂矿，它不需要把地面上的土壤和树木移走。就地开采是通过在油砂储存地层内注入蒸气、热水或者通过电磁加热等手段在储层内就实现油砂的分离，并使得沥青油在储层中可以流动，从而将其开采出来，然后再在地面上进行原油的改质及运输。目前就地开采方法应用较小，因为该技术手段难度大，但是它对环境的污染影响也相应较小。同时，世界油砂资源大部分的埋藏深度都大于 75m，因此该方法必将成为油砂工业发展的主流方向。

3. 油砂开采风险评估

1) 空气污染

①施工期空气污染主要为扬尘和施工机械和运输车辆废气。扬尘主要来自于三个方面，一是来自于建筑材料水泥、砂石的搬运和搅拌产生的扬尘；而是来往运输车辆引起的二次扬尘；三是来自于场地平整、基坑开挖产生的扬尘。施工工地扬尘近一半是由于汽车运输引起的道路扬尘，短期内对沿线的空气质量造成污染。

②营运期产生的主要废气污染物为骨料干燥筒加热、筛分产生的粉尘、干燥筒燃烧器产生的燃油废气，其主要成分为工业废气、二氧化硫、烟尘、氮氧化物等；沥青预加热、搅拌、成品出料过程产生的沥青烟、恶臭，沥青烟以烃类混合物为主要成分，并含有大量的苯并芘气体；导热油加热炉燃烧器产生的燃油废气；骨料堆场无组织排放的粉尘、骨料转运卸载产生的扬尘以及汽车动力起尘。

2) 固体废物污染

①项目施工期产生的固体废物主要为建筑垃圾。开挖主体时产生的土方、建材损耗产生的垃圾、装修产生的建筑垃圾等，包括砂土、石块、水泥、非金属等杂物。开挖的土方回填处理不当，既影响景观，占用土地，也容易造成水土流失、污染环境。

②运营期固体废物主要为废石料、污泥、滴漏沥青和残渣、员工生活垃圾以及吸附的活性炭。废石料是骨料经干燥后进入振动筛筛选，筛选出粒度不合格的石料，废石料需要在骨料堆场暂存一定量后由砂石场运回重新破碎后利用。储罐是储运系统的关键设备，但由于罐体变形过大、腐蚀过薄甚至穿孔、焊缝开裂等诸多原因造成储罐泄漏事件。运输车辆在沥青运输过程中由于接口封闭性的原因，会滴漏少量的沥青，常温下呈凝固状态，同时拌和系统也存在拌和残渣，易发生泄漏事件。对沥青烟、苯并芘进行净化处理时，常采用活性炭进行吸附，吸附后的活性炭大量堆积，形成固体废物，处理不当易污染周围环境。

3) 水污染

油砂尾渣的主要成分为砂子、黏土、泥沙和残留的沥青和大量的油砂废水，这些废水一般储存在油砂矿附近的尾池中以待处理。油砂尾矿废水存在的主要问题是该废水对生物体有毒性，含有砷、汞、PAHs 和一些其他来自于沥青的有毒物质。废水中主要的有毒物质来源于废水中存在的可溶性有机物，环烷酸含量占第一位。废水处理不当、尾砂堆放导致的污染物渗入地下等，使得含有有害物质的污水污染附近水源。污水若污染了饮用水，其中的重金属元素进入人体后对脏腑产生严重损害；酸碱性的、高矿化度的污水，一旦灌入农田会导致农田酸碱化、盐碱化，使农作物难以生长。

4) 社会影响

项目施工会产生较为严重的噪声，尤其是在项目建设的初期。由于大型挖掘设备的使用会产生巨大的声响。对于小型兽类如各种鼠类、野兔等带来不利的影响,会使施工区动物数量有所减少。油砂矿露天开采需要开挖基坑,并征用大片土地用于土方、砂石的存放,加剧了植被、农田的破坏。油砂开采对大气、水资源、植被等的破坏,危害当地生态环境的稳定,加剧了资源的紧张。

四、页岩油开采风险评估

1. 页岩油开采技术

页岩油加工工艺基本类似于天然石油,包括常减压蒸馏、裂化、焦化、脱蜡、加氢精制。页岩油比天然原油含有更多的氮、氧等有机杂环化合物及不饱和烃类化合物,所以必须采用深度加工、精制,才能得到合格的汽柴油等轻质液体燃料。页岩油加工工艺类似于天然石油,但加工过程中的蒸馏、裂化、加氢精制等都较天然石油稍微复杂。页岩油开发产生的污水、粉煤尘污染、固体废物和噪声等都会给周围的环境带来不利的影响。

2. 页岩油开采风险评估

1) 大气环境污染

页岩油预处理装置使用的硫化剂二甲基二硫,催化裂解装置的产品液化气、石脑油、柴油,干气制乙苯装置使用的原料苯以及产品乙苯,溶剂再生装置及酸性水汽提装置产生的酸性气含有的硫化氢,汽油加氢装置的产品汽油,酸性水汽提装置使用的液氨等均为有毒物质。这些物质对人体均有刺激作用,操作人员在巡检或维修过程中,由于阀门或管道等的泄漏,人体接触毒物会产生不良反应。

对环境空气的影响主要产生在采掘场、排土场、汽车运输等的扬尘以及工业场地锅炉房与地面生产系统运输、筛分、转载、储存等各个环节,污染成分为烟尘和 SO_2。

锅炉排放的锅炉烟气是当前项目运行中产生的主要空气污染物,主要环境空气影响因子为 TSP(烟尘)和 SO_2。通过下沉和降雨作用,污染物进入土壤造成二次污染。对土壤的团粒结构、酸碱度、土壤肥力以及孔隙度都有一定的影响,进而,造成植被生长环境的改变。

施工中产生的主要排放物包括粉砂岩、含粒粗砂岩、泥岩及第四系层砂以及土等混合物料,粉尘对植物光合作用的影响也是烟尘影响的一个重要部分。通过堵塞叶面气孔,减弱植物光合作用能力,增强吸收红外光辐射能力,使叶片增温,导致失水,诱发植物体生长问题。

2) 水污染

废水主要来自生产和生活两个渠道,生产机修车间与锅炉排污产生的石油类、生产废水和浴室、办公楼产生的生活废水。

矿山开采改变了表层农业土壤中水分的侧向补给,改变了河道的下渗途径及方向,对区内及周围农业用水产生一定的不利影响。同时,矿山开采破坏了矿区的顶部和中部隔水层,不利于区内及周边表层农业土壤的水分保持。因此,矿山开采会对农业生态用水产生一定的影响。由于地下水环境复杂,而项目实施过程中地下水疏干排水可能会对周围生态及居民用水产生影响。

3) 自然景观

在露天采矿场范围内,采矿挖损将使得原有地表植被全部剥离,深陷的各台阶边坡岩石裸露，呆板单调缺乏生机；而随着排土场的逐步形成，原青葱翠绿的山坡沟地将被隆起的排土堆所取代；此外，由于矿山运输线路较多，受出入口标高严格制约，常出现平面及立体交叉，加上运输线路更迭移设频繁，随着生产进程被遗弃的路基越来越多，景观效果将显得十分繁杂和零乱。

露天矿受风蚀、水蚀作用显著，易形成水土流失。露天矿的建设将改变原来的地貌，对周围生态系统产生人为的干扰，在某种程度上会加重该地区的水土流失现象。

3. 固体废物污染

固体废物包括剥离物、锅炉灰渣、生活垃圾等，占据大量的土地资源。

4. 噪声污染

主要为大型采掘设备、筛分站、泵房等产生的工业噪声与道路运输产生的交通噪声。

第八章 复杂地质工程环境下页岩气水平井优快钻井管理模式试验与推广应用

随着我国经济和社会的快速发展,能源供需矛盾越发凸显,油气对外依存度持续高启。对此,习近平总书记做出重要批示:"加大常规石油、天然气及煤层气、页岩气、天然气水合物等非常规油气资源勘查力度,加大政府和国有资本投入",要求提升国内油气勘探开发力度,努力保障国家能源安全。

页岩气是一种特殊的非常规天然气,气体组分以甲烷为主,是一种清洁、高效的能源资源。主要赋存于泥岩或页岩中,具有自生自储、无气水界面、大面积连续成藏、低孔、低渗等特征,一般无自然产能或低产,必须采用水平井钻井和体积压裂技术才能实现商业开发。据美国能源信息署(EIA)预测,全球页岩气可采资源量约为 $187×10^{12}m^3$,和常规天然气相当,广泛分布于亚洲、北美洲、南美洲、欧洲和非洲等地区。我国富有机质页岩分布广泛,有利勘探面积 $43×10^4km^2$,资源潜力较大,可采资源量 $11.5×10^{12}$~$36.1×10^{12}m^3$,位居世界前列,是我国能源接替的重要领域,对于确保能源安全、缓减天然气供需矛盾、调整和优化能源结构、保障国民经济和社会持续高速发展具有重要的现实意义[64]。

四川盆地及其周围下古生界志留系龙马溪组、寒武系筇竹寺组黑色页岩具有良好的页岩气勘探开发前景,资源量达 $27.5×10^{12}m^3$,可采储量 $4.42×10^{12}m^3$,是我国当前最有利的页岩气勘探开发区域。2012 年 4 月,国家发改委、国家能源局设立"长宁—威远国家页岩气示范区"正式开始了大规模开发页岩气,现已建成日产气能力 $1600×10^4m^3$、年产气能力 $30×10^8m^3$ 的规模,掌握了 3500m 以浅页岩气有效开发的技术和手段,实现了规模效益开发。

由于受四川盆地页岩气储层地质构造复杂,微断层、裂缝、节理发育,页岩优质储层靶体厚度薄,高应力等地质工程客观条件的影响,长宁区块页岩气水平井钻井存在诸多技术难点,加之受现有钻完井工程总包制管理模式的影响,实现页岩气高效开发还存在一定的困难,虽然积极引进并试验美国先进技术和管理经验,但是技术提档升级的周期还比较长、差距还很明显,部分关键技术、装备还"受制于人",必须瞄准技术和管理上的难点、盲点和痛点,坚持不懈地抓好技术引领和管理提升,才能实现页岩气高效开发[65]。

第一节 实施背景

当前,加快天然气发展的重要性已上升到国家战略高度,大力发展天然气对国家能源安全和保障具有重要意义。页岩气储量丰富,是实现天然气快速增长最现实的区域,是天然气发展的核心增长点。

为了深化落实国家页岩气战略部署,按照中国石油天然气集团有限公司加快页岩气发展的要求，西南油气田制定了页岩气发展规划，生产建设及钻完井工作任务繁重、工作量较大。为进一步加快推进页岩气产能建设进度，实现规划目标，开展以"提高储层钻遇率、缩短钻井周期"为核心的钻井提速提效技术攻关和管理模式创新十分重要，以推动钻井工程管理、技术水平的提升，助力页岩气高效开发。

一、钻井工程管理现状

钻井作业是石油工程的核心工作，国内外石油公司的钻井作业大多采用钻井承包管理方法，承包方式包括日费制承包方式、进尺制承包方式、总包制承包方式。

1. 日费制承包方式

在日费制承包方式中，承包商提供钻机、人员，有时提供燃料、伙食或某些特定服务项目，石油公司提供所有其他项目，包括钻井液、套管、水泥、井口装置、钻头、运输等，制定钻井工程设计，派驻现场钻井和地质等专业监督，负责日常钻井生产运行和技术决策，下达作业指令，如钻头选择、钻压、钻速、排量、钻井液性能、水力参数的确定等，并监督合同、钻井工程设计和作业指令的落实执行。这种承包方式中，石油公司根据钻机在井上的工作日数，按一定的日费率向承包商支付报酬。

石油公司对钻井的质量、安全、进度、成本控制以及环保负责，承担几乎所有的地质和工程风险，如地层变化、地层压力异常、井下复杂、钻机周期及自然灾害造成的风险，但设备故障造成钻井不能正常作业的损失由承包商承担。承包商依据合同要求，提供钻井工程施工人员及钻井配套设备，按照作业指令完成规定的作业内容，做好人员管理和设备的日常维护维修，确保人员能力达到岗位要求和设备的正常运行。在这种承包方式中，对石油公司的技术、管理水平要求较高，钻井活动由石油公司直接控制，对保证质量有利，但不利于发挥承包商的积极性。

2. 进尺制承包方式

在进尺制这种承包方式中，石油公司按单位进尺费率向承包商支付报酬。承包商提供钻机、燃料、水、钻头、下套管工具和人员，并为测井、下套管、固井水泥和候凝等作业提供所需的钻机时间。石油公司提供或协调钻井液、套管、水泥、测井等材料和服务。在该方式中，承包商承担在钻达合同规定的井深前报废井（或进尺）的风险，包括设备发生重大故障、卡钻、断钻具、井下落物等情况造成不能钻达总井深的风险，出现这些情况时，石油公司不向承包商支付已钻进尺的费用。石油公司监督钻井液性能，使其保持在合同规定的范围之内，并承担地层变化、地层压力异常以及自然灾害造成的风险。采用这种进尺制承包方式可以激励承包商尽可能地提高作业效率。

3. 总包制承包方式

在总包制这种承包方式中，石油公司做出钻井设计，承包商按照钻井设计负责钻井过程的生产组织运行，负责日常钻井生产组织运行和技术决策，对钻井的质量、安全、进度、成本和 HSE 负责，一般除由自然灾害造成的损失由石油公司承担外，其余风险均由承包商承担，对承包商在管理和技术方面的要求较高。石油公司以驻井方式或巡井方式派出钻井监督对钻井的质量、安全、进度实施监督，并协作承包商对钻井过程遇到的复杂情况商讨处理意见。完井后，经石油公司验收合格，石油公司按合同规定拨付承包商费用。

由于承包商承担井漏、卡钻、钻速慢等风险，因而需增加预测成本以便抵消潜在风险造成的损失,承包商将潜在风险可能增加的费用附加到原预测的成本上,再加上利润,得出总包的投标成本。而承包商在投标报价时往往采取低价中标策略,中标后为获取最大的利润将会牺牲井工程质量,损害石油公司利益,故而石油公司在承包合同中严格限定了井的质量要求,并派驻钻井代表或监督现场监控,以确保钻井质量符合要求。

日费制、进尺制、总包制三种承包方式应用范围不同。通常在新探区和环境恶劣地区钻井以及钻深井、超深井和海上钻井,日费制承包方式应用较多;在能以足够精度预测钻井成本和地层情况的地区钻井,则采用进尺制或总包制承包方式。

长宁区块在页岩气勘探开发过程中,钻井工程主要采用总包制承包方式。在这种模式下,石油公司(长宁公司)提供钻井设计和技术要求,承包商(钻井总包方)提供钻井装备、材料、人员,负责日常钻井生产组织运行和技术决策,承担除自然灾害外的所有风险,最终的服务质量取决于承包商的管理和技术水平。当前,承包商(钻井总包方)多采取"工作量+效益"的运营模式,追求用最小的投入完成合同规定的任务和工作量,重点关注工程建设过程中的利润最大化,在处理"规模与质量""速度与效益"的关系时与石油公司以质量和效益为首的理念和做法存在一定差异,甚至出现钻井承包商因片面追求速度、过度控制成本而牺牲井工程质量、低储层钻遇率或延长作业时间、占井周期长等情况,损害石油公司钻井效率和效益。

二、页岩气水平井钻井技术现状

1. 页岩气钻井存在的技术问题

川南地区地层经历了多期构造演化,地质构造复杂,页岩气水平井钻井面临复杂地质条件下轨迹控制难度大,储层钻遇率难保障;纵向压力系统多,地层漏、喷、垮等井下复杂情况多;地层可钻性差,机械钻速低;页岩层理发育、水平段长井眼清洁困难,储层段漏失、卡钻等井下复杂情况多发,这些导致钻井周期长、钻井效率低等问题。

①漏失层位多,漏失类型复杂,堵漏防漏难度大。

浅表层缝洞、溶洞和暗河发育,恶性井漏情况时有发生,堵漏材料无法在通道内形成有效堆积堵塞,处理耗时长;下部目的层安全密度窗口窄,常规堵漏材料与油基钻井液配伍性差,粒径级配不足,堵漏成功率低。

②目的层地质条件复杂,现有工艺技术不能完全适应,水平段卡钻风险高。

龙马溪组漏失和坍塌压力窗口窄,当量密度控制难度大,易造成井壁失稳;国产油基钻井液封堵防塌性能有待进一步强化,井壁稳定性差;龙马溪组与五峰组接触面胶结薄弱,岩石强度低,易产生垮塌掉块;大斜度井眼清洁工艺不成熟,井眼净化监控技术水平较低,易造成岩屑堆积卡钻。

③地质构造复杂,地质导向模型精度低,轨迹控制困难。

地层倾角变化大,微构造、断层发育,地震剖面难以精细描述,地质导向模型实钻指导性不强;优质储层厚度薄、水平井靶体窗口窄,国外旋转导向工具供应量不足,螺杆+LWD 导向 I 类储层钻遇率低。

④地层可钻性差,钻井装备能力、工艺水平不够,提速挑战大。

茅口组、栖霞组、韩家店组、石牛栏组等地层研磨性强、可钻性差,钻头选型困难,机械钻速基值偏低;井下工况恶劣,导致钻井工具、仪器频繁提前失效,行程钻速低;国产的高压泵、螺杆、顶驱、钻头不能完全适应高钻速、高泵压、高排量下强化钻井参数的要求；钻井液性能、堵漏技术、一趟钻技术尚不能完全适应川南地区优快钻井的要求。

⑤现有技术及工具不能充分满足超长水平井、深层页岩气钻井需要。

随着页岩气气藏埋深增加，现有深层页岩气藏优快钻井技术、超长水平段（大于3000m）钻完井配套技术还不能充分满足勘探开发需求。目前引进的旋转导向工具等级偏低，抗温抗压能力不足，不能完全适应深层页岩气钻井工况，宁222井区问题较为突出。

2. 长宁区块钻井技术水平

长宁区块页岩气水平井钻井技术历经十余载的发展，取得了一些进步。通过借鉴北美先进技术，攻关关键技术和装备、工具，形成了平台水平井组钻进优化设计技术、地质工程一体化导向技术、水平井钻井液技术、油基钻井液条件下的固井技术、水平井组工厂化作业技术、清洁开采技术等，基本实现了多压力系统和复杂地层条件下的水平井组优快钻井，完成了"从学习到打成，从打成到打好"的转变，钻井技术水平不断提高、钻井技术指标不断提升，2017年长宁区块平均机械钻速5.58m/h，最快机械钻速10.73m/h；平均钻井周期76.54d、最短钻井周期36.08d；平均水平段长1464m、最长水平段长2010m；三开一趟钻进尺300~500m，最高进尺2336m；龙一$_1^1$层最高钻遇率98%。但当前的技术水平与北美相比，在机械钻速、钻井周期、水平段长度等方面还存在一定差距。

3. 长宁区块钻井时效

2017年及2018年初长宁区块钻井井均占有钻机时间124d，其中包括开钻准备28d、钻井周期76d、完井周期10d、钻机搬离10d，钻机年均钻井仅为2.5口，钻井时效整体较低，非生产时间较长，其中因井下事故复杂、设备维修等非生产时间高达18d，非生产时效高达21%。究其原因，一是因地质工程复杂多，处理井下事故复杂耗时长；二是受目前的工艺技术水平、装备能力等影响，钻井行程钻速低；三是钻井生产运行涉及众多部门和专业，整体系统管控效率较低，影响了钻井效率。

面对川南页岩气地面条件差、投资成本逐年下降、钻井技术模板尚未成熟等诸多困难和挑战，急需创新项目管理体制和生产作业组织方式，改变国内石油天然气钻井"一体化总包"模式，创新试验石油公司主导的"日费制"模式，实现成本控制、人才培养、技术革新、优化资源和石油公司意图等目标。创新"精准奖励"模式，考核、奖励指标细化、明确，奖励直到岗位，以精准的激励约束机制激发基层活力。

第二节　主要做法

从国际通行的做法和经验来看，石油公司管理模式是提质增效的最佳途径，在该模式下，石油公司以"产量+效益"为核心，充分发挥其在油气田勘探开发方面的技术与管理优势，系统制定提速提效、降成本的关键设计、技术政策和综合性措施并主导现场实施，同时优选出技术能力强、装备水平优的工程技术服务队伍与之合作，钻井承办方利用其装备和服务能力，在石油公司的指导下通过精益管理和技术进步，优快实现石油公司的目标和自身发展的目标。

长宁公司认真贯彻落实中国石油天然气集团有限公司党组发展的新思路、勘探新要求，以建设长宁国家级页岩气示范区为契机，树立系统化的精细管理理念，全面深化"油公司"模式改革,构建并实施"日费制"+"精准激励"管理模式,积极探索川南页岩气勘探开发提质增效新途径。精雕细刻,成立"日费制"项目组,明确甲乙方职责,厘清工作界面,实现协同效应最大化;精耕细作,"三步走"试验创新作业模式,在投资最高、风险最大的215.9mm井段试验"技术日费制""日费制"成功后,再在全井段开展"日费制"试验;精打细算,以降本增效为核心,对比"一体化总包""日费制"两种模式单井成本,正、反测算,严守"单井成本上限"及"单井EUR下限"两条底线,实现规模效益最大化;精准激励,完善考核奖惩机制,突出效益效率导向,提升员工创新创效活力;精益求精,创新开放式科技研发,实现主体技术本土化。

一、精益组织管理

精益组织管理,提高项目运行效率,实现生产组织由"钻探公司主导"转为"油田公司主导"。

1. 组织机构扁平化

根据川渝页岩气前线指挥部和西南油气田公司的统一部署,为保障项目推进,提高运行效率,长宁公司成立了"钻井日费制试验"领导小组、实施小组和技术保障组(图8-1)。领导小组主要负责项目方案审批、项目资金审批、项目重大决策等。实施小组主要负责工程技术、物资采购、项目成本管理等,涵盖地质、工程、造价、安全环保等专业人员,采用项目经理负责制,现场日常管理工作由实施小组直接指挥。技术保障组主要负责设计方案审查、专业技术咨询、复杂处置建议等,发挥技术支撑作用。

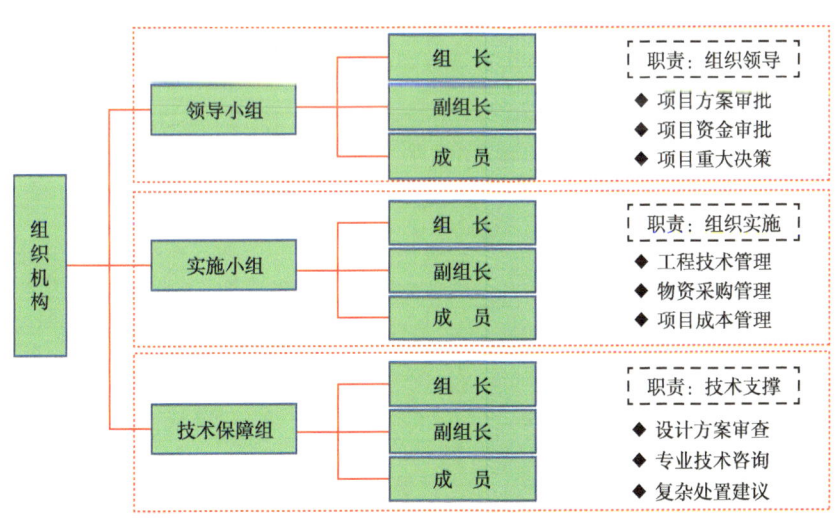

图8-1 "日费制"项目组组织机构框架图

2. 分工界面明晰化

按照国际石油公司"日费制"工作惯例,结合各责任主体单位实际情况,划分了石油公司、钻探企业、专业化服务队伍、"日费制"监督的工作界面(表8-1),明确各分支业务责任主体,实现了权责界面明晰准确、核心技术甲方主导、关键环节安全受控。

石油公司主要负责:工程设计、技术指挥和质量安全环保风险以及成本控制,所有参战队伍组织协调，专业技术服务队伍组织以及甲供物资采购。钻探企业主要负责：按设计和监督指令施工，按要求配置、维护好钻井装备工具，按照相关标准做好属地管理、控制风险以及乙供物资采购。专业化服务队伍主要负责：各自业务范围内的专业技术服务。"日费制"监督主要负责：按设计、方案和相关规章制度、操作规程指挥现场施工。

表 8-1 "日费制"项目工作界面划分表

工作任务	责任主体			
主要工作内容	石油公司	钻探公司	专业化队伍	"日费制"监督
地质设计	√			
工程设计	√			
套管、套管头、采气树	√			
网电动力	√			
应急泥浆站	√			
技术决策	√			
井控安全和 QHSE 管理	√			
井控应急处置	√			
钻井（钻机、人员、常规工具）		√		
场内外水电施工		√		
设计井控装备		√		
钻具（除特殊工具）		√		
水基钻井液		√		
上部井段定向		√		
钻井优化方案				√
日费制监督（钻井、地质、泥浆）				√
现场技术支持				√
录井			√	
测井			√	
固井			√	
场内清洁生产			√	
旋转导向、近钻头工具串			√	
控压钻井			√	
旋转下套管			√	
废弃物处理			√	
地质导向			√	
油基钻井液			√	
钻头			√	

3. 项目运行高效化

技术决策和成本管控由石油公司负责，关键核心材料甲方直接采购，权力下沉至实施小组；"日费制"监督组织现场生产，减少了管理层级，实现了项目高效运行（图 8-2）。主要体现在以下方面。

选商采购高效：关键物资、工具和技术服务由石油公司直接采购，技术模板工具使用率 100%。

方案审批高效：充分授权实施小组和技术专家组，一般事项 0.5 个工作日、较大事项 1 个工作日审批完成。

汇报沟通高效：制定专项汇报制度，应用工监系统和 DOC/DOE，全方位掌握生产动态。

决策执行高效：成本控制风险由甲方承担，现场执行力强，反应迅速。

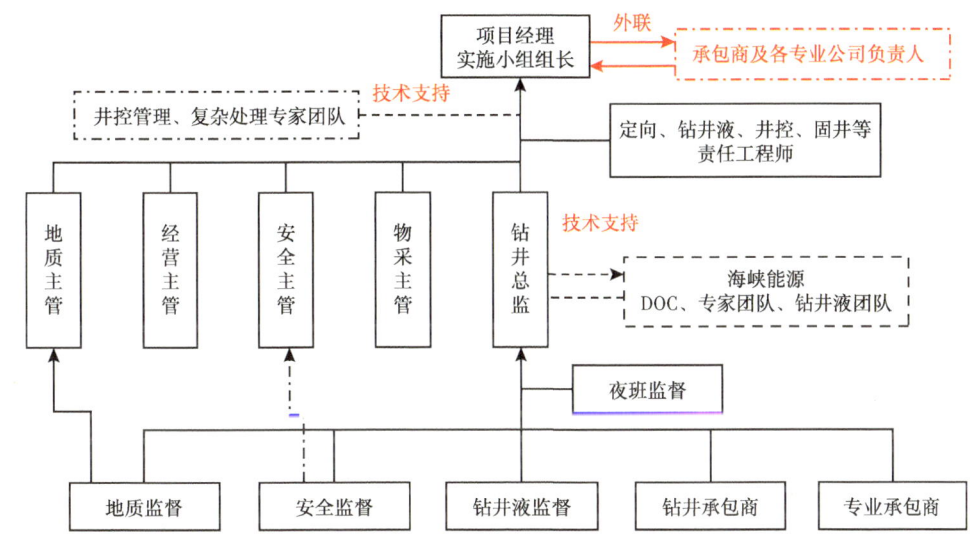

图 8-2 "日费制"项目部决策与汇报流程图

4. 激励考核精准化

建立以"精准激励"为核心的考核奖惩管理体系。以"安全、质量、效益"为核心，设置阶段目标和总体目标，对石油公司项目组、钻探项目组及队伍、专业化服务企业及队伍实施精准激励，提升队伍积极性和创造力。实施正向激励和反向考核双重机制。

正向激励："日费制"试验阶段，将钻井节约成本的 70% 用于考核奖励，其中过程奖励 20%、结果奖励 80%；"日费制"推广阶段，将钻井节约成本的 50% 用于考核奖励，其中过程奖励 80%、结果奖励 20%。设置技术指标、运行指标和 HSE 指标，甲乙双方效益共享，实现集团内部效益最大化；钻探企业、专业化服务公司、监督管理单位制定相应制度，对项目组成员和一线员工进行奖励。具体项目见表 8-2 所示。技术指标主要针对周期、复杂时效、进尺、质量等设置，钻探队伍 50%、专业化队伍 30%、管理人员 20%。运行指标主要针对钻机平移、泥浆体系转换、设备维修等设置，钻探队伍 70%、专业化队伍 20%、管理人员 10%。HSE 指标对安全、环保、井控"三零"考核。

表 8-2 正向激励项目及对象表

序号	激励范围	奖励项目	奖励对象及占比
1	技术指标	各开次周期、单井周期、平台周期、故障复杂时效	钻探队伍 50%、专业化队伍 30%、管理人员 20%
		每班进尺、单日进尺、单趟钻进尺、机械钻速	
2		故障复杂成本控制	
3		储层钻遇率、井身质量、固井质量、井筒完整性	
4	运行指标	钻机平移周期、泥浆体系转换周期、设备维修时效	钻探队伍 70%、专业化队伍 20%、管理人员 10%
5	HSE 指标	安全、环保、井控"三零"	钻探队伍 70%、专业化队伍 20%、管理人员 10%

反向考核：对未严格履约的施工作业队伍实施严格考核惩处。对于钻井队伍，严格控制设备修理、现场操作和施工组织等关键环节。狠抓作业时效，现场监督日审核、石油公司周审核，划分责任，对超计划周期部分按责任界面实施打折日费（85%、75%）、半日费或零日费（表 8-3），层层压实责任。对于专业化服务队伍，严格控制关键环节的工艺安全和施工质量，严格按照合同约定考核兑现。

表 8-3 日费率考核表

序号	费率名称	费率比例	施工条件
1	全日费	100%	正常施工作业、处理复杂
2	折扣日费	85%	测井、36h 内的试压及安装旋转防喷器时间
3	等停日费	75%	甲方组停
4	修理日费	75%	每月前 12h 的修理时间
5	特殊日费	50%	效率低下；每月 12~30h 的修理时间；候凝、安装套管头；7d 内的体系转换
6	零日费	0	乙方组停；乙方原因停工整改；乙方原因修理、安装时间超出计划

二、精细技术管理

精细技术管理，实现技术工艺从"单队个体决策"转为"专家群体决策"，现场管理从"重点环节把关"转变为"全生命周期管理"。

1. 工程设计科学化

借助工监系统大数据平台，运用专业软件进行钻后分析；利用 GMI 软件建立井区地质力学模型或三压力剖面，精细设计井底当量钻井液密度；以井眼轨迹优化为基础，开展钻头工具优选、钻具组合和钻井参数优化，开展钻具摩阻扭矩模拟，形成技术路线图版；基于压力系统和故障复杂划分，开展井身结构必封点设置优化；综合考虑井身结构和地质三压力剖面，开展钻井液密度窗口优化，降低钻井复杂；重点针对水平段，开展井筒清洁参数优化、钻井实操技术优化;在钻井技术优化的基础上,形成细化到每一道工序的作业进度预测,便于现场执行。经系统优化后设计符合率95%以上,确保设计权威性和指导性。

2. 技术流程模板化

充分发挥石油公司"区域地质认识深、技术统筹能力强、科技攻关力度大"的优势,汇集国内外页岩气钻井智慧、直面瓶颈、精准发力,依托"日费制"试验平台,深入开展地质工程一体化,建立关键技术序列,打造科学钻井"软实力";升级钻井装备、强化钻井参数,提升钻井提速"硬实力";推广控压钻井及防卡系列技术,有效管控故障复杂;优选旋转导向系统及旋转下套管工艺,为水平段进一步延长提供可能;推广"地质工程一体化导向"提高储层钻遇率,奠定了"培育高产井"基础。如表8-4所示,近年来由长宁公司主导编制发布的10余项技术模板、操作规程已成为川南页岩气水平井钻井普遍采用的工艺指南。一般复杂情况,由现场日费制监督按技术模板和施工方案组织实施,重大复杂情况通过远程指挥和集中开会落实技术对策,有效提升了管理效率。

表8-4 长宁公司近年主导编制发布的技术模板

技术模板	相关说明
《长宁区块钻井技术模板》(2015、2017、2019)	中国石油首个页岩气钻井模板
《长宁公司现场地质导向工作管理细则》(2017)	首个页岩气领域地质导向标准化工作流程
《表层井漏企地联动处置程序》(2018)	防控环保风险,减少组停
《长宁区块水平井钻井防卡及处理要点》(2018)	首个页岩气领域防卡操作、技术规程
《长宁区块水平井设备管理使用要求》(2018)	首个页岩气领域导向工具设备管理规程
《长宁区块套管头、特殊四通、采油树安装技术要点》(2019)	首个规范页岩气井口设备安装要点的技术规程
《页岩气油基钻井液技术规范》(2019)	规范油基钻井液性能,减少井下复杂
《长宁区块311.2mm/215.9mm井眼井漏处理模板》(2020)	建立标准化井漏处理流程,缩短学习曲线
《长宁区块旋转下套管技术管理规定》(2020)	首个规范复杂地层旋转下套管设备管理、技术管理规定
《长宁公司控压钻井技术管理办法》(2020)	统一控压钻井技术管理,降低风险

3. 动态跟踪数字化

应用工监系统和DOC/DOE优化中心,实现了"井场、井筒24小时实时监控",及时采取纠偏措施,有效降低了运行成本,实现生产作业管理数字化及全生命周期管理。

2020年初,长宁公司建立了钻井优化远程支持中心与现场优化工程师项目(DOC/DOE)。主要工作内容:结合分公司工监系统,通过EPDOS系统进行现场施工动态实时监控,跟踪异常并判断井下风险;将数据同步提供至ERA钻井优化系统,根据实时采集数据结合现场工况,开展钻进、起下钻、通井、划眼(含倒划眼)、电测、下套管等工况下的摩阻扭矩、ECD、井眼清洁等优化分析,提供及时预报预警,并形成下达趟钻优化、日优化、故障复杂处置等建议,为技术决策提供数据支持和理论依据。DOC/DOE中心实行24小时连续运行工作模式,共计28人,今年已完成服务16口井,正在实施8口井,具备同时服务10口井的作业能力。

4.HSE 管理精细化

依托QHSE监督站及现场项目部,联合区块井控专家团队,坚持做好HSE现场管理工作。严守井控安全红线，组织承包商二次井控培训，组织联合井控检查，切实做到不安全不作业。坚持钻井清洁生产，表层气体钻井、清水钻井100%；场内清洁生产100%；水基岩屑资源利用、油基岩屑无害化处理100%；狠抓应急能力建设，建立区域井控物资储备库，坚持开展地企应急演练，"重视演练、演练重实"。

5. 重大决策团队化

针对长宁区块外来钻井承包商多、井控意识不强、井控技术不高、应急处置能力薄弱等问题以及区块内钻井井控风险高、故障复杂多发的现状，公司于2019年逐步建立完善了一支以公司钻井专家及业内技术实力强、经验丰富的离退休钻井专家为主体的井控管理团队和故障复杂处理团队，开展页岩气井控系统管理、钻井故障复杂的预防及处理。专家团队共计30余人，其中教授级高级工程师1人、分公司二级企业专家1人、公司一级工程师1人、高级工程师7人、工程师20余人。井控管理团队主要负责：井控技术培训和教导、井控技术能力考评、"二次井控"技术培训、组织井控演练以及井控检查、井控应急处置联合工作制度、井控突发事件应急处置、井控台账建立等工作。长宁公司计划一年内组织两期"二次井控"技术培训，建立小班培训模式，分层次、分专业、分岗位开展"二次井控"能力培训，发挥井控专家"传、帮、带"作用，重点培养一批压井指挥型人才，以提升长宁区块钻井承包商井控技术管理能力。目前已成功组织1期培训，中国石油五大钻探以及四家外部钻探企业的项目部管理人员及钻井队队长、副队长、技术员等共计80人参加。故障复杂专家团队主要负责：组织重点井、复杂井钻井方案审查，分析区块已完钻平台、已完钻井基础资料，制定正钻井专项防漏堵漏、防卡、轨迹控制、提速等技术方案，指导现场堵漏施工、卡钻处置、工具打捞等故障复杂，现场指导新工艺、新技术试验，持续强化工程技术甲方主导。建立的井控和故障复杂管控团队，提高复杂处置效率，实现成本受控，实现了从"单队个体决策"转变为"专家群体决策"，提高了技术决策的科学性。

依托洲际海峡能源科技有限公司，组建了一支以有海外及国内中海油、塔里木等"日费制"实战经验的监督人员形成的监督团队。建立监督巡查团队，贯彻执行技术指令。

6. 培训考核立体化

从"统一集中培训"转变为"三级立体培训"，提高培训针对性和实用性。分别站在工程设计人员、钻井技术员和一线操作人员视角，编制A、B、C三套教材，有针对性地开展培训。面向工程设计人员开展A类培训，主要讲解大位移井工程设计应用；面向现场施工技术管理人员开展B类培训，主要讲解大位移井精细管理、全生命周期管理和经典案例解析；面向现场施工操作人员开展C类培训，主要讲解如何识别井下工况，接立柱、起下钻等关键操作以及因操作失误带来井下复杂和事故。甲方技术管理人员全程参与A、B、C三类培训。A、B类培训每年一期，C类培训每个平台一期。截至目前，共开展系统优化培训20余次，500余人次参加培训。同时，长宁公司每年组织3~4期承包商培训以及二次井控培训，学员考核成绩作为上岗的必要条件，大幅提高了作业队伍整体水平。

三、创新经营管理

创新经营管理，实现成本控制从"单井风险承包"转变为"实时精打细算"。

1. "参考定额 + 成本倒算"定价机制

根据定额测算现行总承包价格作为基价，按控减5%钻井施工成本为目标，扣除除钻机作业外的费用,结合定额及市场询价情况,倒算钻机日费率。探索了成本倒算的新型钻井工程选商策划方式以及多种方式组合计价的成本管控方法。

实施的第一个全井"日费制"井——宁209H68-1井按总承包成本和定额工期测算,钻井作业日费为13.42万元/d;按总成本控减5%的试点目标倒算,钻井作业日费上限为11.91万元/d。

2. 市场化运作优选机制

根据设备、人员能力和施工业绩优选作业能力强的承包商和施工队伍。利用市场化招标、竞争性谈判等手段,降低施工成本。通过分专业选商的方式,摸清了钻头、钻井液技术服务等项目的市场底价,提升了后续"总承包"和"日费制"模式控价空间。

全井"日费制"试点的第一个平台——宁209H68平台,优选新疆贝肯70006队,川渝页岩气钻井英雄榜排名第14名,民营企业有利于实现精准奖励。全井"日费制"试点的第二个平台——宁209H47平台(扩建),优选渤海钻探70155队,川渝页岩气钻井英雄榜排名第3名,在宁209H15-8井目的层一趟钻完成,进尺2852m,刷新了纪录。

宁209H68平台旋转导向、钻头、钻井液、控压钻井、旋转下套管等技术服务项目通过市场化选商,累计节约成本200万余元。

3. 成本写实及预警机制

施工全过程开展成本写实,通过如实记录周期、钻头、生产水、油料消耗、电力消耗、水泥及添加剂等最基本生产要素的实际消耗,准确掌握真实成本。施工过程中实时计算施工成本,与计划进行对比分析,实际成本超过计划值则预警。对强化钻井技术经济研究和管理提供大量一手数据。

相较于"一体化总承包"方式通过区块总成本预警,"日费制"模式开展成本写实、每日跟踪预测,划分安全区和预警区,更有利于成本的精细控制。

4. 技术经济一体化决策机制

在技术决策时,改变传统技术比选决策模式,实行技术方案先行、经济效益决策的新模式。为今后强化过程控本、提升经济效益积累了宝贵经验。

宁209H68平台表层喀斯特地貌钻遇恶性井漏,通过技术论证、周期预测和成本测算,综合钻机日费、堵漏服务费和套管固井费用,在清水强钻、水泥堵漏、气体钻井和下套管封固四者之间优选了清水强钻工艺(表8-5),该平台用时5.16d完成2口井11个漏点的井漏处理,仅用时35.9d就完成了2口井表层套管及技术套管井段钻井作业,较计划提前9.43d,节约成本93.4万元。

表8-5 宁209H68平台表层井漏处置方案对比表

序号	处理手段	优点	缺点	周期预测(h)	单井费用(万元)
1	清水强钻	工序简单,可操作性强	清水消耗量大,存在卡钻风险	54	50.65
2	水泥堵漏	漏失量小、环保压力小	施工周期长,钻机成本高	144	72.32
3	气体钻井	机械钻速高、防漏效果好	动用设备多	84	85.35
4	增下508mm套管	封隔漏层效果最好	施工周期长,综合成本高	111	91.56

第三节 取得的成效

在投资控制和精细管理的双重驱动下,长宁公司自 2018 年以来,在长宁页岩气田先后开展了"技术日费制、部分井段日费制、全井日费制"模式探索,分三步走开展了现场试验,2021 年开始推广钻井"日费制",通过甲方主导全程化、地质工程一体化、技术政策标准化、决策系统专家化、指挥系统高效化、过程管控精细化,实现了建设方对投资、进度、质量、井控和安全环保的有效控制,实现了钻探企业技术、效率、效益有效提升,创造了中国页岩气钻井多项纪录,技术指标大幅提升、钻井成本明显下降,提升了长宁区块中深层页岩气开发效益,同时为泸州、渝西区块深层页岩气高效开发提供了宝贵的管理经验,促进了页岩气高质量发展。

一、技术水平提升

1. 页岩气水平井钻井技术的进步

1)基础理论的创新与认识

大斜度井井筒清洁机理获得新认识,建立了水平井岩屑运移模型,水平段岩屑运移为"滚砂"流形态,钻速、排量、钻井液流变性、循环时长是影响井筒的关键因素,通过优化钻井参数和泥浆性能以实现井筒的有效清洁,预防井下事故。

2)建立了长宁页岩气水平井优快钻完井技术体系

通过技术攻关和现场实践,完善了页岩气水平井优快钻完井技术体系,形成了六项主体技术:页岩气水平井优快钻完井优化设计技术、页岩气水平井优快钻完井设备优选优配、页岩气水平井优快钻井钻具组合(BHA)技术、机械比能钻井参数实时优化技术、水平井井眼清洁优化技术、水平井精细化操作技术。

3)形成《长宁区块水平井钻井防卡要点》

总结形成了《长宁区块水平井钻井防卡要点》,现场运用效果显著,井下复杂事故率大幅降低,提高了作业效率。

2. 钻井技术指标的提升

2022 年长宁公司完钻"日费制"开发井 29 口,平均钻井周期 51.4d,比 2021 年"日费制"井的 52.6d 降低 1.2d,较 2021 年"总承包"井的 85.2d 降低 33.8d。创造了日进尺纪录 828m(宁 209H47-10 井);钻井周期纪录 18.83d(宁 209H72-1 井);一趟钻纪录 3700m(宁 209H71-2 井);单钻机 152d 完成进尺 20440m,实现半年内四开四完(宁 209H47C 平台)等页岩气钻井新纪录。

二、经济效益提升

1."技术日费制"阶段

ϕ215.9mm 井眼在全井钻井中投资成本最高、施工风险最大,高储层钻遇率和井筒完整性均在该井段得以体现,是实现单井高产的关键核心。"技术日费制"是指在钻井一体化"总承包"管理及结算模式不变的前提下,工程技术由甲方主导、决策,通过设计优化、专业培训、远程跟踪、现场支持等,实现优快钻井。第一批开展了 3 口井的现场试

第八章 复杂地质工程环境下页岩气水平井优快钻井管理模式试验与推广应用

验,其中长宁 H21-8 井为全井段试验,长宁 H21-4 井、长宁 H21-9 井为 ϕ215.9mm 井段试验。①长宁 H21-8 井完钻井深 4508m,水平段长 1508m,钻井周期 38.58d,为 2018 年长宁区块最短周期,较长宁 2018 年平均钻井周期缩短 46%。全井平均机械钻速 10.39m/h,水平段平均机械钻速 15.3m/h,Ⅰ类储层钻遇率 100%。②长宁 H21-9 井完钻井深 4553m,水平段长 1603m,ϕ215.9mm 井眼段长 3132m,Ⅰ类储层钻遇率 100%,平均机械钻速 13.9m/h,钻井周期 16.27d,创长宁区块 ϕ215.9mm 井眼钻井周期新纪录。2018—2019 年,ϕ215.9mm 井眼实施 19 口井,平均钻井周期 31.1d,较长宁区块同期平均值降低 32.6%,累计节约周期 286.56d;平均故障复杂率 3.3%,较长宁区块同期平均水平降低 60%。通过降低钻井周期、控制故障复杂,累计节约直接施工成本 3200 余万元。实施过程中,先后主导制修订 10 余项技术模板和规程,有效促进了各钻井承包商技术水平整体提高、学习曲线明显缩短。试验形成的技术成果、管理成果在"总承包井"中推广,预测边际效益约为 1 亿元。

2. 部分井段"日费制"阶段

第二阶段:上部井段总包、ϕ215.9mm 井眼日费制,钻井液、旋转导向等关键技术甲方主导。2020 年实施 1 口井,完钻井深 5750m,水平段长 3070m,钻成了中国石油第二口页岩气"超长水平井",实现只钻 1 个直井筒就动用 2 口井地下资源的目标。ϕ215.9mm 井眼钻井时间 42d,较设计周期节约 14.55d,节约成本 120 余万元。

3. 全井"日费制"阶段

2020 年共实施宁 209H68 平台、宁 209H47 扩建平台共计 2 个平台 6 口井。已完井的宁 209H68 平台"日费制"实践降本增效效果明显,平台钻完井周期 138.2d,较计划缩短 18.8d;平均单井钻完井周期 69.1d,同比区块平均指标缩短 24.2%;平台平均机械钻速 9.98m/h,较区块同期平均水平提高 58.7%;同口径测算成本,两口井钻井综合成本同比降低 11.5% 和 11.9%,平均单井节约施工成本 200 余万元。

三、管理水平提升

结合"日费制"钻井"三步走"创新实践,创新形成了川南页岩气"日费制"+"精准奖励""6543"系列管理成果。

第一,形成了表层清洁钻井技术、钻井防漏治漏技术、简易控压钻井技术、水平井钻井防卡技术、超长水平段钻完井技术、地质工程一体化导向技术等 6 大关键技术。

第二,实现了"日费制"模式成本控制、人才培养、技术革新、优化资源、石油公司意图等 5 个主要目标。

第三,形成了"日费制"钻井"参考定额+成本倒算"定价机制、成本写实及预警机制、市场化运作选商机制、技术经济一体化决策机制等 4 个经营管理机制,为"日费制"模式进一步推广实施奠定了坚实基础。

第四,挖掘了"日费制"项目三个深层潜力,即以降本增效为目的、甲方主导为特点的"日费制"项目模式具有先进性、示范性和广谱性等 3 个深层潜力。实践"油公司模式",坚持工程技术甲方主导,所取得的一系列技术、经济成果,展示了"日费制"的先进性和生命力。面对"地质情况复杂、生产组织集中、投资成本控制难度大"等客观因素,通过积极探索,为集团公司"提质增效"提供了现实经验。"日费制"+"精准奖励"管理模式同样适用于其他非常规、常规油气钻完井生产组织技术管理和经营管理，成果可在"总承包"组织模式下广泛推广应用。

四、社会效益提升

一是支撑建成了首个国家级页岩气示范区，充分发挥了示范引领作用，增强了我国天然气供应保障能力；二是推动技术水平和经济效益大幅提升，引领了国内页岩气产业高质量发展；三是促进带动地方经济社会发展，加快了我国能源结构转型升级步伐。

"日费制"+"精准奖励"模式是新形势下实现提质增效的有力举措和重要抓手，有利于调动积极性、发挥创造力，降低钻井周期和防控故障复杂是所有参与单位的共同目标，打造了"油公司＋钻井承包商＋专业技术服务商"利益共同体，实现了较好的综合效益。长宁公司将在总结前期经验基础上，进一步提升生产组织能力、技术管理能力和安全把控能力，将"日费制"试验做深做实做细，以点带面，推动区块整体技术、经营、管理水平再上新台阶，把好增储上产主动权，打好开源增效攻坚战，谱写新形势下提质增效的新篇章。

第九章　非常规油气资源开发工程创新方法集成应用示范

页岩气是从页岩地层中开采出来的天然气，成分以甲烷为主，甲烷含量一般在85%以上，最高可达99.8%，部分含有C_{2+}以上重烃组分和少量氮气和二氧化碳等非烃组分，是一种清洁、高效的能源资源。

页岩气藏具有自生自储特点，页岩既是烃（气）源岩，又是储集岩。页岩气的分布不完全受构造控制，无圈闭成藏特征，也无清晰的气—水界面，埋藏深度范围广。页岩气以游离态、吸附态为主，赋存于富有机质页岩地层中，在覆压条件下，页岩基质渗透率一般不大于0.001mD，单井无自然产能，需要通过水平井钻井、水力体积压裂措施才能获得工业气流。页岩气是非常规天然气，存储在比磨刀石还要致密的岩石中，储集空间一般为纳米孔隙，平均直径80nm，约为头发直径的1/600（图9-1）。页岩储层无自然产能，必须采用"水平井+水力压裂"才能实现工业开采，属于"人造气藏"[64]。

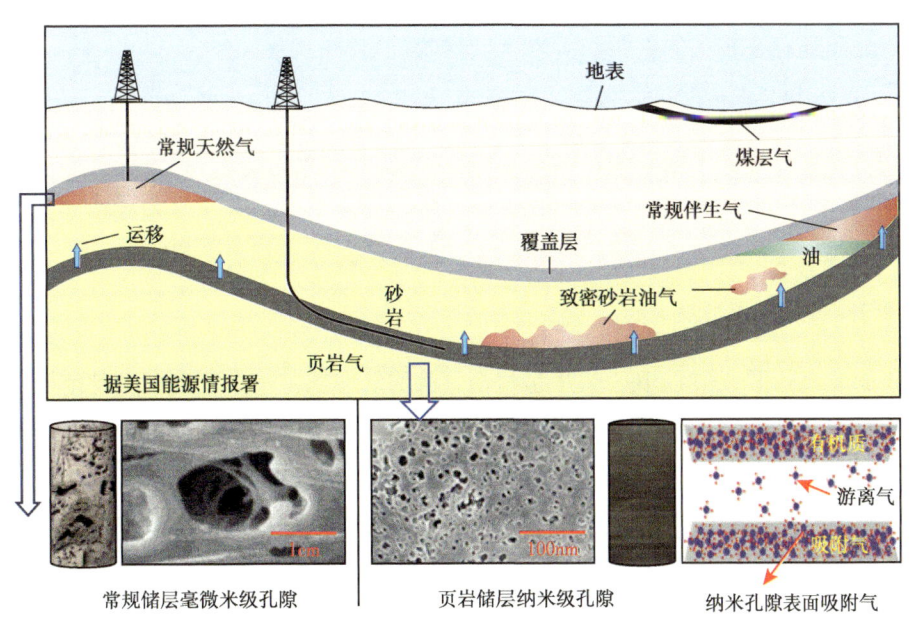

图9-1　页岩气及纳米孔隙

常规气一般点发现、点开发，产能的瓶颈是资源。而页岩气藏自生自储，大面积连续稳定分布，一旦取得井点突破就可以大规模复制，产能的规模受限于工程技术和经济效益，理论、技术、管理三个创新是实现页岩气规模效益开发的根本。

以 Haynesville 为例（图 9-2），该页岩 2004 年开始实施评价，2007 年钻探第一口水平井，2008 年批量应用"水平井 + 体积压裂技术"，活跃钻机数由 40 台增长到 246 台，产量快速增长，2012 年产量达到峰值 $716×10^8m^3$。此后受油气价格影响，活跃钻机数减少至 50 台左右，年产量开始下降，但是随着技术和管理创新，作业效率大幅提高，2017 年不到 40 台活跃钻机就能建成 $448×10^8m^3$ 的年产能力。整个过程体现了页岩气技术经济突破实现快速上产，二次革命大幅提高效率的勘探规律。

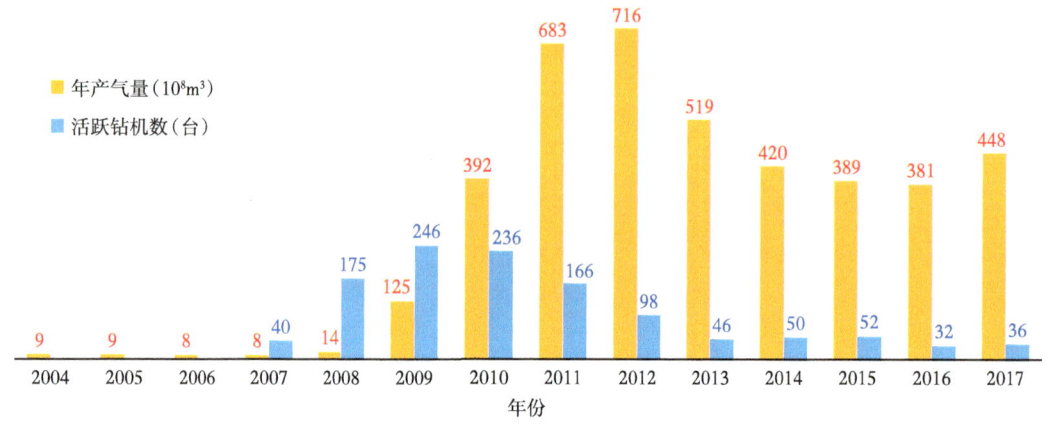

图 9-2　Haynesville 页岩气年产量及活跃钻机数变化

川南地区地质构造复杂、地表起伏大、人口稠密，页岩成熟度高、产干气，钻完井工程技术与北美还存在较大的差距，页岩气规模效益开发的难度比北美更大。

一、地质综合评价

四川盆地海相页岩具有"深埋藏、高演化和强隆升"的特殊地质条件，整体储层厚度薄、非均质性强，页岩气勘探开发面临页岩气分析实验手段缺乏、关键参数预测识别精度不高，页岩气富集机理认识不清，核心勘探开发有利区分布不明确等难题。

二、页岩气水平井钻井

在页岩气勘探开发过程中，钻井起着十分重要的作用，一是建立地上与地下页岩气运移通道，使地下页岩气能被采集到地面；二是通过在优质页岩储层中近水平钻成 1500m 以上的井眼，为体积压裂、效益开发奠定基础。川南中深层页岩气地上地下条件复杂，地表多丘陵、山地、喀斯特地貌，地下优质页岩埋藏深、厚度薄、构造复杂，钻井过程中面临机械钻速慢、井漏卡钻事故复杂多、井眼轨迹控制及精准地质导向难、浅层气活跃井控风险大等技术难题。

三、体积压裂

中国目前页岩气主要建产区页岩储层地质年代老，经历多期构造运动，复杂构造运动区导致储层非均质性较强，断层和天然裂缝较为发育，对水力压裂影响较大。对于存在大尺度天然裂缝区域，压裂过程中容易沟通天然裂缝，影响井控范围内储层的有效改造。同时，部分天然裂缝发育区域，压裂过程中滤失大，容易发生砂堵，加砂困难。同时，断层和天然裂缝发育区域，在压裂过程中容易发生地层滑移，引起套管变形。

页岩主要建产区储层埋深一般在2500m以深，储层地应力高，水平应力差异大，一般在15~20MPa之间，高水平应力差下压裂过程中形成复杂缝网难度较大。

四、开发优化

四川盆地海相页岩气开发面临以下技术难点：①不同区块地面、地下条件差异大，井位部署设计和开发技术政策优化难度大；②页岩气井开发阶段多，产能评价难度大；③页岩气流动机理复杂，生产制度优化难度大；④气井产能影响因素多，产能主控因素识别及量化评价难度大。

五、工厂化作业

北美广泛采用工厂化作业提高压裂施工作业效率，压裂作业过程中广泛采用同步压裂、拉链式压裂作业模式。北美页岩气开发区域地势平坦，人口稀少，给工厂化作业提供了较为有利的条件。川南海相页岩气区块所处地理环境、地表地形、交通条件等与北美存在较大差异，不能照搬国外"井工厂"钻井作业模式。一是工厂化作业动用设备较多，施工需要高效组织和周密排，从而提高设备的利用率。二是要考虑施工区域的人居环境条件，避免对施工区域居民的生产生活带来严重影响。三是作业周期长，施工压力高，对压裂设备、配套设备、管线流程的作业能力和可靠性提出了更高的要求。部分地面设备和流程还需进行标准化、橇装化设计，以满足场地限制、重复使用和快速搬运。四是压裂作业过程中压裂液、支撑剂等的消耗量大，物资材料供应保障难度较大，现场施工人员多，对后勤保障要求高。五是井场面积受限，工厂化压裂井场布局需要精心设计，既要满足作业需要，又要考虑安全作业等相关要求。六是作业工序较多，施工队伍较多，需要有序组织，统一指挥，确保施工顺利推进。

六、清洁生产

中国页岩气资源多集中在中西部山区，大部分区域人口密集、植被丰富、水系丰沛，部分区域喀斯特地貌属性导致地表沟壑纵横，地下溶洞多、暗河多、裂缝多、漏失层多，页岩气有利区域内环境敏感点多，环境风险管控要求高。页岩气开发建设过程中的废水（钻井废水、压裂返排液和生活废水）、废气、废渣（水基岩屑和含油岩屑）、施工噪声和水土流失等是主要环境风险源。如何防治这些环境风险源，确保页岩气的"绿色"开发一直是个重大难题。

页岩气田具有初期产量较高、此后快速衰减的显著特征，且不同页岩气田产能差异非常大，甚至同一页岩气田不同区块产能差异都较大。此外，页岩气多采用滚动开发模式，后期新增产能上产或接替规模。

由于页岩气开发、生产特点显著区别于常规天然气，其地面工程建设有其自身特点，主要存在以下难点：①集输系统规模的确定有难度；②传统开发模式不能适应页岩气开发特点；③地面集输管网设计压力确定困难，页岩气田生产初期便需要考虑增压开采；④标准化、模块化及一体化橇装复用要求极高。

第一节　解决页岩气井卡定器投放难题

一、问题背景

页岩气是一种优质高效、绿色清洁的低碳能源，在我国一次性能源消费结构中占比逐年增加，大力推进页岩气勘探开发，保障页岩气产能，对推进我国能源生产消费变革、优化能源结构、保障能源安全意义重大。中国页岩气探明储量全球第一，高达 $7643\times10^8\mathrm{m}^3$，大力开发页岩气关系到国家能源战略安全。

页岩气井的全生命周期均为气水同产，井筒积液是制约气井产能发挥的关键因素，有效排出井筒积液保持气井长期稳产，使西南油气田全面建成国内首个百亿立方米页岩气田，实现全面决胜 $300\times10^8\mathrm{m}^3$、加快上产 $800\times10^8\mathrm{m}^3$ 战略目标的重要保障。

柱塞排采工艺是排出气井井筒积液的重要措施，它利用气井自身能量推动油管内柱塞举液，具有低成本、高效率和安全环保等优点，被业界认为是页岩气井最佳的排采工艺，目前该工艺已应用到 30% 的页岩气井，未来随着气井数量的增加将达到 50% 以上。工艺实施前需采用绳索作业将柱塞卡定器投放到气液界面以下，以保证排水效率，研究表明，卡定器坐放于井斜 65° 是保证排水采气效果的最佳位置，但目前作业水平仅能将卡定器投放至井斜 55° 以内，亟需突破这一技术瓶颈（图 9-3）。

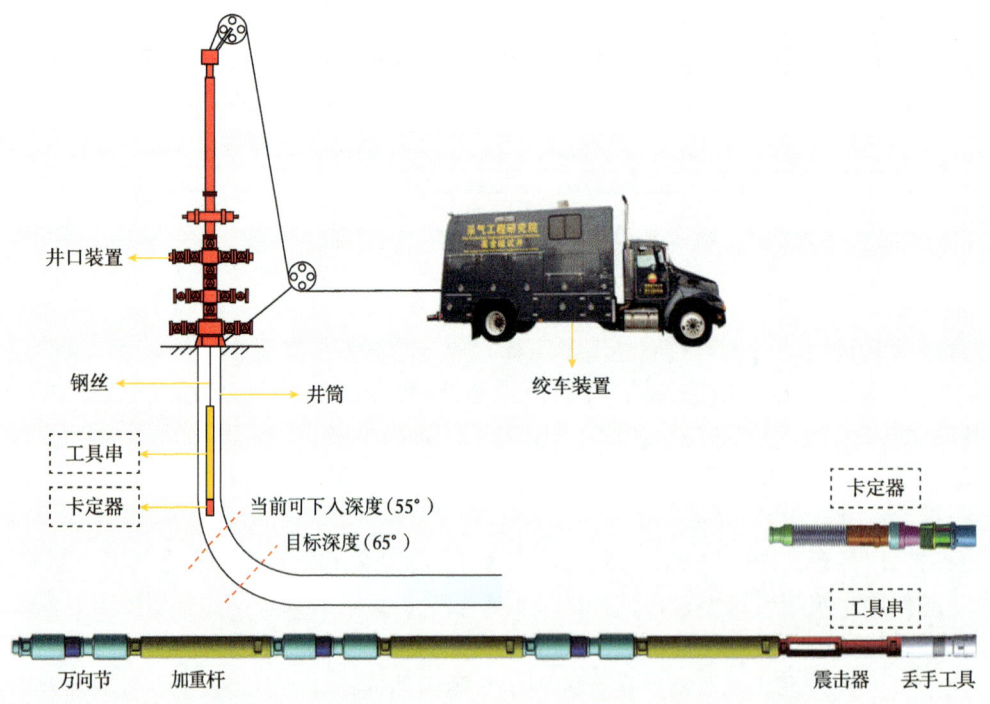

图 9-3　系统工作原理示意图

二、问题分析

柱塞排采工艺是页岩气井增产稳产的重要措施，在工艺措施实施之前，需要采用绳索作业投捞工艺将卡定器投送并坐放到井下预定位置（图9-4），卡定器坐放深度直接影响了柱塞排采效率。在页岩气水平井大斜度井段，卡定器坐放深度越深，柱塞排出液柱越高，井底流动压力越低，气井排采效率越高，产量越高。通过研究分析发现，卡定器坐放在井斜65°左右位置，是柱塞工艺最经济高效的位置（图9-5），而当前的绳索作业投捞系统难以将卡定器投放至井斜55°以深位置，极大地影响了页岩气井产能发挥。

图 9-4　绳索作业投捞施工现场图

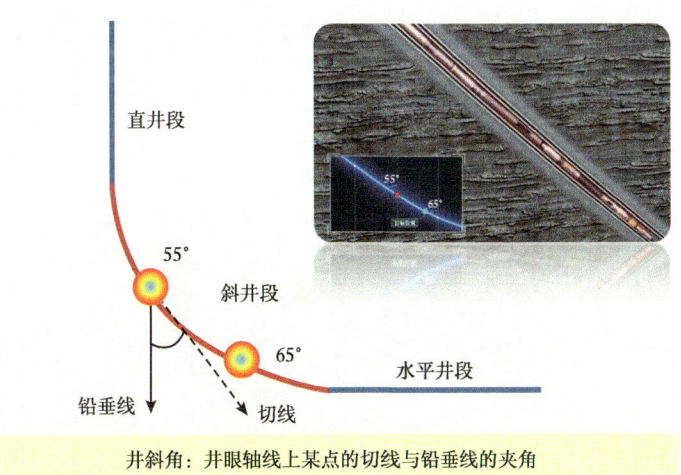

图 9-5　卡定器投放与井斜角之间的关系

三、问题探究

针对提高柱塞卡定器下入深度的问题，主要应用 TRIZ 理论对当前的绳索作业工具串投捞系统开展创新方法的应用，主要思路流程如图 9-6 所示。

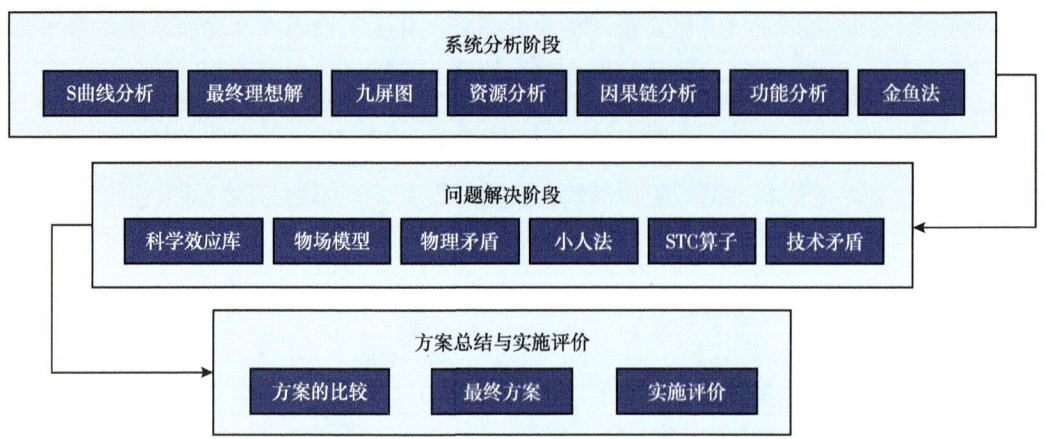

图 9-6　思路流程图

运用创新方法分析及解决问题的过程中，主要采用了 S 曲线分析、最终理想解、九屏图、资源分析、因果链分析、功能分析及裁剪、金鱼法、技术矛盾和发明原理、小人法、STC 算子、物理矛盾和分离方法、物场模型及标准解、科学效应库等方法。

1. 最终理想解

通过理想化方法，确定了解决该问题的最终理想状态，即柱塞卡定器能够自己下入井底预定深度并完成卡定，要达到或接近该最终理想解，可能需要先建立问题的功能模型再配合裁剪的方法以得到可行的方案（图 9-7）。

序号	思维分析步骤	实际问题分析结果
1	设计的最终目的是什么？	工具串带着卡定器能够下入井底预定深度并完成卡定及丢手
2	IFR 是什么？	卡定器能够自己下入井下预定位置并完成卡定
3	达到 IFR 的障碍是什么？	通过大斜度井段时工具串容易遇卡且阻碍下入的力较大
4	出现这种障碍的结果是什么？	工具串刚度大、长度大，通过大斜度井段时与井筒摩擦力大，水的浮力分量及流体运动阻力作用，下入动力弱
5	不出现这种障碍的条件是什么？	工具串刚性及长度减小，消除工具串与井筒间的摩擦力，消除浮力沿井口方向的分量，消除液体的相对流动阻力
6	创造这些条件所用的资源是什么？	工具串、钢丝绳索、绞车装置、卡定器、井筒、采气井口、防喷系统、天然气、水、人、重力势能、钢丝的拉力、浮力、流体阻力、摩擦力、压力能

图 9-7　最终理想解

2. 九屏幕法

确定当前系统为"绳索作业工具串投捞系统"，绘制九屏图如图 9-8 所示。此外，这里的工具串也可以看作为一个单独的子系统来进行分析，不过分析结论基本相同。

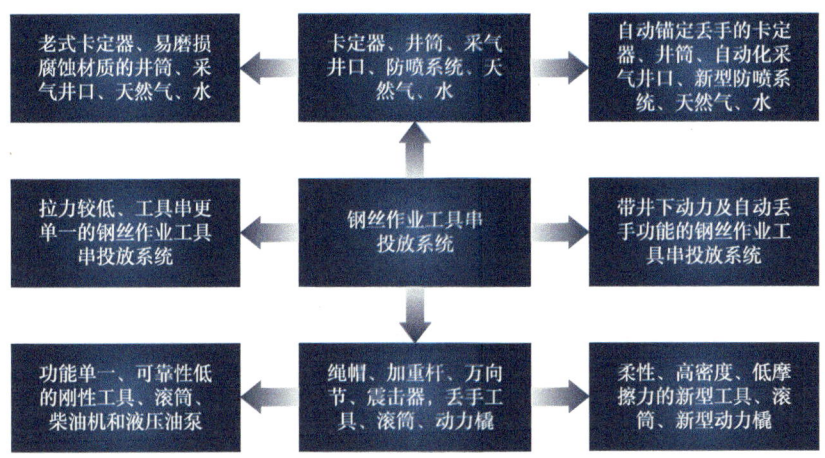

图 9-8　九屏幕图

3. 功能分析

通过组件分析、相互作用确定了系统需要消除的主要有害功能为工具串与井筒间的摩擦力。通过对功能模型采用两步较为激进的裁剪，分别得到了一个中间模型和两个可用的模型（图 9-9）。中间模型，由于裁剪掉了工具串，拖动钢丝下行的动力不足，同时由于上顶力的存在，导致绞车装置及钢丝均不能实现有效的控制。

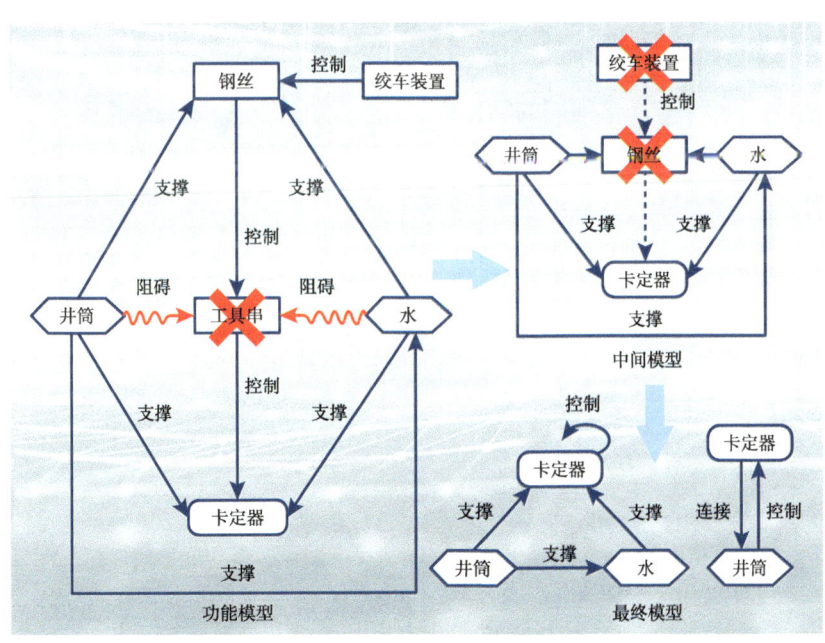

图 9-9　功能分析模型

4. 因果链分析

因果链分析是一种识别解析工程系统关键原因的分析手段，重点针对操作区域、系统内分析问题的原因，为解决问题寻找入手点。针对柱塞卡定器下入深度不足的问题，主要从"工具串下入遇卡""工具串下入阻力较大""工具串下入动力不足"三个方面进行因果链分析（图 9-10）。

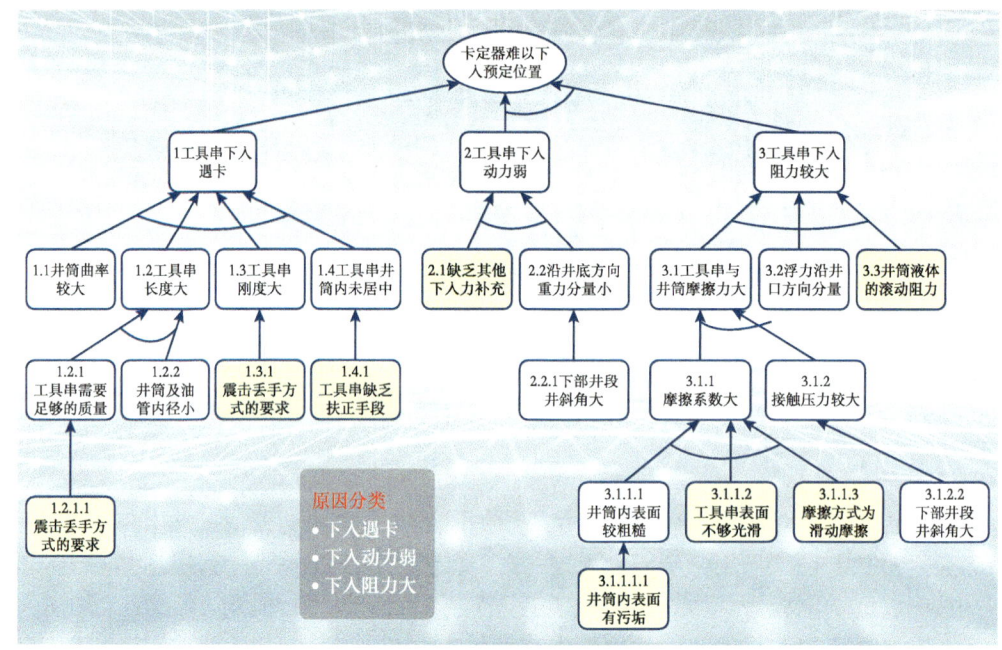

图 9-10　因果链分析

5. 物场模型及标准解

根据物场模型的分类，该问题的物场模型为有害的相互作用，油管内壁对工具串摩擦力的有害作用，水对工具串流体阻力的有害作用。采用拆解物场模型来消除或抵消系统内的有害作用（图 9-11）：如果由某个场对物质 S_1 产生了有害作用，可以引入物质 S_3 来吸收有害作用，也可以用其他的场来抵消有害作用。此外，对于有害的效应，除了第 1.2 子级标准解法，也可以用第三极的解法来解。

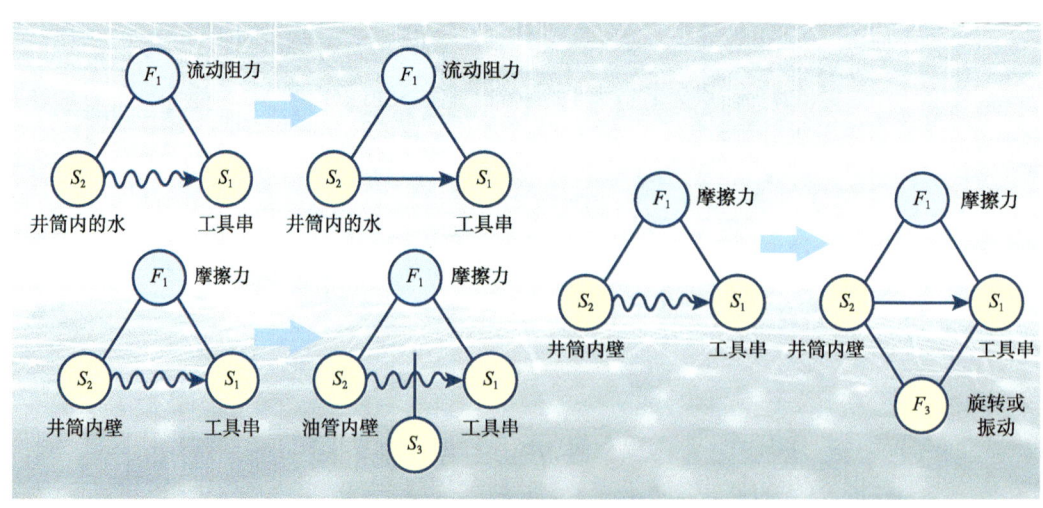

图 9-11　物场模型及解决模型

四、解决方案及成果

项目针对页岩气水平井中卡定器投放深度及井斜角受限的行业重大难题,综合运用13种创新工具,形成共计42项解决方案。以双排轴承扶正器、螺旋滚珠万向节、蛇形柔性加重杆、压差丢手工具为代表的解决方案创新性强、可实施性高(图9-12),成果已受理国家专利10项,包含8项发明专利,获得2020年中国石油首届一线生产创新总决赛一等奖第一名。该方案从降低摩阻、提高通过性、提高居中度、减少工具串长度、优化丢手方式等多个方面彻底解决了当前难题。

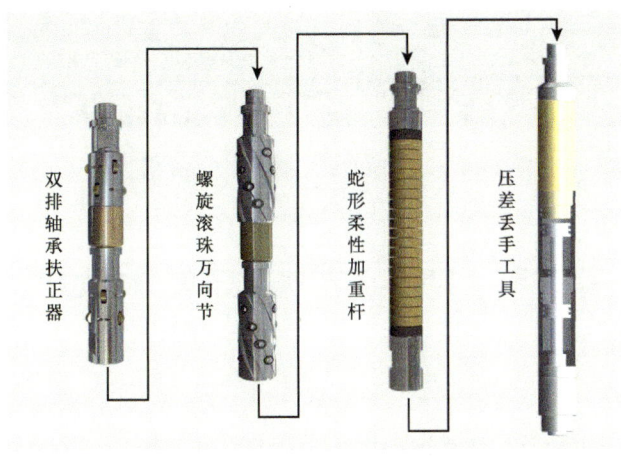

图 9-12　新型钢丝作业工具串组合

成果在国家页岩气示范区等60口井开展现场试验和推广应用(图9-13),卡定器坐放深度平均井斜度达到65.25°,有效提升了卡定器的投放能力(图9-14)。成果通过助力排采工艺的实施,累计增产天然气超过 $4000 \times 10^4 m^3$,创造经济效益5000余万元。预计未来每年可在页岩气井推广应用500余井次,增产天然气量 $5 \times 10^8 m^3$,创造经济效益超6.5亿元。此外,成果还能在钢丝试井、电缆测井等其他领域发挥作用、创造价值。

图 9-13　创新成果页岩气现场应用

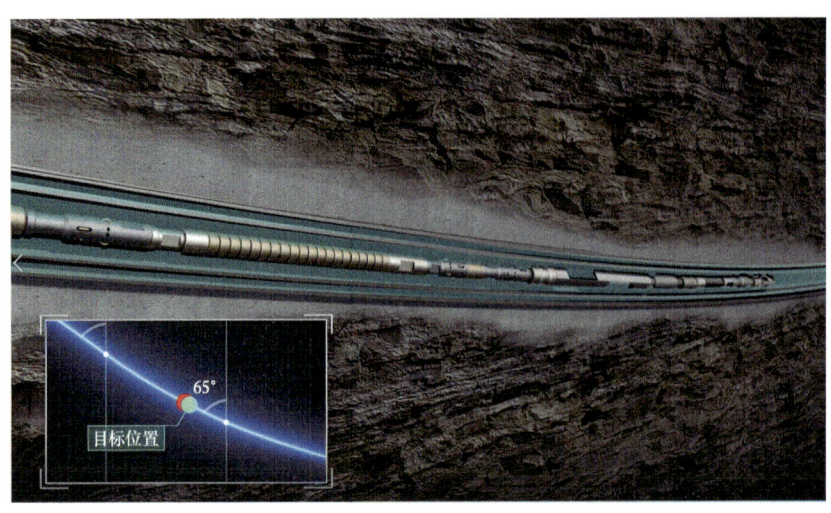

图 9-14　成果助力卡定器投放井底预定位置

第二节　解决页岩气井压裂分段难题

一、问题背景

页岩气是一种优质高效、绿色清洁的低碳能源，在我国一次性能源消费结构中占比逐年增加，大力推进页岩气勘探开发，保障页岩气产能，对推进我国能源生产消费变革、优化能源结构、保障能源安全意义重大。中国页岩气探明储量全球第一，高达 $7643\times10^8m^3$，大力开发页岩气关系到国家能源战略安全。

通常采用连续油管射孔的方式建立页岩气井第一段压裂通道。随着非常规气藏勘探开发持续向更深储层（最大埋深超 5000m）、更长改造长度（最长水平段超 3100m）地逐步深入，超过了连续油管最大作业长度（≤ 7000m）；同时，在井眼轨迹复杂、水平段末端呈"上翘型"等情况下连续油管易发生自锁，需注入大量金属降阻剂以延长下入深度，不仅大幅增加了作业成本，延长了连续油管作业周期，而且对储层也会造成二次伤害，作业风险较高，已无法有效满足非常规气藏的规模效益开发需求。另外，国内主要通过引进国外公司产品及配套技术实现对页岩气、致密气等非常规气藏的储层改造，桥塞等关键工具严重依赖进口，压裂液体、施工方案、压裂设计与配套技术服务捆绑销售，导致单井压裂施工作业周期长，作业费用非常昂贵，且压后处理费时费力；加上受制于国外技术封锁，不能进行规模化推广应用。因此，亟需突破这一技术瓶颈。

二、问题分析

页岩气作为非常规能源是具备商业化开采的现实资源。大规模、高导流、体积分段压裂技术目前已成为实现深层页岩气经济开发的关键（图 9-15）。由于非常规气藏普遍具有储量丰度低、储层渗透率低、圈闭特征不明显等特点，国外主要采用复合桥塞＋多簇射孔多段压裂技术进行储层改造，达到了提高页岩气井产量的目的（图 9-16）；而国内储层改

第九章 非常规油气资源开发工程创新方法集成应用示范

造技术主要包含笼统压裂、机械式封隔器分层压裂、连续油管喷射压裂、裸眼封隔器分层压裂等，施工作业时表现出了施工排量低、加砂量少、分段数量受限等特点，难以满足国内非常规气藏的大排量加砂体积压裂施工需求。

目前页岩气井几乎全部采用电缆—桥塞—射孔联作进行分段，首段通过连续油管射孔建立压裂通道。但是随着深层长水平段页岩气井的大量开发，连续油管作业能力受限；首段压裂通道的建立也遇到了极大的挑战；压裂完成后，桥塞的处理也变得更加困难。

图 9-15　页岩气井分段压裂施工现场

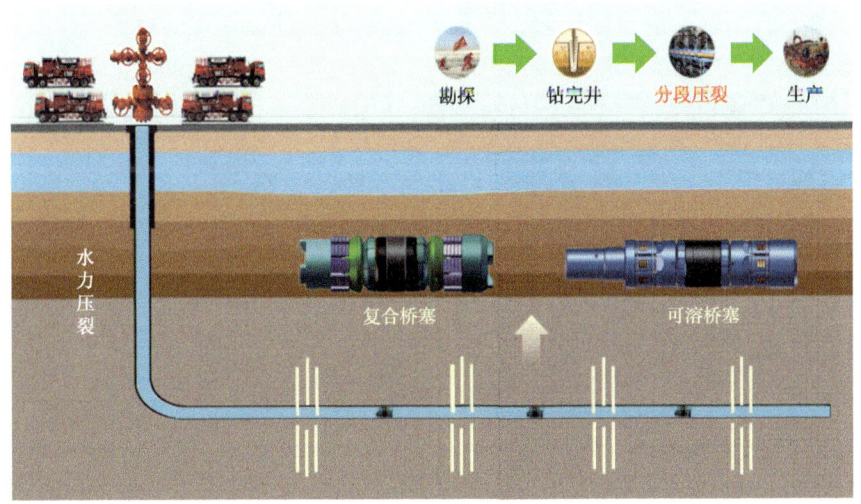

图 9-16　页岩气井压裂分段工艺示意图

三、问题探究

运用创新方法分析及解决问题的过程中，主要采用了 S 曲线分析、最终理想解、九屏图、资源分析、因果链分析、功能分析及裁剪、技术矛盾和发明原理、物理矛盾和分离方法、物场模型及标准解、功能导向搜索、科学效应库等方法，产生了桥塞采用无胶筒全金属可溶材质、首段压裂通道采用压力脉冲波开启的固井滑套等关键思路（图9-17）。

针对提高压裂分段的问题，主要应用TRIZ理论对当前的绳索作业工具串投捞系统开展创新方法的应用，主要思路流程如下图所示：

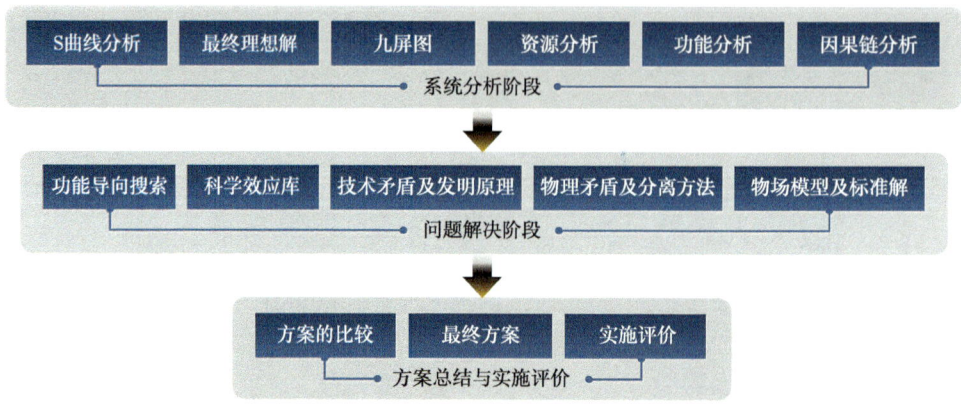

图9-17　思路流程图

运用创新方法分析及解决问题的过程中，主要采用了S曲线分析、最终理想解、九屏图、资源分析、因果链分析、功能分析及裁剪、技术矛盾和发明原理、物理矛盾和分离方法、物场模型及标准解、科学效应库等方法。在分析和解决问题的过程中均有方案产生。

1. S曲线分析

分段压裂工具系统目前正处于第二阶段——成长期，调研指标显示：

①分段压裂作业相关专利数量迅速增长；

②分段压裂作业相关发明的级别持续降低；

③分段压裂作业带来的收益开始上升。

相比直井段的绳索作业，国内的气井分段压裂需求更多出现在近十年。分段压裂正转向深井、超深井长水平段作业过程中，相关技术及配套尚不完善，系统的种类差异化也逐渐明显，系统在不同的领域得到了应用（图9-18）。

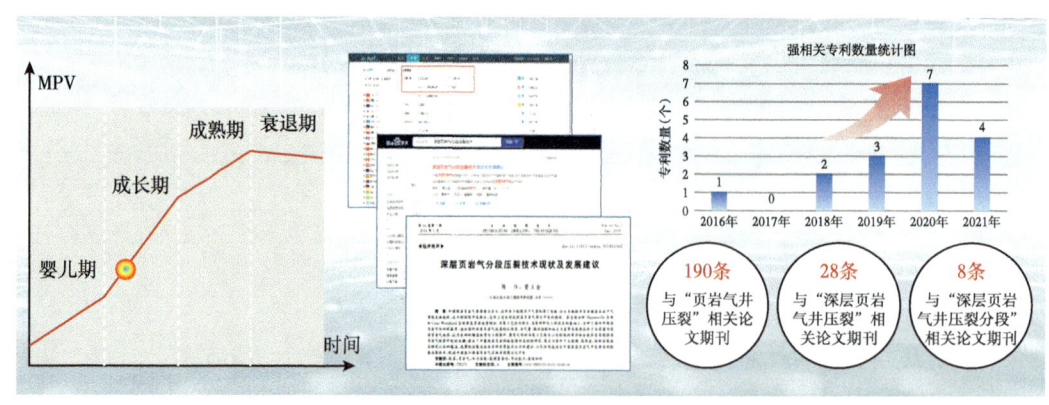

图9-18　S曲线分析

2. 最终理想解

理想化方法主要是在大脑中设立理想的模型，把对象简化、钝化，使其升华到理想状态，该问题的最终理想解如图 9-19 所示。

序号	思维分析步骤	实际问题分析结果
1	设计的最终目的是什么？	井筒在压裂作业时实现分段作业，压裂完成后实现井筒全通径
2	IFR是什么？	井筒的各段的压裂孔眼实现实时开启及关闭
3	达到IFR的障碍是什么？	连续油管屈曲、自锁、遇阻，桥塞钻磨或溶解困难
4	出现这种障碍的结果是什么？	连续油管难以下入到位，首段压裂孔眼难以建立，压后桥塞难以处理干净
5	不出现这种障碍的条件是什么？	连续油管充分居中且下入动力充分、桥塞易钻或压裂后迅速溶解
6	创造这些条件所用的资源是什么？	注入头注入力、电能、流体动能、井筒液体离子浓度、磨鞋、连续油管、电缆装置、套管…

图 9-19　最终理想解

3. 九屏幕法

多屏幕方法是 TRIZ 中典型的"系统思维"方法，即对情境进行整体考虑，不仅考虑目前的情境和探讨的问题，而且还有他们在层次和时间上的位置和角色（图 9-20）。

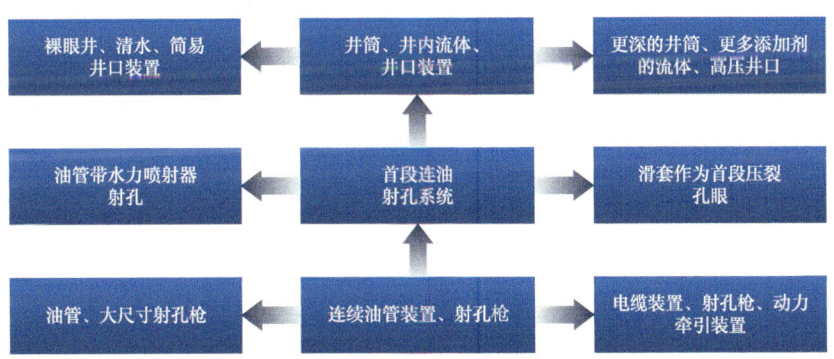

图 9-20　九屏幕图

4. 功能分析及裁剪

功能分析是一种识别系统和超系统组件的功能、特点及其成本的分析工具，主要用来识别后期需要解决的问题，通常可结合裁剪工具提出解决方案。通过组件分析、相互作用确定了系统需要消除的主要有害功能为工具串与井筒间的摩擦力。以首段压裂通道建立系统为例进行功能分析，桥塞钻磨、桥塞溶解系统的分析过程类似（图 9-21）。

5. 因果链分析

针对压裂分段效率低的问题，主要从"首段压裂通道建立困难""压后桥塞处理困难"两个方面进行因果链分析（图 9-22）。

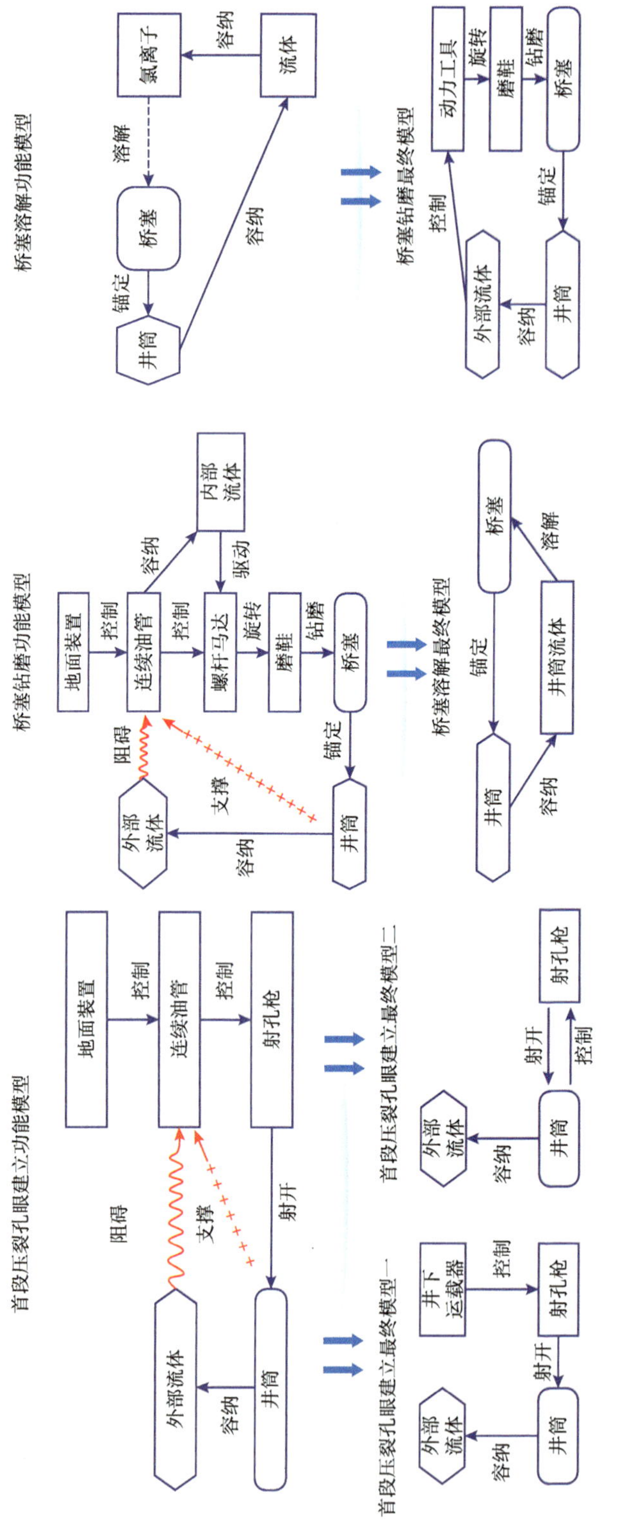
首段压裂孔眼建立功能模型
地面装置
控制
连续油管
控制
射孔枪
射开
阻碍
支撑
外部流体
容纳
井筒
首段压裂孔眼建立最终模型一
井下运载器
控制
射孔枪
射开
外部流体
容纳
井筒
首段压裂孔眼建立最终模型二
外部流体
容纳
井筒
射开
控制
射孔枪
桥塞钻磨功能模型
地面装置
控制
连续油管
容纳
内部流体
驱动
控制
螺杆马达
旋转
磨鞋
钻磨
桥塞
锚定
井筒
支撑
阻碍
外部流体
容纳
桥塞溶解最终模型
桥塞
锚定
溶解
井筒流体
井筒
容纳
桥塞溶解功能模型
氯离子
容纳
流体
溶解
桥塞
锚定
井筒
容纳
桥塞钻磨最终模型
动力工具
旋转
磨鞋
钻磨
桥塞
控制
锚定
外部流体
容纳
井筒

图9-21　功能分析

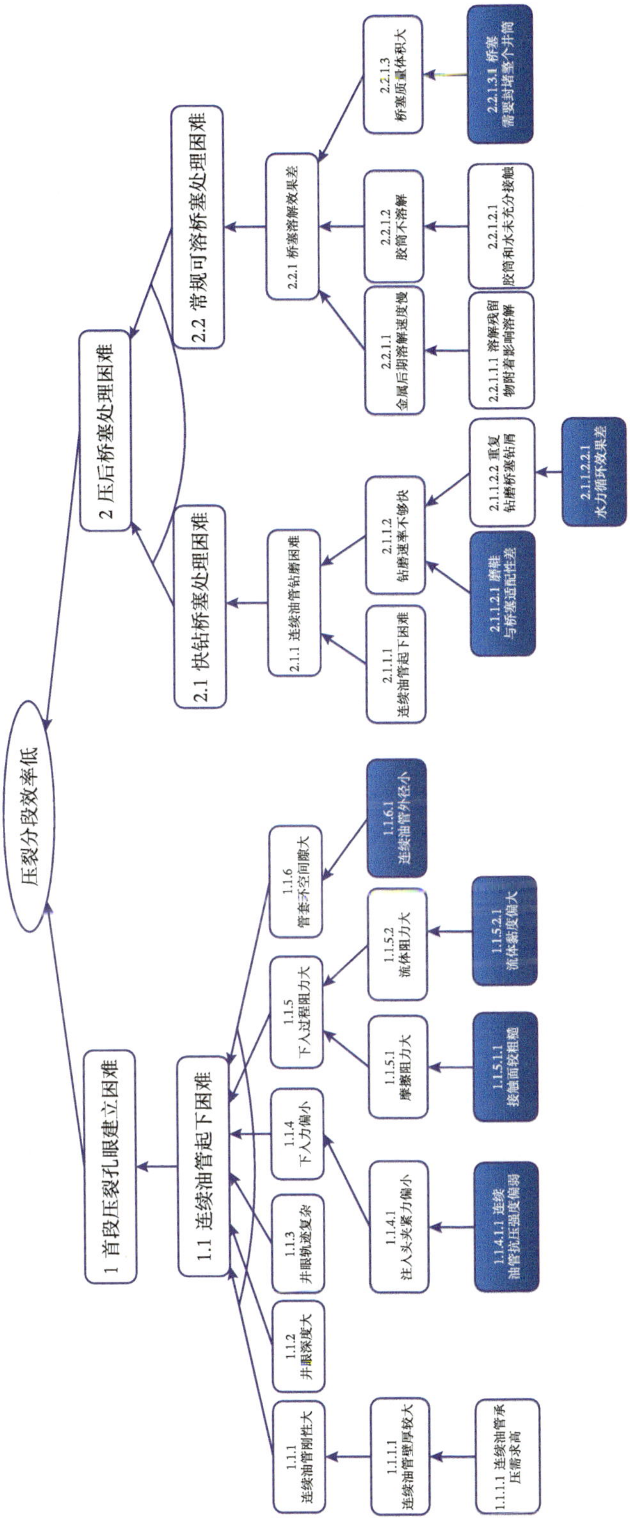

第九章 非常规油气资源开发工程创新方法集成应用示范

图9-22 因果链分析

图8 因果链分析

6. 技术矛盾及发明原理

对"桥塞溶解系统"进行矛盾分析，建立基于通用工程参数的问题模型，并建立解决方案模型（图9-23）。

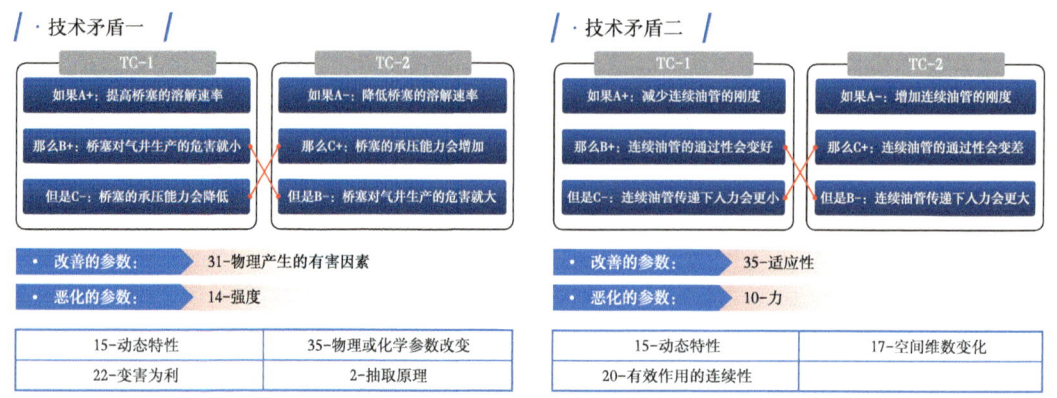

图9-23　技术矛盾及发明原理

7. 物理矛盾及分离方法

对于"桥塞溶解"系统，确定其物理矛盾，并采用相对应的分离原理，具体如下。

①确定物理矛盾：桥塞的溶解速率应该慢，以满足压裂时封隔井筒要求；桥塞的溶解速率应该快，以满足压裂后井筒全通径要求。

②采用的分离原理——时间分离：压裂时桥塞应具备封隔井筒并承压的功能；压裂后，桥塞应具备立刻被处理消失，满足井筒生产全通径的需求。

四、解决方案及成果

项目针对页岩气开发过程中的重大难题——页岩气井压裂分段难题，综合运用14种创新工具，形成共计40项解决方案。以压力脉冲套管启动滑套（图9-24）、换位机构套管

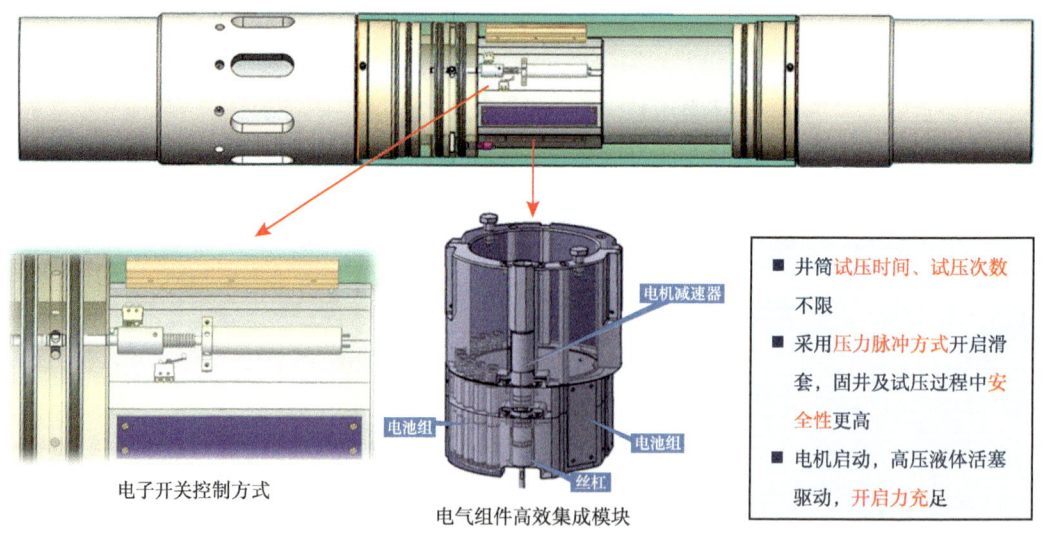

图9-24　压力脉冲套管启动滑套

启动滑套以及无需连油钻磨处理的全金属可溶桥塞（图 9-25）创新性强、可实施性高，成果已授权国家专利 12 项（图 9-26），包含 9 项发明专利，产品获得中国石油自主创新重要产品证书。上述方案完全克服了连续油管作业短板，高效解决了页岩气井压裂分段难题。

成果在国家级页岩气示范区等 190 口井开展现场应用，不仅实现了首段压裂通道的可靠开启，还能完全满足全井筒试压的要求，压裂完成后，全金属可溶桥塞自行溶解，无需通井即可实现井筒全通径，极大地缩短了作业周期，支撑页岩气井快速投产。目前已累计增产天然气超过 $5×10^8 m^3$，节约作业费用 1.7 亿元。

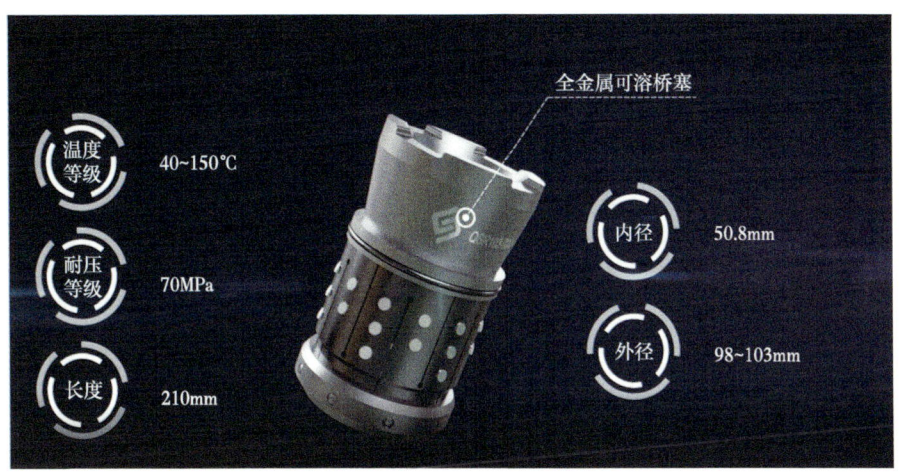

图 9-25　全金属可溶桥塞

图 9-26　项目成果有形化

第三节 解决油气井带压作业堵塞器投放难题

一、项目情况介绍

"降煤、稳油、增气、大力发展可再生资源"是实现碳达峰、碳中和目标的基本思路，然而我国天然气对外依存度不断攀升，预计2025年将超过50%，严重威胁到我国能源安全。因此在可再生资源成为主力能源之前，加快天然气发展是我国能源低碳转型的最现实选择。

油气资源生产过程中，井下油管发生着至关重要的作业，它可以将地下数千米的油气资源高效地运送到地面。所以对井下油管的定期维护显得尤为重要。传统更换油管作业方式是压井作业，它具有储层伤害大、作业周期长、复产难度高等一系列问题。现有的新型作业方式带压作业，在更换井下油管过程中不使用压井液，解决了常规压井作业中储层伤害、环境污染、废液处理的难题，与此同时，带压作业恢复生产也更快，是高效、清洁、绿色的井下作业革命性技术。

二、项目来源及问题分析求解

1. 问题描述

油管更换作业是气井安全、平稳生产的重要措施之一，在工艺措施实施之前需要采用钢丝作业将堵塞器下放至井下油管指定位置并坐封（图9-27），该项操作直接影响后续生产是否能够顺利进行。因为井况复杂及堵塞器尺寸较大，堵塞器在下入过程中由于油管变径、变形等遇阻遇卡时常发生，无法下至指定位置；且常规堵塞器因为坐封不可控，不安全性高，极大影响了气井产能发挥。

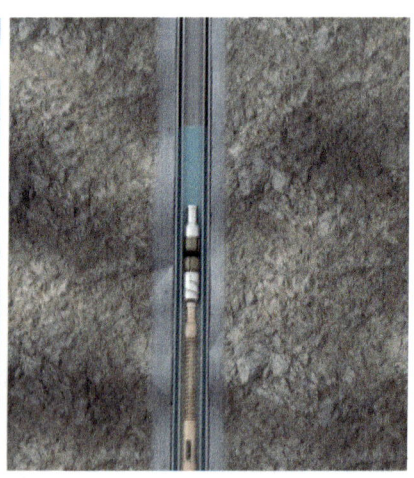

图9-27 带压作业工艺示意图

针对传统压井作业存在的问题，带压作业应运而生，查询国家知识产权局专利检索及中国知网，在国内外文献检索范围内，未见相同研究的文献报道。

第九章 非常规油气资源开发工程创新方法集成应用示范

对于带压作业,主要的问题在于井底压力控制,于是提出了机械系统代替压井液的想法(图9-28)。国外普遍采用的是油管底部循环开关阀,这种工具能够通过压力控制实时进行油管底部通道的开闭,但因为长期处于油管底部,而油管内径较小,不能满足后期试井工具、修井工具等的下入,存在一定局限性,因此不被国内广泛使用。针对此问题,国内推出了油管堵塞器,然而经过长期的发展,普通机械堵塞器仍然存在亟待解决的两个重大问题,一是堵塞器下至设计深度困难,容易遇卡遇阻;二是,堵塞器坐封困难,坐封可控性差,封不住,封不严。

图 9-28 带压作业施工现场图

2. 问题初步分析

1)当前系统的功能及组成

当前系统:堵塞器。

功能:钢丝绳索通过工具串和堵塞器相连接,利用绞车装置下放控制钢丝绳索,传送堵塞器到井下预定深度后实现堵塞器的坐封。

组成:卡瓦、扶正器、本体、密封件。

2)当前系统的工作原理

通过绳索作业工具串自身重量,将连接在工具串底部的堵塞器投放到井段预定深度;通过上提将堵塞器坐封在油管内部,随后利用工具串质量及震击器冲击行程完成丢手工具剪切销钉的过程(销钉剪切力 $F=ma$),进而实现堵塞器的丢手及分离;整个作业过程通过钢丝绳索配合地面绞车装置加以控制。

3)存在的主要问题

因为坐封安全性要求,堵塞器直径较大,而井下油管不可避免存在变径、变形的问题,因此堵塞器在下入过程中极易遇阻或遇卡,难以下至指定位置,且现有堵塞器在坐封时仅有一层橡胶密封件,当密封件失效时,坐封失败,导致油管更换时间滞后,进而影响气井生产。

4)技术参数

堵塞器外径、下入深度、油管内径、狗腿度、液面深度、钢丝张力、堵塞器与油管间摩擦力、堵塞器浮力等。

5）问题解决目标

钢丝作业工具串作为运载及丢手工具，可以将堵塞器下入油管内的预定位置，下入作业过程顺利，无遇阻、遇卡情况发生，且在下至预定位置后顺利坐封。

6）限制条件

油管的内径、堵塞器尺寸、钢丝下入力。

3. 问题解决工具的选取与分析

针对堵塞器下入指定位置困难及坐封不可靠的问题，主要应用TRIZ理论对当前系统开展创新方法的应用，主要思路流程如图9-29所示。

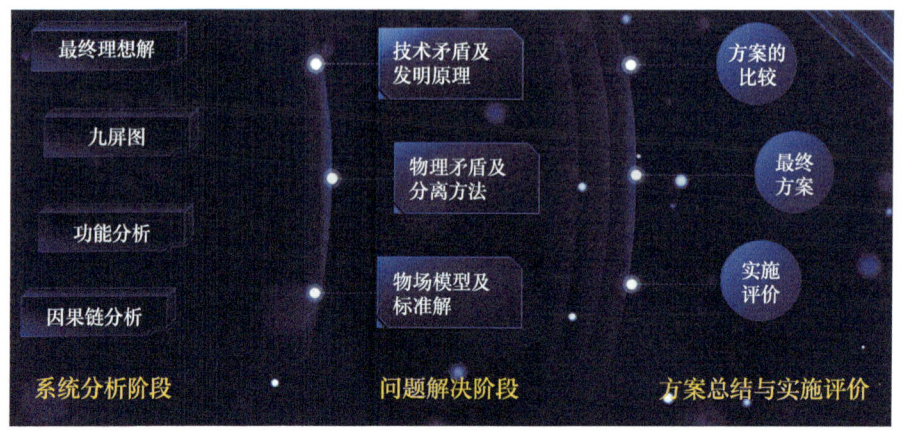

图9-29　思路流程图

运用创新方法分析及解决问题的过程中，主要采用了最终理想解、九屏图、因果链分析、功能分析及裁剪、技术矛盾和发明原理、物理矛盾和分离方法、物场模型及标准解等方法。在分析和解决问题的过程中均有方案产生。

1）最终理想解

通过理想化方法，确定了解决该问题的最终理想状态，即油管能够自己控制压力，即自定位堵塞器，它完全取消工具串级及钢丝作业装置，直接将堵塞器从油管口投入，到达预定深度后，堵塞器自动实现减速刹车并坐封在油管内壁（图9-30）。要实现上述目的，现有的堵塞器需要添加定位机构。自定位堵塞器内部设置有陀螺仪（图9-31），实现深度的测量，自定位堵塞器在判断下入到位后实现减速和坐封（表9-1）。

表9-1　最终理想解应用流程表

序号	思维分析步骤	实际问题分析结果
1	设计的最终目标？	堵塞器能够到达设计位置并坐封
2	最终理想解？	堵塞器能够自己到达设计位置并坐封
3	达到理想解的障碍是什么？	堵塞器只能从油管内起下，而起下堵塞器工具串容易遇卡阻；堵塞器坐封时稳定性不确定
4	出现这种障碍的结果是什么？	堵塞器不能到达设计坐封位置；坐封失败，无法密封承压
5	不出现这种障碍的条件是什么？	缩小堵塞器尺寸，增强堵塞器坐封力
6	创造这些条件所用的资源是什么？	堵塞器、工具串、钢丝绳索、绞车装置、井筒、采气井口、防喷系统、天然气、水、人、重力势能、钢丝的拉力、摩擦力、压力能

第九章 非常规油气资源开发工程创新方法集成应用示范

图 9-30 自定位堵塞器

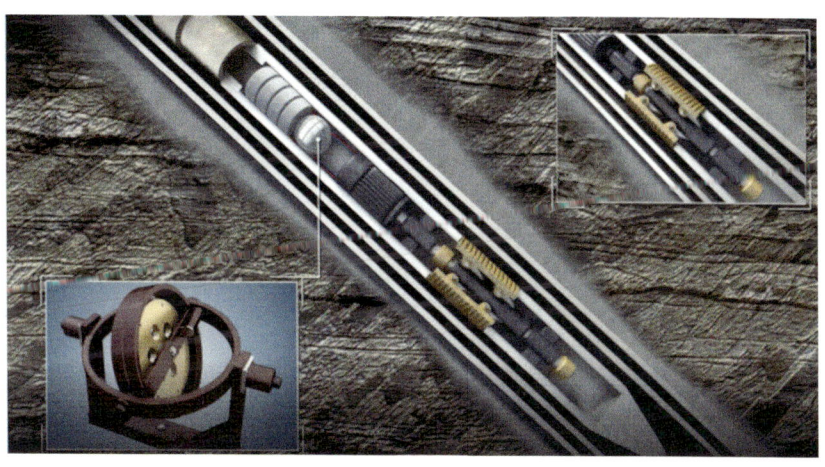

图 9-31 自定位堵塞器内部结构

2)系统分析——九屏图

分析流程：通过设想系统的未来，启发我们采用更加智能的堵塞器；通过设想子系统的未来，启发我们提高单个工具的智能化；通过设想超系统的未来，启发我们简化超系统及提供更为安全的作业环境；通过回顾子系统的过去，发现过去工具的种类及功能更加单一，启发我们进一步丰富工具的种类及功能。因此，通过设想堵塞器的未来，提出了油管智能机器人堵塞器：该堵塞器能够自己控制到达预定位置，并根据设计要求进行坐封，有效封隔地层压力。该堵塞器包含智能芯片及动力单元等结构，由电池直接供能。无需添加钢丝绳索及工具串等下入设备（图 9-32）。

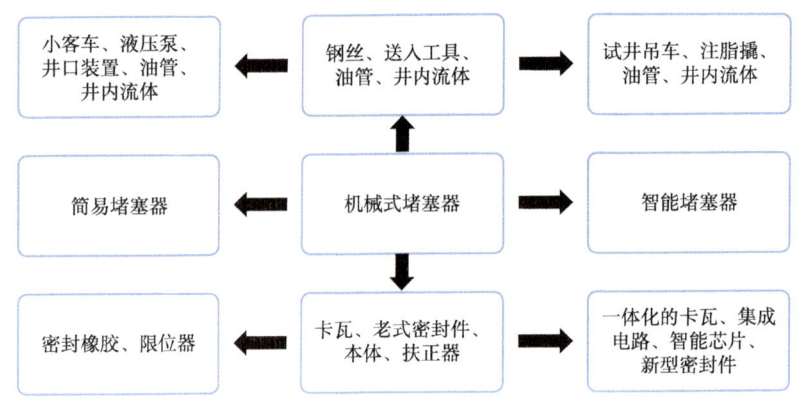

图 9-32　九屏图

3）功能分析及裁剪

功能分析是一种识别系统和超系统组件的功能、特点及其成本的分析工具，主要用来识别后期需要解决的问题，通常可结合裁剪工具提出解决方案。通过组件分析、相互作用确定了系统需要消除的主要有害功能为堵塞器与油管间的摩擦力。

（1）系统名称

机械堵塞器。

（2）系统功能定义

堵塞器下放到指定位置后，通过人工操作加压使堵塞器上的橡胶密封件膨胀，从而达到密封油管的作用。

（3）组件分析

组件分析见表 9-2。

表 9-2　构成组件

系统级别	组件名称
系统内组件	堵塞器
超系统组件	送入工具、钢丝、油管、流体

功能清单见表 9-3。

表 9-3　功能清单表

组件名称	送入工具	钢丝	油管	堵塞器	流体
送入工具		√	√	√	√
钢丝	√		√		√
油管	√	√		√	√
堵塞器			√		√
流体	√	√	√	√	

（4）功能分析

功能分析见表9-4。

表9-4 功能模型

功能载体	作用	功能对象	改变的参数	功能种类
钢丝	控制	送入工具	深度	充分
送入工具	控制	堵塞器	强度	充分
油管	支撑	钢丝	位置	充分
油管	阻碍	堵塞器	力	有害
流体	支撑	钢丝	位置	充分
流体	阻碍	堵塞器	力	有害
油管	支撑	流体	位置	充分

（5）功能模型

通过对功能模型（图9-33）采用两步较为激进的裁剪，分别得到了一个中间模型（图9-34）和两个可用的模型。中间模型由于裁剪掉了工具串，拖动钢丝下行的动力不足，同时由于上顶力的存在，导致绞车装置及钢丝均不能实现有效的控制。

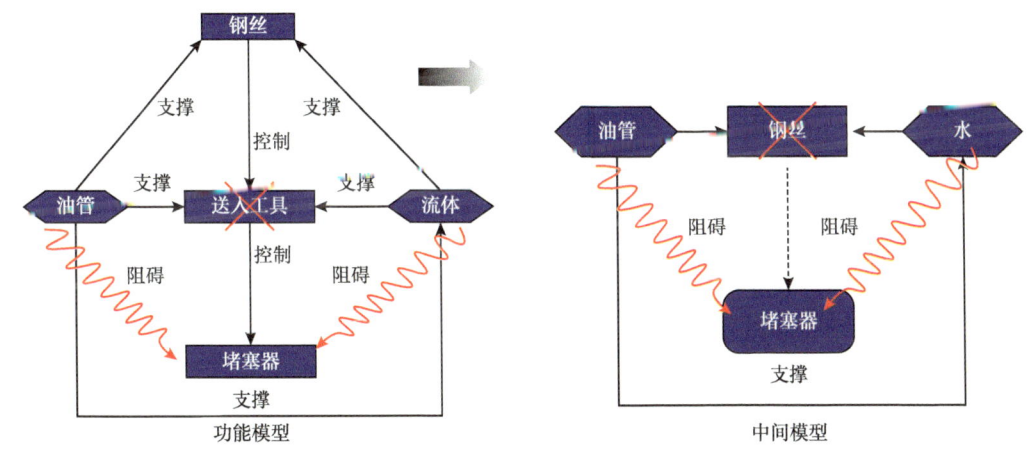

图9-33 功能模型　　　　　　图9-34 中间模型

由于中间模型先天存在不足，因此继续在中间模型的基础上进行第二次裁剪，由此得到了两个模型，模型一是堵塞器自己控制自己，模型二是通过油管来控制堵塞器（图9-35）。

（6）方案启发

通过功能分析以及裁剪后的模型一、二，启发我们将堵塞器从井口直接投放，自己对自己实现控制，该思路和最终理想解的思路类似。

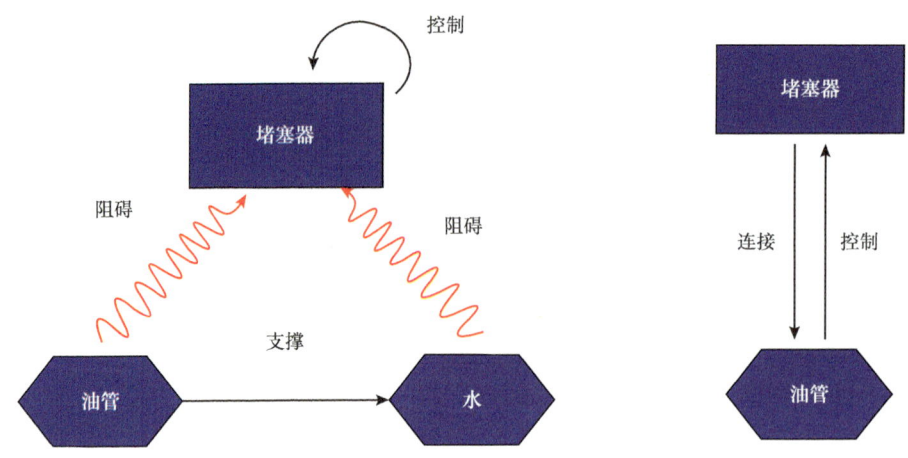

图 9-35 裁剪后模型一、二

4）因果链分析

因果链分析是一种识别解析工程系统关键原因的分析手段，重点针对操作区域、系统内分析问题的原因，为解决问题寻找入手点。针对堵塞器稳定性差的问题，主要从"堵塞器下入预定位置困难""堵塞器坐封不可靠"两个方面进行因果链分析（图 9-36）。

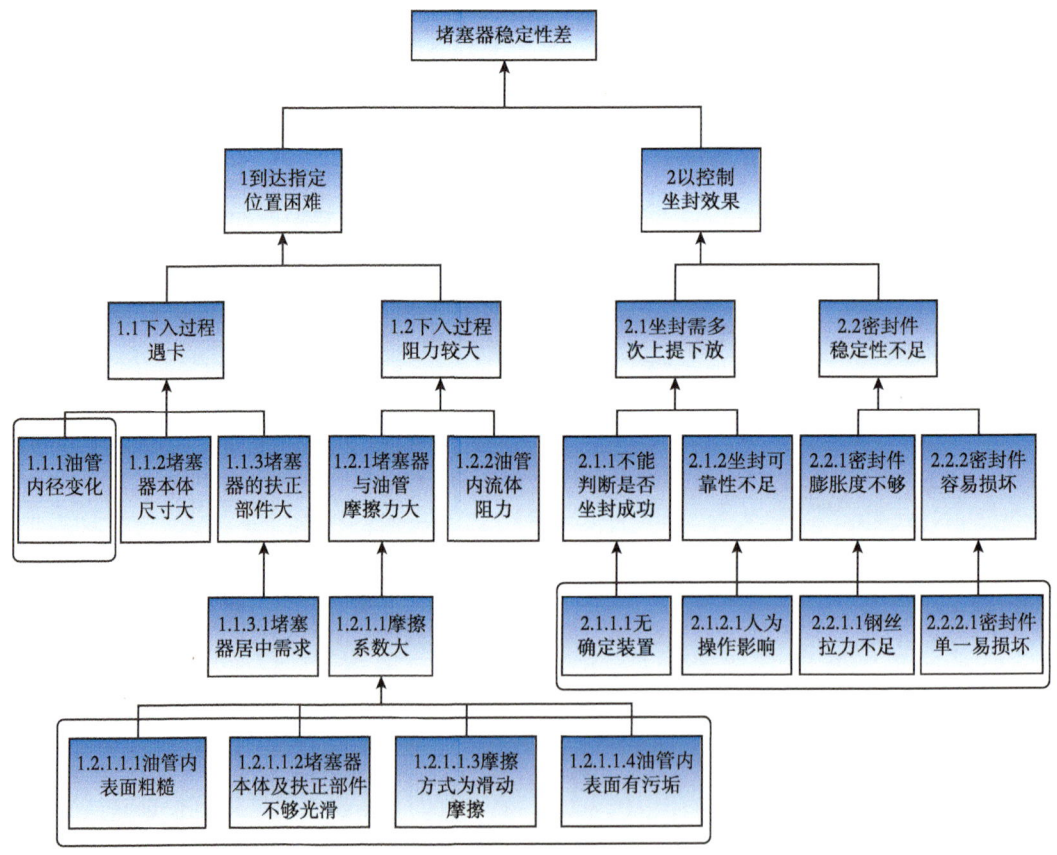

图 9-36 因果链分析

第九章 非常规油气资源开发工程创新方法集成应用示范

通过因果链分析得到了一系列不同层次导致堵塞器稳定性差的原因，除去油管内径大等客观限制条件外，还有可以从减小堵塞器尺寸、减小堵塞器表面粗糙度、清除油管内表面污垢、变滑动摩擦为滚动摩擦、改变单一密封件等方面思考解决方案。但是如减少堵塞器尺寸等方法中可能还存在有技术及物理矛盾，需要在后面的矛盾分析中加以解决。

5）技术矛盾及发明原理

确定要解决的技术矛盾为TC-1，它发生在堵塞器的适应性与堵塞器的复杂性之间，发生在增加堵塞器的尺寸的时候（图9-37）。

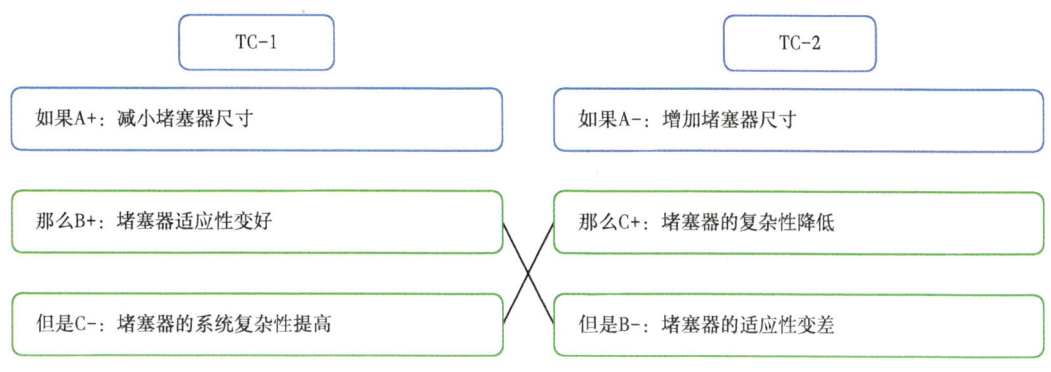

图9-37 技术矛盾

6）物理矛盾

（1）确定物理矛盾

堵塞器外径应该尽量大，以满足坐封稳定要求；

堵塞器外径应该尽量小，以满足顺利通过油管要求。

（2）采用的分离原理——时间分离

堵塞器在下放过程中是小尺寸的，堵塞器在坐封时是大尺寸的，以满足堵塞器既要大又要小的要求。

（3）采用的分离原理——条件分离

堵塞器在运动时是小尺寸的，堵塞器在静止时是大尺寸的，以满足堵塞器既要大又要小的要求。

7）物场模型及标准解

物场分析法是TRIZ中一种常用的解决问题的方法，也称物场理论。根据物场模型的分类，该问题的物场模型为有害的相互作用，油管内壁对工具串摩擦力的有害作用（图9-38）。

根据标准解法系统的应用流程对问题的类型进行判断，确定问题属于需要改进系统的问题，模型类型为产生有害效应，因此需要采用第1.2子级标准解法。

4. 技术方法及评价

利用上述7种方法共形成了22种技术方案，首

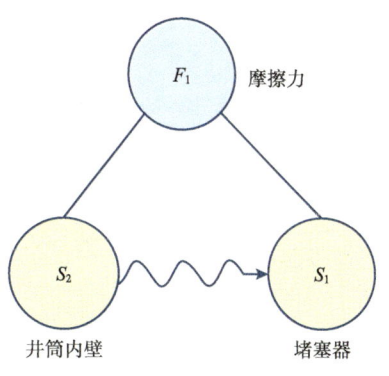

图9-38 物场分析初始模型

先对 22 项方案进行汇总，按照得到各个方案的工具进行分类，初步分析各个方案的优缺点。

随后从消除矛盾的效果、是否产生新的危害、成本、复杂性、可行性 5 个方面进行打分排名（满分 10 分），确定了可执行方案 16 项；继续对 16 项可执行方案进行理想度计算（图 9-39），反映了技术系统的经济效益、社会效益以及成本等综合因素的作用情况。理想度的计算公式如下：

$$I = \frac{\sum U_F}{\left(\sum H_F + \sum C\right)}$$

式中　$\sum U_F$——有用功能之和；
　　　$\sum H_F$——有害功能之和；
　　　$\sum C$——成本之和。

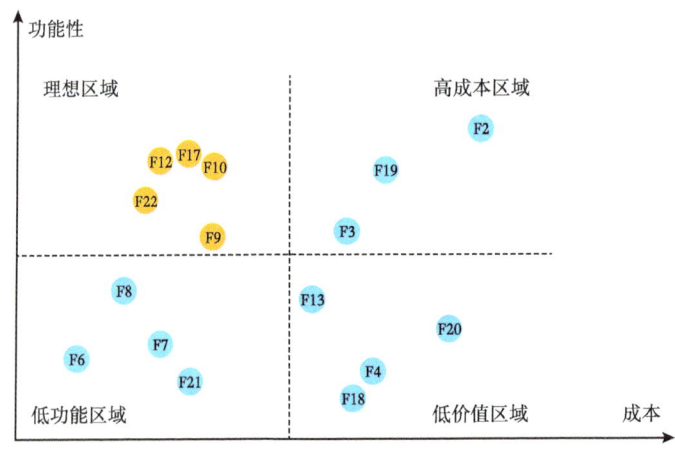

图 9-39　功能价值矩阵分析

通过上述分析，最终确定方案 9、10、12、17、22 为实施方案（表 9-5）。

表 9-5　实施方案

序号	方案编号	名称	消除矛盾	产生新的危害	成本	复杂性	可行性	总分	排名
1	F12	液缸驱动坐封	2	2	2	1	2	9	1
2	F17	智能定时器	2	2	2	1	2	9	1
3	F10	分段式密封件	2	2	2	1	2	9	1
4	F22	小直径堵塞器	2	2	2	1	2	9	1
5	F9	动力单元	2	2	2	1	2	9	1

第九章　非常规油气资源开发工程创新方法集成应用示范

三、预期成果及应用

1. 应用情况介绍、经济效益的提高

计划近5年推广应用上百口井，单井采收率提升幅度达25%以上。

2. 无存储伤害、绿色环保

页岩气井一直受水敏影响大，通过技术应用，避免压井液或其他液体进入产层，最大限度保护油气井储层，实现绿色环保施工作业。

3. 效率的提高

相较于传统压井作业平均节约作业时间17d，应用该技术的作业施工时间一般为5~7d，具有作业周期短、机动性强、可靠性高的特点。

4. 降低成本和提升安全

应用该技术后，不再需要配备压井液，所以不需考虑液体返排和后期污水处理环节，既降低了物料成本又缩短了施工周期。替代压井液后，井筒压力全面控制，实现了作业施工安全可控。

5. 知识产权

授权专利13件：《一种自驱动感应式油管内堵塞器》等（均在2019—2022年）；专著2部：《气井带压作业工艺技术》等；制定企业标准3项：《页岩气带压下完井管柱技术规范》等。

第四节　页岩气开发全面感知新技术

一、项目情况介绍

页岩气是四川省五大高端成长型产业之一，地质储量位居世界第二，达 $31.6×10^{12}m^3$（仅次于美国 $32.9×10^{12}m^3$）。美国通过页岩气革命，页岩气年产达 $7000×10^8m^3$，实现了天然气能源独立，展现了页岩气强大的能源潜力。我国页岩气2022年产量达 $240×10^8m^3$（图9-40），具有巨大发展空间。因此，加快页岩气开发，是在当下复杂的国际能源形势下，保障我国能源安全、实现能源独立的重要手段，具有重大经济与战略价值。

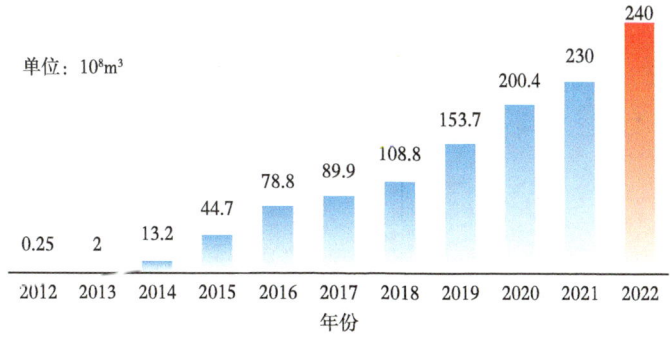

图9-40　中国历年页岩气年产量

二、项目来源及问题分析求解

1. 问题描述

页岩气需通过规模效益开发来满足我国日益增长的物质需求。美国页岩气地处平原地区（图 9-41），埋深仅 2000m，厚度达 100~300m，单井开发成本仅 0.2 亿元，具有先天效益开发条件。我国页岩气地处山地丘陵地带，埋深超 4000m，厚度却只有 10~20m，单井开发成本高达 1 亿元以上，地质条件十分苛刻（图 9-42 和图 9-43）。

图 9-41　美国页岩气地理环境

图 9-42　中国页岩气地理环境

第九章　非常规油气资源开发工程创新方法集成应用示范

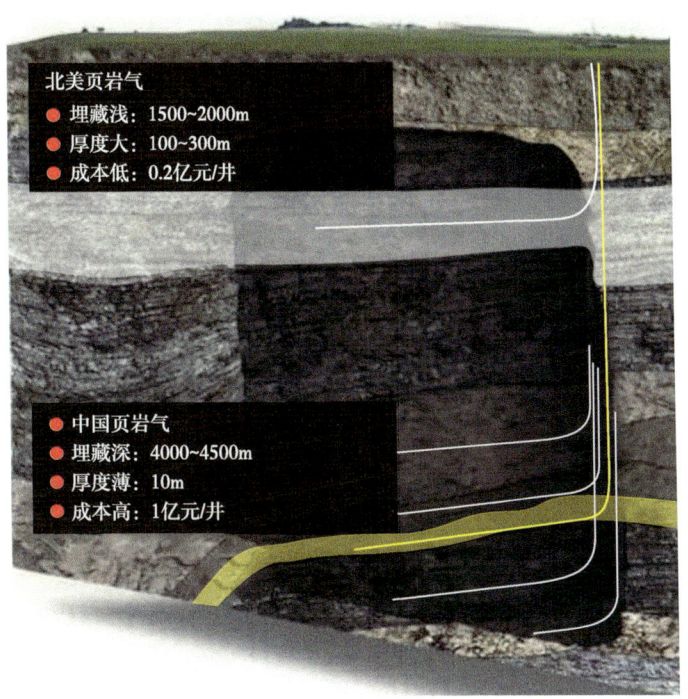

图 9-43　中美页岩气地质特征与开发成本对比

页岩气开发初期，我国引进国外壳牌、BP 等知名油服公司，分别投资 20 亿元、10 亿元，采用最先进的技术开发页岩气，为了实现精准识别 10m 优质储层、在头发丝细的储层中建立人造压裂气藏，单井成本达 2~3 亿元，却只得到了 $3×10^4$~$5×10^4 m^3/d$ 的测试产量水平（收支平衡需 $20×10^4 m^3/d$）。由于成本高、产量低，均已退出中国市场。

究其原因，国外的开发技术主要有如下三个问题：

①不能感知哪里可以开发页岩气。一个地方是否具备开发页岩气，由多个因素来确定。由于地质条件简单，美国页岩气仅需通过孔隙度、有机质、含气量、脆性矿物含量 4 项因素来确定；我国页岩气地质条件复杂，储层非均质性极强，控制因素和条件多达 30 余项，照搬国外技术不利于感知甜点位置。

②不能感知哪里不可以开发页岩气。我国页岩气处于地质活动带上，具有极大的工程风险，俗话说"上天容易入地难"，难以感知数千米地下到底发育着什么样的天然裂缝、断层，也难以感知应力场的复杂变化，导致页岩气井井筒频繁弯曲甚至折断，导致气井报废，单井损失上亿元，照搬国外技术不利于感知风险位置。

③不能感知如何开发页岩气。压裂是页岩气开发的核心技术，可以形成人工裂缝"触碰"页岩气将其源源不断产出。但页岩是一种低孔隙度、低渗透率的储层，现有技术形成的人工裂缝不够多、不够密，存在大量盲区的页岩气没有被感知，大量资源滞留在地下，造成了资源浪费。

中国石油天然气集团有限公司高度重视，依托国家级、中国石油集团级科研项目，经费超 10 亿元，升级形成地质工程双甜点评价、井筒失效风险区域预测、低成本高效率缝网压裂技术，实现页岩气全面感知。

2. 问题初步分析

传统常规的问题分析：文献调研、技术咨询。

应用创新方法进行的问题分析：系统分析。

国内页岩气水平井分段压裂开发出现仅十余年，查询国家知识产权局、中国知网、WOS 及相关智库，发现可启发地质工程双甜点评价、井筒失效风险区域预测、高效率缝网压裂技术的强相关知识产权较少，系统处于成长期。

3. 问题解决工具的选取与分析

问题包含三方面：感知哪里可以开发页岩气，感知哪里不可以开发页岩气，感知如何开发页岩气。因此，建立了一套分析、解决问题的思路流程（图 9-44），并以达到方案总结和实施评价的目的。

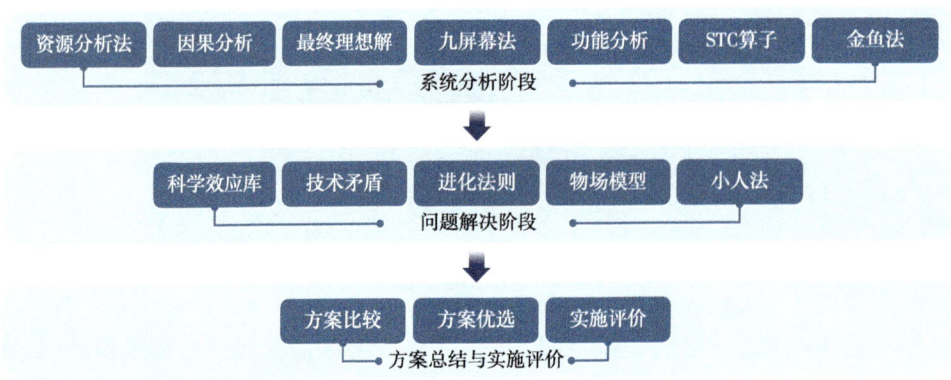

图 9-44　创新方法分析、解决问题的思路流程

1）感知哪里可以开发页岩气

选取方法：资源分析法。

分析流程：改变现有物质资源、信息资源，充分挖掘了地质甜点、工程甜点、地质工程双甜点，明确了需要考虑的 30 余项因素，感知了甜点分布位置（表 9-6）。

表 9-6　资源分析简表

资源	物质资源	信息资源
系统	优选地质甜点、单一压裂参数	储层物性条件、岩石力学条件
子系统	孔隙度、TOC、含气量、脆性矿物	含气性、物性、渗透性、脆性
超系统	复杂井下条件、自主研发设备	地质条件、工程可实施条件
系统过去	优选甜点	储层物性条件
子系统过去	孔隙度、TOC、含气量	含气性、物性
超系统过去	简单构造背景、国外引进昂贵设备	地质条件
系统未来	优选双甜点、规避风险、优化压裂参数	储层物性条件、岩石力学条件、地质力学条件
子系统未来	孔隙度、TOC、含气量、脆性矿物、断裂韧性、地应力、天然裂缝	含气性、物性、渗透性、脆性、可压性、裂缝可扩展性
超系统未来	复杂地貌与井下条件、自主研发高性能设备	地质条件、工程可实施条件、工具升级条件

2)感知哪里不可以开发页岩气

选取方法:因果分析法。

分析流程:运用鱼骨分析模式,明确了天然裂缝、断层是引发页岩气开发风险的主要因素,感知了井筒失效风险区,形成一种划分风险的方法(图9-45)。

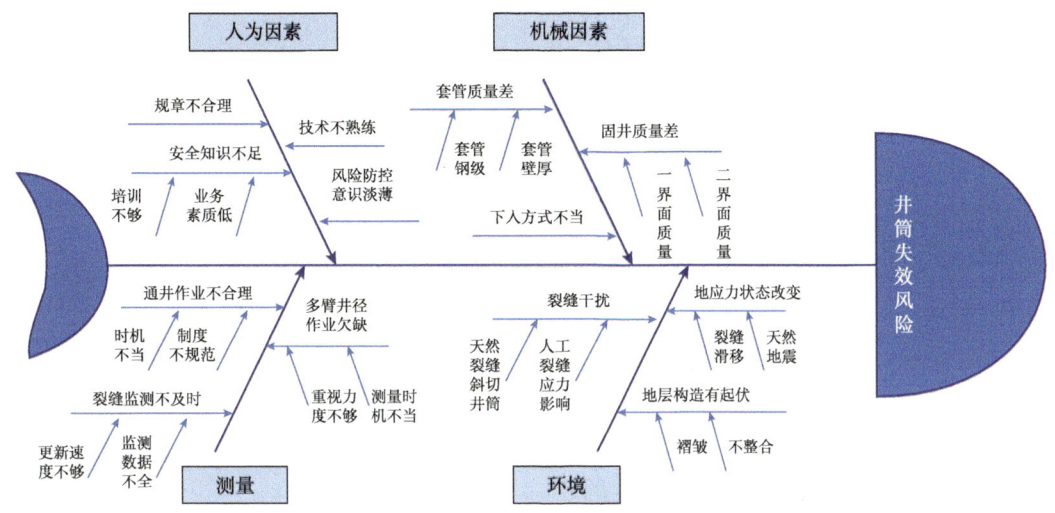

图9-45 鱼骨分析模式

3)感知如何开发页岩气

选取方法:最终理想解、九屏幕法、STC算子、金鱼法。

分析流程:

通过最终理想解,明确了高效压裂的最终目标是形成均匀的人工裂缝,均匀感知触碰页岩气(表9-7)。

表9-7 最终理想解流程

序号	思维分析步骤	实际问题分析结果
1	设计的最终目标?	感知形成井下均匀人工缝网、减小感知盲区
2	最终理想结果?	全面感知页岩气,采出所有页岩气
3	达到理想解的障碍是什么?	压裂改造不充分,存在大量区域未被改造到
4	出现这种障碍的原因?	页岩可压性优劣不均、甜点区、高产区不连续分布,地应力差大、天然裂缝过度发育,水力裂缝扩展不均匀
5	不出现障碍的条件?	识别出高产区并对其开发,增加水力裂缝条数,消除地应力差和天然裂缝的影响
6	创造这种条件所用的资源是什么?	射孔枪、压裂液、支撑剂、机械能、沿程摩阻、孔眼摩阻、井筒、连续油管、压力能、天然气、地层水、降阻剂、暂堵剂

通过九屏幕法,明确了消除盲区、感知盲区的最佳方法是开展缝网压裂,形成多而密的裂缝(图9-46)。

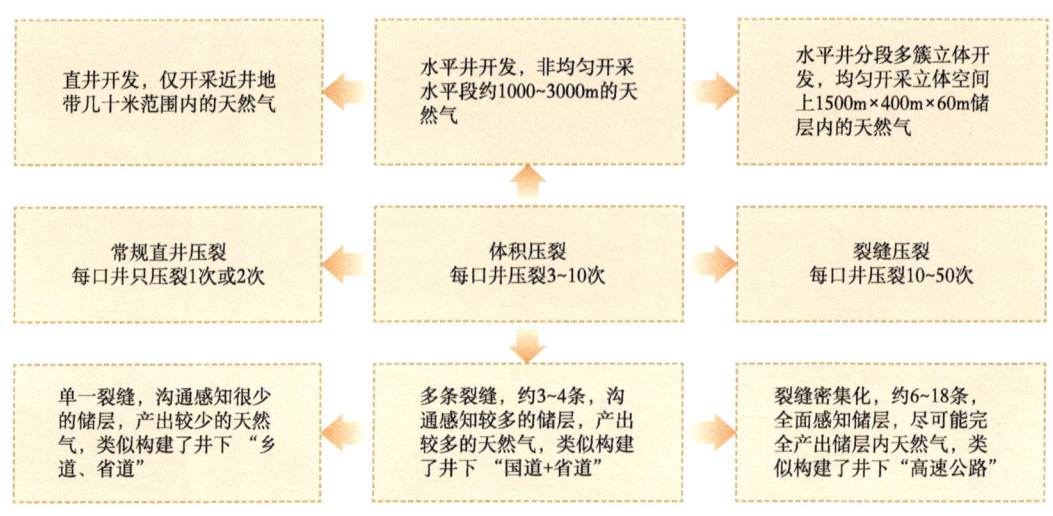

图 9-46　九屏幕法

通过 STC 算子，提出了需要考虑的方面：考虑尺寸、成本、时间三方面的因素，提出大量使用低成本的小粒径支撑剂，间接控制用液量，是当下支撑剂优选的最佳方式（图 9-47）。

通过金鱼法，幻想压裂液具有变化的黏度、较小的摩擦阻力、较强的抗矿化能力，实现液体性能在减小作业风险、提高携砂能力、增强造缝能力等方面逐渐优化，营造的人工裂缝又快又好（图 9-48）。

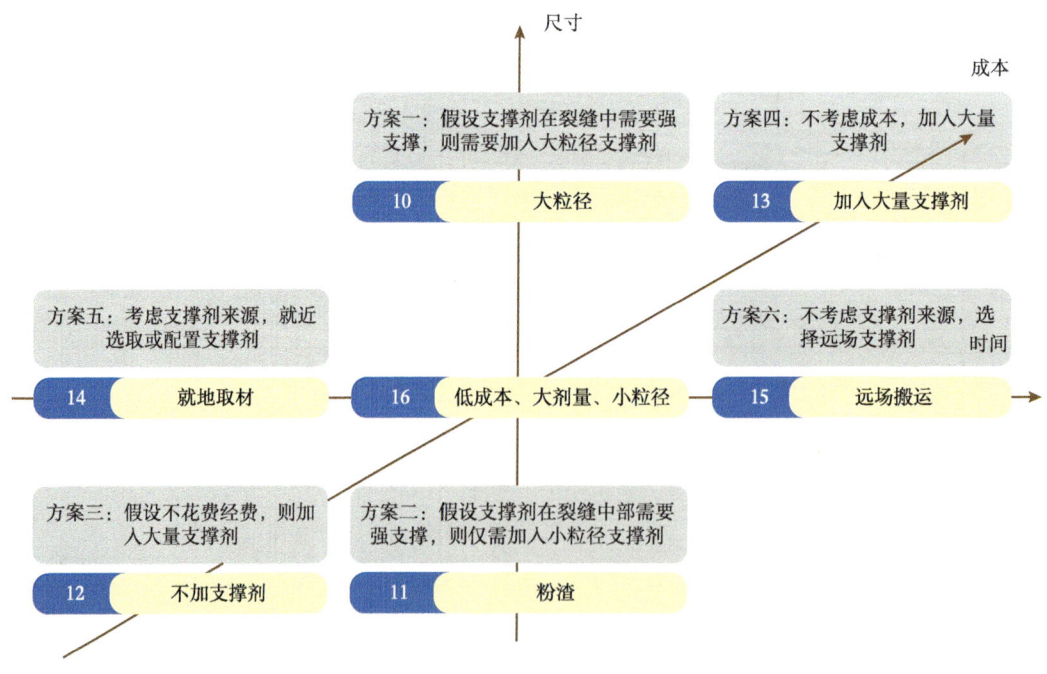

图 9-47　STC 算子分析支撑剂使用方式

第九章 非常规油气资源开发工程创新方法集成应用示范

图 9-48 增稠剂、增稠+降阻剂、增稠+降剂+高分子结构

4. 技术方法及评价

1）感知哪里可以开发页岩气

选取方法：进化法则。

分析流程：利用功能完备性法则，创新研发全三维缝网复杂度感知平台，感知是否存在甜点，打破技术壁垒，多项性能指标赶超国外知名软件。

2）感知哪里不可以开发页岩气

选取方法：物场模型、小人法。

分析流程：

通过物场模型，增加一种新的介质（流体）、一种新的场（应力场）求解变换，解决井下位移实时监测难导致井筒风险难以感知的问题（图 9-49）。

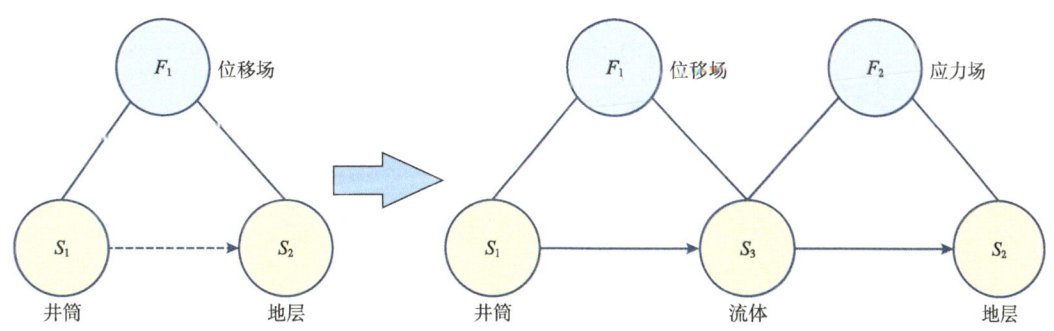

图 9-49 物场模型解译图

通过小人法，利用多维法（一维向二维、三维转化）解决非均质性强的页岩地应力感知不准的问题（图 9-50）。

3）感知如何开发页岩气

选取方法：科学效应库、技术矛盾及发明原理等。

分析流程：

运用科学效应库，通过改变物体尺寸、空间性质，发明不同的分簇射孔器、起爆装置，实现了单次射孔和起爆形成多而密的裂缝，全面触碰感知页岩气储层。

通过技术矛盾及发明原理，明确了不同支撑剂的改善、恶化方向，提出了石英砂替代陶粒、高强度加砂、连续加砂的方式，综合提升加砂效果。

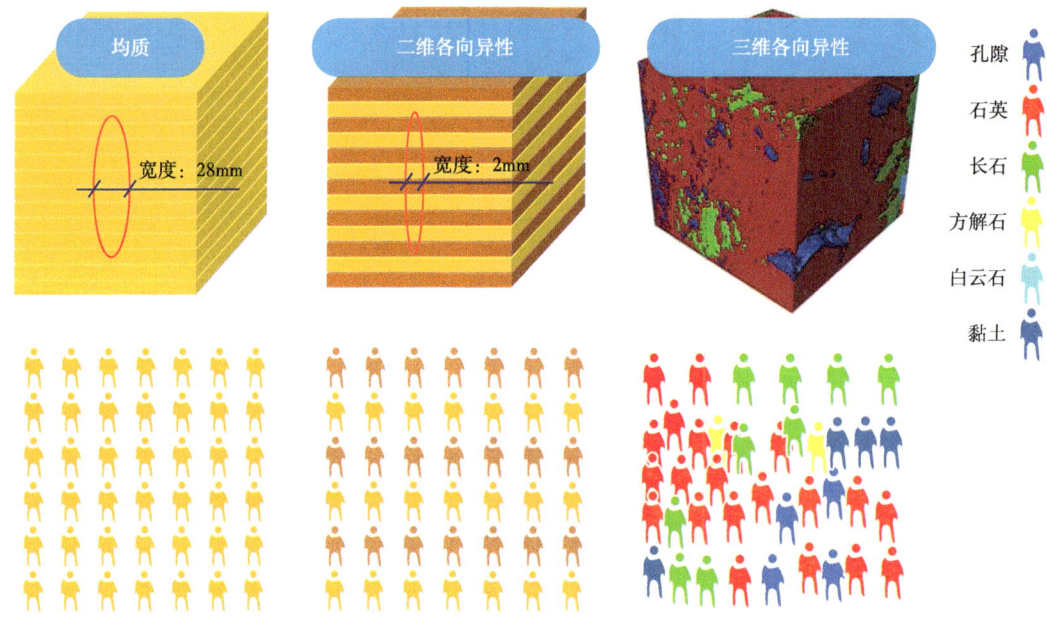

图 9-50　小人法解决地应力预测难的问题

5. 最终方案遴选及分析、结论

累计使用 12 种创新工具共得到 36 种方案，首先比较了各个方案的优缺点，随后从 5 个方面进行打分排名（满分 10 分），确定了可执行方案 19 项，对可执行方案进行理想度计算及功能价值矩阵分析，最终确定了编号 3、编号 19、编号 21、编号 24、编号 32、编号 34 共 6 项实施方案（表 9-8）。

表 9-8　方案优选表

编号 3 地质工程双甜点评价	感知地质工程双甜点
编号 19 增稠剂 + 降阻剂 + 高分子结构	感知压裂缝网
编号 21 模块化分簇射孔器	
编号 24 石英砂替代陶粒	
编号 32 全三维缝网复杂度表征平台	
编号 34 天然裂缝群落 + 断层发育情况	感知井筒失效风险

三、预期成果及应用

1. 经济效益提高

近 5 年推广应用 630 口井，产量由 $19×10^4 m^3/d$ 提升至 $25×10^4 m^3/d$，提升幅度达 31.6%。

2. 事故率、故障率降低

今年页岩气井井筒弯曲折断比例大，通过技术应用，由早期的60%控制在10%以内，大幅度改善了作业风险。

3. 效率提高

射孔工具优化节约28%作业时间，装配时间缩短2/3，节约平台施工时间4~5d，段间盲区由20m缩减至5m。

4. 成本降低和环境改善

单井压裂液节约$2×10^4 m^3$，累计节约$1300×10^4 m^3$水资源，低成本支撑剂"以量取胜"，累计节约8亿元。替代标煤$2500×10^4 t$，减排$CO_2 2000×10^4 t$，实现了清洁绿色开发。

5. 知识产权

发明专利12件：《一种海相页岩气储层缝网改造能力的地质评价方法》等（均在2020—2022年）；专著1部：《页岩缝网形成的影响机制与储层综合评价》（2019年）；论文16篇：《四川盆地龙马溪组页岩气缝网压裂改造甜点识别新方法》等（均在2019—2022年）；软件著作9项：《页岩气水平井体积压裂因素分析及产能预测软件》等（均在2018—2021年）。

第五节 超深钻探机械式垂直钻进系统研发

一、项目背景

本创新成果依托国家重点研发计划与集团公司基础性、前瞻性项目，融合TRIZ等多种创新方法和科研思维，旨在开展大深度智能钻探关键技术与装备的研发，充分发挥小井眼钻井技术在低成本、高效益、轻污染等方面的优势，顺应小井眼钻探在取心钻进、深井超深井钻探中比重越发重大的趋势，研发出适用于油气田深层、超深层钻探的小直径高精度取心式垂直钻井系统。从而响应国家"向地球深部进军"的号召，为探索地球深部奥秘，勘探深部资源提供有力的技术装备支撑。

二、问题分析

1. 问题描述

受地层各向异性以及钻头机械破岩趋易特性等客观因素的影响，井斜问题不可避免，井斜问题成为限制钻深极限的首要原因。自动垂直钻进系统（图9-51）的应运而生使井斜问题得到了有效的解决，但是该技术目前仍然存在关键技术问题，即现有垂直钻进系统无法适用于超深钻探[66]，主要表现在以下三方面：

图9-51 自动垂直钻进系统结构示意图

①当钻深超过5000m，系统失效，导致井斜迅速超标，进而被迫提前终止钻进。
②现有系统制造、使用与维护成本高。
③现有系统仅适用于全面钻进，无法实现钻探所需的取心作业，获取地下岩样。

2. 专利检索与科技查新

结合专利申请年代趋势分析（图9-52）和三维沙盘分析图，综合评估技术专利申请情况，发现：技术系统出现的矛盾阻碍了其进一步发展。由技术成熟度预测方法可知，后续可寻找基于新的工作原理的系统，保持系统理想度的提升并使系统向简单化发展。

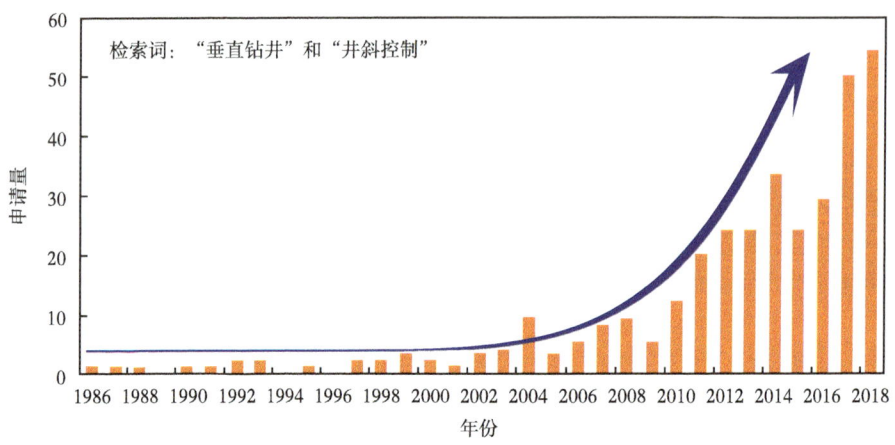

图9-52 专利申请年代趋势分析

3. 技术系统定义

首先对现有系统进行了技术系统定义，确定其功能为保持井眼的垂直程度。随后，对现有垂直钻进系统进行了组件分析（图9-53）与相互作用分析（图9-54），确定了系统组件与超系统组件。

技术系统	系统组件	超系统组件
自动垂直钻进系统	1. 测控系统 2. 系统外壳 3. 液压系统 4. 活塞 5. 缸套 6. 推靠翼肋 7. 系统主体	8. 钻井泵 9. 钻机 10. 钻杆 11. 扶正器 12. 井壁 13. 岩心 14. 钻头 15. 地层 16. 岩屑 17. 固控系统 18. 钻井液

图9-53 组件分析结果

	1	2	3	4	5	6	7	8	9	10	11	12	13	14	15	16	17	18
1		+	-	-	-	+	-	-	-	-	-	-	-	-	-	-	-	+
2	+		+	-	-	+	-	+	-	-	-	-	-	-	-	-	-	+
3	-	+		+	+	-	+	-	-	-	-	-	-	-	-	-	-	-
4	-	-	+		+	+	-	-	-	-	-	-	-	-	-	-	-	-
5	-	-	+	+		-	-	-	-	-	-	-	-	-	-	-	-	-
6	+	-	-	+	-		+	-	-	-	-	+	-	-	-	-	-	+
7	+	+	+	-	+	+		-	-	-	-	-	+	+	-	-	-	+
8	-	-	-	-	-	-	-		+	-	-	-	-	-	-	+	+	-
9	-	-	-	-	-	+	-	+		+	-	-	-	-	-	-	-	-
10	-	+	-	-	-	-	-	-	+		+	-	-	-	-	-	-	-
11	-	-	-	-	-	-	-	-	-	+		+	-	-	-	-	-	-
12	-	-	-	-	+	-	-	-	-	-	-		-	-	-	-	-	-
13	-	-	-	-	+	-	-	-	-	-	-	-		+	-	-	-	-
14	-	-	-	-	+	-	-	-	-	-	-	-	+		+	-	-	-
15	-	-	-	-	-	-	-	-	-	-	-	-	-	+		+	-	-
16	-	-	-	-	-	+	-	-	-	-	-	-	-	-	+		+	-
17	-	-	-	-	-	-	-	-	-	-	-	-	-	-	-	+		-
18	+	+	-	-	+	+	-	-	-	-	-	-	-	+	+	-	-	

图 9-54　相互作用分析结果

4. 系统功能分析

通过对现有系统进行功能建模（图 9-55），得到系统的功能缺陷如下：

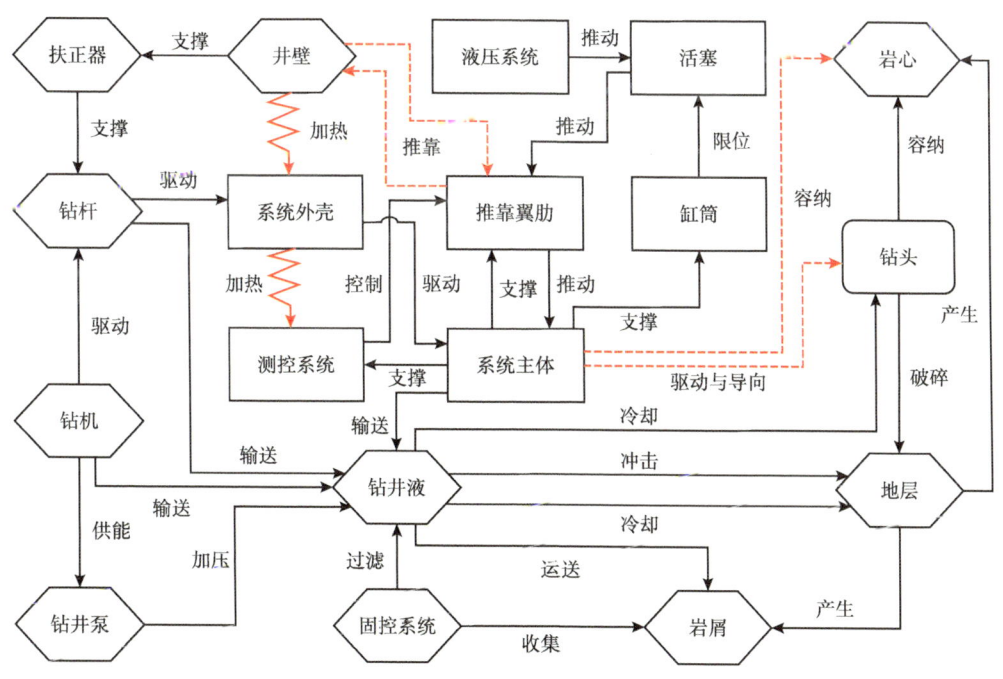

图 9-55　系统功能建模图

①垂直钻进系统主体对钻头的驱动与导向作用不足；
②垂直钻进系统主体对岩心的容纳作用不足；
③井壁对系统外壳的有害加热作用；
④系统外壳对测控系统的有害加热作用；
⑤推靠翼肋对井壁的推靠作用不足；
⑥井壁对推靠翼肋的推靠作用不足。

5. 因果链分析

对当前系统进行因果链分析（图9-56），通过对初始缺陷层层溯源，得到了当前系统的关键缺陷如下：

①电子传感器极限耐温能力低；
②执行机构零部件占用空间大；
③井眼垂直深度大；
④地球具有地温梯度；
⑤材料具有导热性；
⑥企业自研能力有限；
⑦企业资金投入较少。

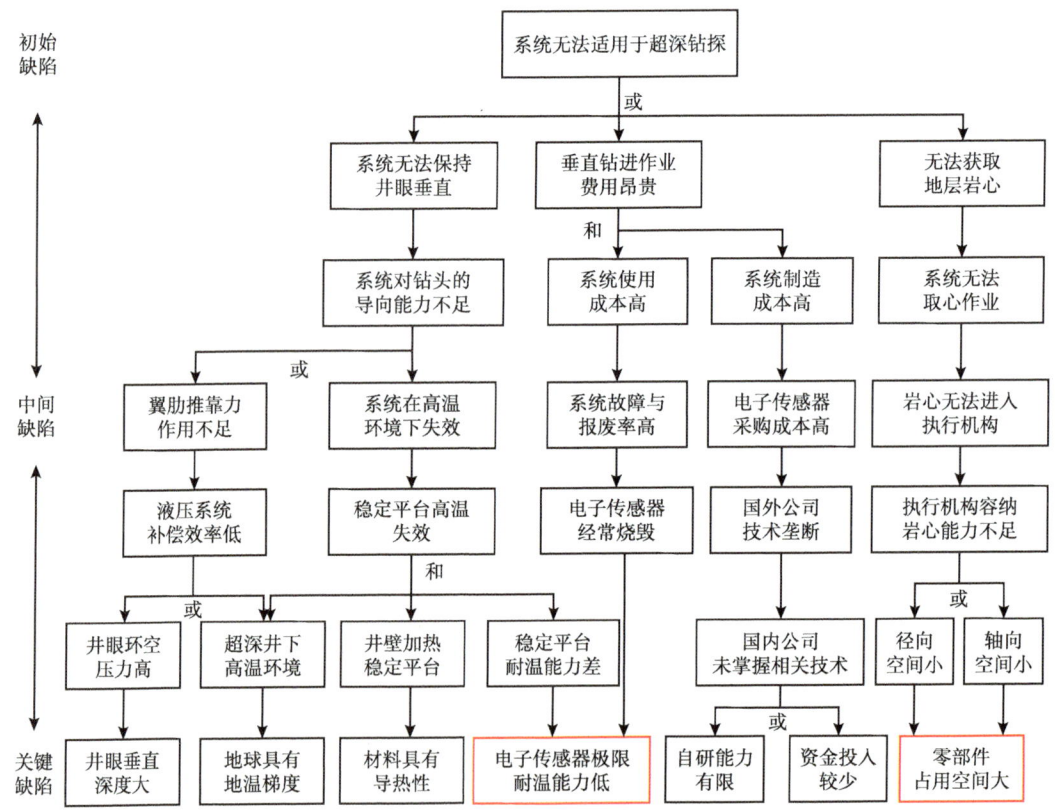

图9-56 因果链分析结果

排除掉一些客观存在且无法改变的关键缺陷，决定对关键缺陷一、关键缺陷二进行技术攻关。

6. 九屏幕分析与资源分析

通过九屏幕分析（图9-57）与资源分析（图9-58）获得了后续技术系统改进或替代所需的各类可用资源，获得的启发是，要充分利用现有资源，实现系统理想度的提升。

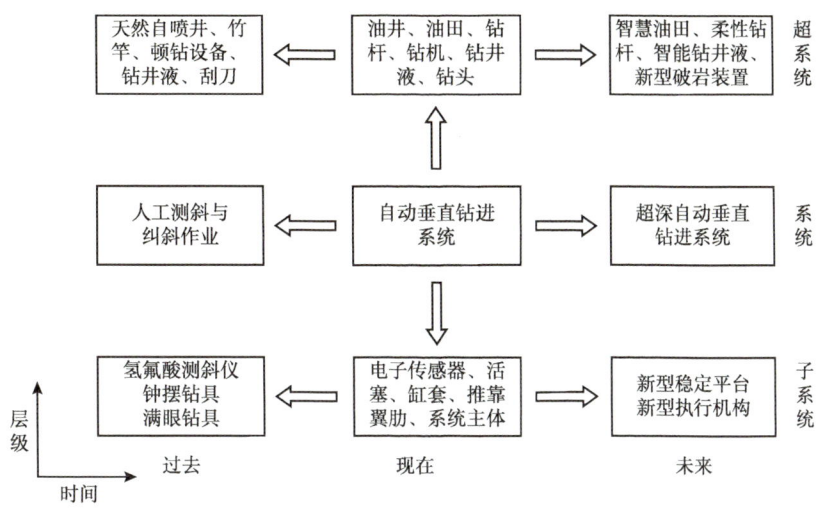

图 9-57　九屏幕分析结果

种类	物质资源	场资源	信息资源	空间资源	时间资源	功能资源
系统	自动垂直钻进系统	振动、钻压、转动	转速、振动加速度、中性点、井底压力	系统直径、系统长度、井眼轨迹	垂直钻进作业起止时间、系统检修时间	保持井眼垂直度、提高机械钻速、取心
子系统	电子传感器、推靠翼肋、活塞、缸套、液压油、液压泵	机械场、电磁场、压力差	井底温度、井斜角、翼肋推靠力	稳定平台内部空间、执行机构内部空间	稳定平台失效时间、执行机构推靠时间	测量井斜、控制、推靠井壁、能量传递
超系统	钻井液、地层、钻头、钻杆、钻井泵、钻机、岩屑、岩心	流动动能、重力场、地热场	流速、黏度、岩性、泵压、钩载、取心率	地层溶洞、井眼环空、钻头中空	钻井液上返时间、钻头更换、接单根时间	输送物质、破碎岩石、润滑、录井、增压

图 9-58　资源分析结果

三、问题解决

1. 最终理想解分析

为了打破思维限制，明确最终目标，首先对当前系统进行了最终理想解（IFR）分析（图9-59），得到的启发是，不仅能够从系统自身角度寻找技术解决方案，还可从地层与破岩角度寻找方案（现有系统改进或技术系统替代）。

通过最终理想解带来的启发并结合资源分析所得结果，得到如下技术方案。

方案1：利用钻井液的动能，通过水力喷射钻井，将破岩方式由机械破碎改为射流破碎。

设计的最终目的是什么?	提高井眼垂直度，从而提升极限钻井深度
最终理想解是什么?	系统自动形成绝对垂直的井眼
达到最终理想解的障碍是什么?	地层可钻性的各向异性、钻头机械破岩时的趋易特性
出现这种障碍的结果是什么?	产生井斜
不出现这种障碍的条件是什么?	地层改性、改变破岩形式
创造这些条件可用的资源是什么?	底部钻具组合(BHA)、地层、钻井液

图 9-59 最终理想解分析

方案2：利用地球重力场设计机械式稳定平台，通过偏重块重力产生的偏心力矩感应井斜，从而实现对电子传感器的替代。

方案3：利用钻井液材料向钻井液中加入化学添加剂，对地层进行改性，使其转化为各项同性材质。

方案4：利用钻井液输送功能向地层输送脉冲酸液，将破岩方式由机械破碎改为腐蚀溶解。

方案5：利用地热场将地热资源收集，通过热熔方式融化地层。

2. 技术矛盾

由关键问题1定义技术矛盾后，通过阿奇舒勒矛盾矩阵推荐的发明原理得到方案6至方案9（图9-60）。

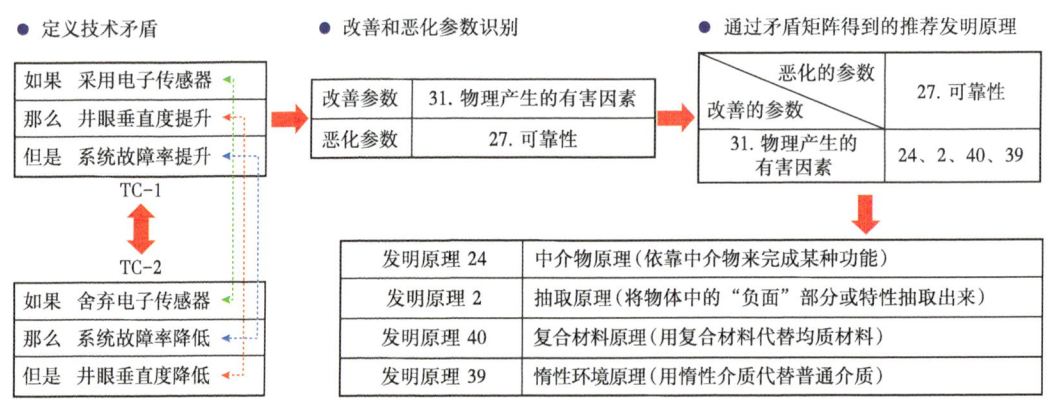

图 9-60 矛盾矩阵求解

方案6：利用发明原理24——中介物原理，采用干冰作为热交换中介物，利用其升华效应为稳定平台降温。

方案7：利用发明原理2——抽取原理，在稳定平台内部安装冷却系统，抽取内部热量。

方案 8：利用发明原理 40——复合材料原理，稳定平台电子仓外部包裹隔热纤维复合材料。

方案 9：利用发明原理 39——惰性环境原理，稳定平台电子仓内部采用真空环境，隔绝外部热量。

3. 物理矛盾

由方案 2 的附加问题定义物理矛盾：偏重块的外径必须大，使产生的偏心力矩克服盘阀摩擦力矩的干扰。偏重块的外径必须小，以增大其与外壳间的环形空间，减小系统压耗。通过矛盾分离原理得到方案 10。

方案 10：利用发明原理 35——参数变化原理，将偏重块内灌入金属铅，通过提升其密度增大偏心力矩。

4. 物场模型

对附加问题的物场模型进行建立与改进（图 9-61），通过标准解 1.2.4 增加另外一个场来抵消原来有害场的效应，得到方案 11。

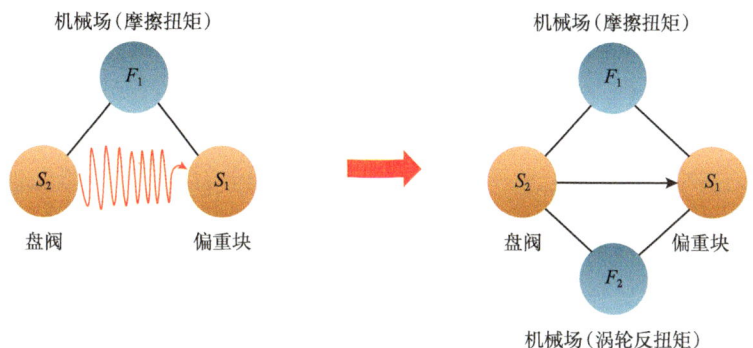

图 9-61　物场模型建立与改进

方案 11：偏重块加装产生反向扭矩的水力涡轮，利用钻井液动能产生的涡轮反扭矩平衡盘阀摩擦扭矩。

5. STC 算子法

通过 STC 算子法，将尺寸参数向无穷大、小推演，以提高偏重块稳定性，得到了方案 12 和方案 13。

方案 12：采用组合式偏重块结构，通过增加偏重块长度使其偏心力矩增加。

方案 13：采用凸台盘阀结构，通过减小接触半径使盘阀摩阻降低。

6. 智慧小人法

引入智慧小人进一步提高偏重块稳定性，由智慧小人法得到方案 14 和方案 15。

方案 14：偏重块内灌入智慧小人代表的磁流体，通过外部磁场激励改变磁流体分布，使偏重块重心位置可随盘阀摩阻大小自动调节，从而有助于其稳定在井眼低边。

方案 15：将偏重块浸入智慧小人代表的高黏度阻尼油中，当偏重块失稳旋转时，阻尼油产生有助于其稳定的阻尼力，待偏重块稳定后阻尼力即会消失。

7. 裁剪

针对执行机构零件占用空间大导致系统无法取心这一关键缺陷，通过裁剪得到方案

16（图 9-62）。

方案 16：利用钻井液直接推动推靠翼肋，应用规则 A、C 将活塞、缸筒、液压系统裁剪，使执行机构拥有足够空间容纳岩心。

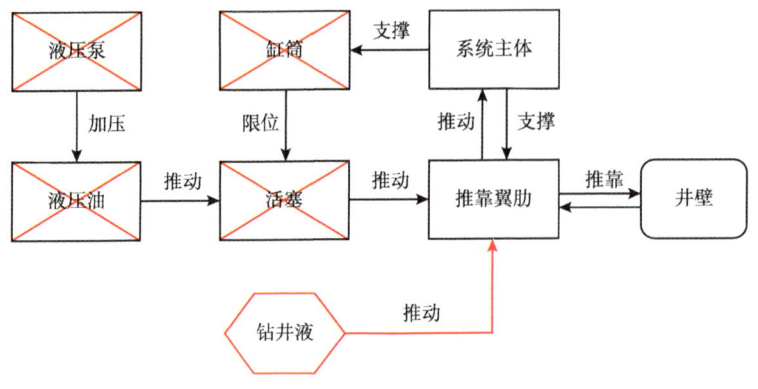

图 9-62　裁剪方案

8. 技术方案对比与最优方案确定

对上述方案的技术难度、实施周期、实施成本、生产效率以及可行性进行综合评价与对比，经专家组的多轮评审论证，最终决定采用方案 2、方案 10、方案 11、方案 13、方案 15、方案 16。基于上述优选方案，研发得到适用于超深钻探的准静态推靠机械式垂直钻进系统（图 9-64 和图 9-65）。

方案概述	技术难度	实施周期	实施成本	生产效率	可行性
1. 水力喷射钻井	良	良	良	差	中
2. 采用机械式稳定平台	良	优	优	优	强
3. 通过钻井液使地层改性	差	差	差	良	弱
4. 利用钻井液输送酸液腐蚀地层	良	差	良	差	中
5. 收集地热融化地层	差	差	差	良	弱
6. 采用干冰作为热交换中介物	差	差	差	良	弱
7. 安装冷却系统	良	差	差	良	弱
8. 包裹隔热复合材料	差	良	差	良	中
9. 电子仓内部采用真空环境	良	差	差	良	中
10. 偏重块内灌入金属铅	优	优	优	优	强
11. 偏重块加装水力涡轮	良	优	优	优	强
12. 采用组合式偏重块结构	优	优	良	良	中
13. 采用凸台盘阀结构	优	优	优	优	强
14. 偏重块内灌入磁流体	良	差	良	良	中
15. 偏重块浸入高黏度阻尼油中	优	良	优	优	强
16. 裁剪活塞、缸筒、液压系统	良	优	优	优	强

图 9-63　技术方案对比结果

第九章 非常规油气资源开发工程创新方法集成应用示范

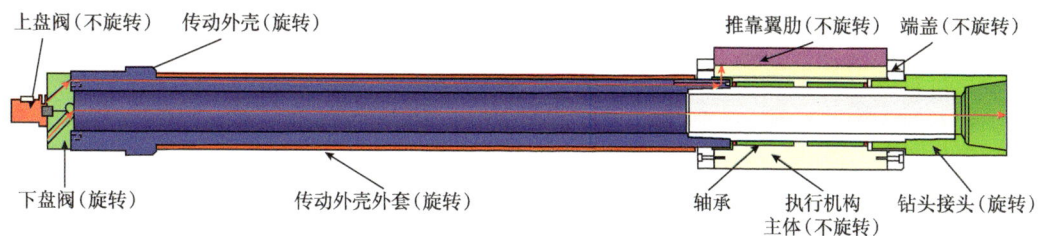

图 9-64 准静态推靠机械式垂直钻进系统结构

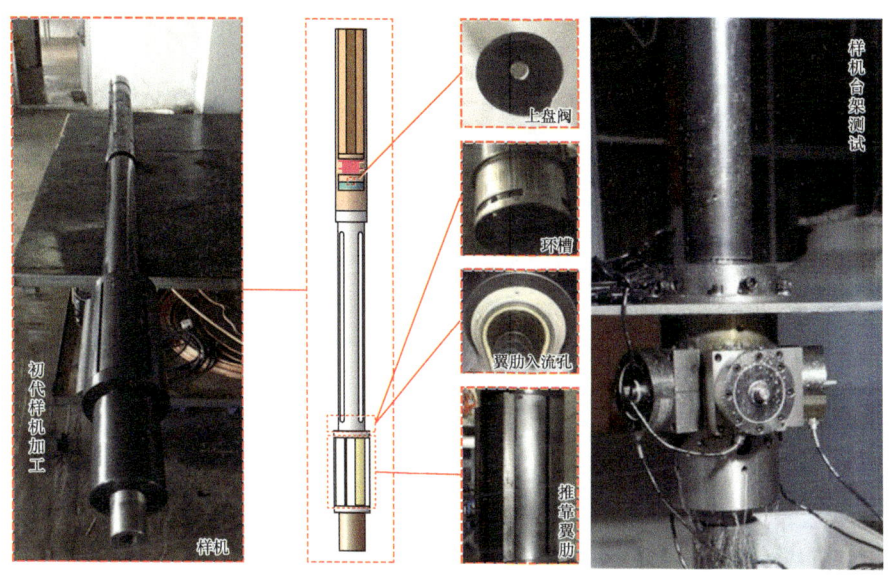

图 9-65 样机加工与测试

9. 多方法融合

最后，通过 DOE 正交试验法，获得系统最优钻进工艺参数（图 9-66），实现多种创新方法的有机融合。

四、成果效益

超深钻探机械式垂直钻进系统目前已完成 3 口井的现场示范应用，井斜可控制在 3° 以内，极限耐温 250°C，井下无故障工作时间 138.5h，整体应用效果良好，依托该成果获省部级、厅局级奖励各一项。

在经济效益方面，机械式垂钻系统成本仅为电控式垂钻系统的 1/5~1/8，单井作业费用节省 280 万元，按照年钻井

	优化参数	优化方向	优化建议
钻进参数	推靠力 Q	适当增加	>8kN
	钻压 p_0	适当降低	24kN
钻具结构参数	翼肋至钻头距离 L_0	尽可能近	<0.9m
	第一稳定器至翼肋距离 L_1	存在最佳值	2~4m
	第一稳定器外径 D_{s1}	尽可能小	
	第二稳定器至柔性短节距离 L_3	存在最佳值	10~15m
	第二稳定器外径 D_{s2}	尽可能大	
	柔性短节长度 L_2	存在最佳值	2~3m
	柔性短节外径 D_2	尽可能小	
	钻头各向异性指数 I_b	防斜时尽可能小 纠斜时尽可能大	0.7~0.9

图 9-66 钻进参数优化结果

30口测算，年度节约费用8400万元。

在社会效益方面，机械式垂钻系统简单可靠、可适用于井下高温、振动复杂环境，在石油钻井、科学钻探、地热钻探等诸多领域具有广阔应用前景。

依托于上述创新成果，目前已授权专利7项，其中发明专利3项；发表期刊论文9篇，其中高水平SCI论文3篇（图9-67）。

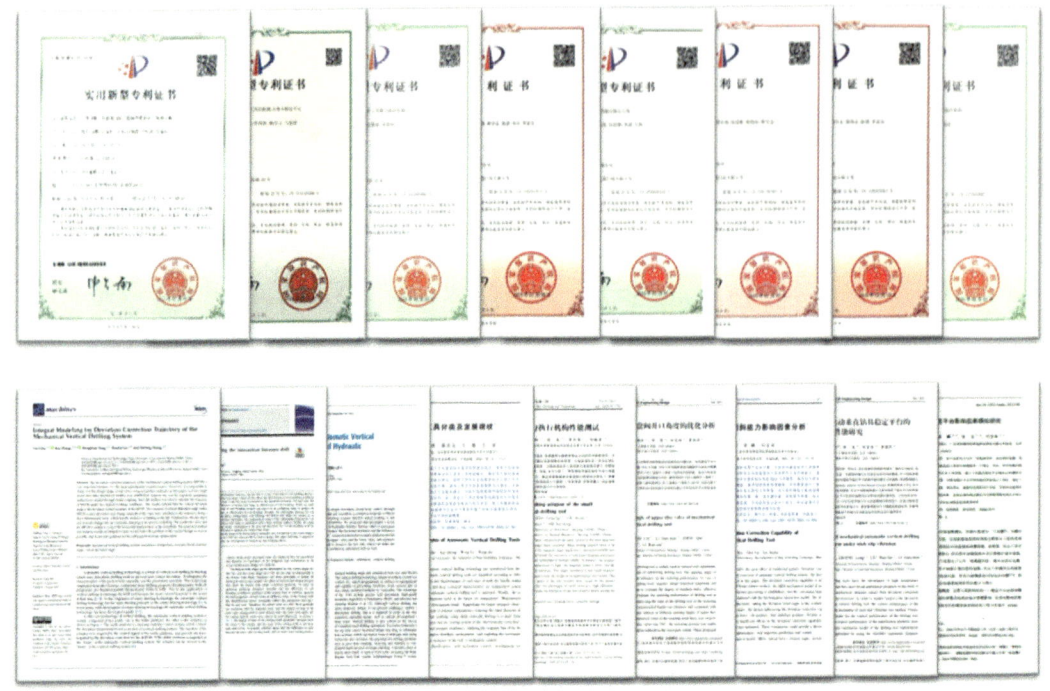

图9-67 专利授权与论文发表

参考文献

[1] 李玉喜,张金川.我国非常规油气资源类型和潜力[J].国际石油经济,2011,19(3):61-67,106.

[2] 贾承造,郑民,张永峰.中国非常规油气资源与勘探开发前景[J].石油勘探与开发,2012,39(2):129-136.

[3] 邹才能,翟光明,张光亚,等.全球常规-非常规油气形成分布、资源潜力及趋势预测[J].石油勘探与开发,2015,42(1):13-25.

[4] 赵靖舟.非常规油气有关概念、分类及资源潜力[J].天然气地球科学,2012,23(3):393-406.

[5] 姜福杰,庞雄奇,欧阳学成,等.世界页岩气研究概况及中国页岩气资源潜力分析[J].地学前缘,2012,19(2):198-211.

[6] 贾承造,郑民,张永峰.非常规油气地质学重要理论问题[J].石油学报,2014,35(1):1-10.

[7] 雷群,王红岩,赵群,等.国内外非常规油气资源勘探开发现状及建议[J].天然气工业,2008,28(12):7-10,134.

[8] 邱振,邹才能,李建忠,等.非常规油气资源评价进展与未来展望[J].天然气地球科学,2013,24(2):238-246.

[9] 邱振,邹才能.非常规油气沉积学:内涵与展望[J].沉积学报,2020,38(1):1-29.

[10] 李景明,王红岩,赵群.中国新能源资源潜力及前景展望[J].天然气工业,2008(1):149-153,179-180.

[11] 郭秋麟,周长迁,陈宁生,等.非常规油气资源评价方法研究[J].岩性油气藏,2011,23(4):12-19.

[12] 王社教,蔚远江,郭秋麟,等.致密油资源评价新进展[J].石油学报,2014,35(6):1095-1105.

[13] 胡文瑞,鲍敬伟,胡滨.全球油气勘探进展与趋势[J].石油勘探与开发,2013,40(4):409-413.

[14] 童晓光,张光亚,王兆明,等.全球油气资源潜力与分布[J].石油勘探与开发,2018,45(4):727-736.

[15] 王红军,马锋,童晓光,等.全球非常规油气资源评价[J].石油勘探与开发,2016,43(6):850-862.

[16] 马永生,冯建辉,牟泽辉,等.中国石化非常规油气资源潜力及勘探进展[J].中国工程科学,2012,14(6):22-30.

[17] 邹才能,朱如凯,吴松涛,等.常规与非常规油气聚集类型、特征、机理及展望——以中国致密油和致密气为例[J].石油学报,2012,33(2):173-187.

[18] 邹才能,张国生,杨智,等.非常规油气概念、特征、潜力及技术——兼论非常规油气地质学[J].石油勘探与开发,2013,40(4):385-399,454.

[19] 邹才能,杨智,朱如凯,等.中国非常规油气勘探开发与理论技术进展[J].地质学报,2015,89(6):979-1007.

[20] 邹才能,董大忠,王社教,等.中国页岩气形成机理、地质特征及资源潜力[J].石油勘探与开发,2010,37(6):641-653.

[21] 邹才能,赵群,董大忠,等.页岩气基本特征、主要挑战与未来前景[J].天然气地球科学,2017,28(12):1781-1796.

[22] 姜福杰,庞雄奇,欧阳学成,等.世界页岩气研究概况及中国页岩气资源潜力分析[J].地学前缘,2012,19(2):198-211.

[23] 杨涛,张国生,梁坤,等.全球致密气勘探开发进展及中国发展趋势预测[J].中国工程科学,2012,14(6):64-68,76.

[24] 秦勇,袁亮,胡千庭,等.我国煤层气勘探与开发技术现状及发展方向[J].煤炭科学技术,2012,40(10):1-6.

[25] 李辛子,王运海,姜昭琛,等.深部煤层气勘探开发进展与研究[J].煤炭学报,2016,41(1):24-31.
[26] 黄盛初,刘文革,赵国泉.中国煤层气开发利用现状及发展趋势[J].中国煤炭,2009,35(1):5-10.
[27] 张洪涛,张海启,祝有海.中国天然气水合物调查研究现状及其进展[J].中国地质,2007(6):953-961.
[28] 叶建良,秦绪文,谢文卫,等.中国南海天然气水合物第二次试采主要进展[J].中国地质,2020,47(3):557-568.
[29] 史斗,郑军卫.世界天然气水合物研究开发现状和前景[J].地球科学进展,1999(4):17-26.
[30] 邹才能,朱如凯,白斌,等.致密油与页岩油内涵、特征、潜力及挑战[J].矿物岩石地球化学通报,2015,34(1):3-17,1-2.
[31] 康玉柱.中国非常规泥页岩油气藏特征及勘探前景展望[J].天然气工业,2012,32(4):1-5,117.
[32] 单玄龙,车长波,李剑,等.国内外油砂资源研究现状[J].世界地质,2007(4):459-464.
[33] 邹才能,赵群,张国生,等.能源革命:从化石能源到新能源[J].天然气工业,2016,36(1):1-10.
[34] 李国欣,朱如凯.中国石油非常规油气发展现状、挑战与关注问题[J].中国石油勘探,2020,25(2):1-13.
[35] 邱振,邹才能,李建忠,等.非常规油气资源评价进展与未来展望[J].天然气地球科学,2013,24(2):238-246.
[36] 雷群,王红岩,赵群,等.国内外非常规油气资源勘探开发现状及建议[J].天然气工业,2008,28(12):7-10,134.
[37] 邹才能,陶士振,白斌,等.论非常规油气与常规油气的区别和联系[J].中国石油勘探,2015,20(1):1-16.
[38] 贾承造,庞雄奇,姜福杰.中国油气资源研究现状与发展方向[J].石油科学通报,2016,1(1):2-23.
[39] 邹才能,杨智,张国生,等.常规-非常规油气"有序聚集"理论认识及实践意义[J].石油勘探与开发,2014,41(1):14-25,27,26.
[40] 吴新银,刘平.专利地图研究初探[J].研究与发展管理,2003(5):88-92.
[41] 张娴,高利丹,唐川,等.专利地图分析方法及应用研究[J].情报杂志,2007(11):22-25.
[42] 方曙,张娴,肖国华.专利情报分析方法及应用研究[J].图书情报知识,2007(4):64-69.
[43] 丁俊武,韩玉启,郑称德.创新问题解决理论——TRIZ研究综述[J].科学学与科学技术管理,2004(11):53-60.
[44] 林岳,段海波.基于TRIZ和领域本体的计算机辅助创新设计平台框架[J].机械设计与研究,2005(2):15-18.
[45] 牛占文,徐燕申,林岳,等.实现产品创新的关键技术——计算机辅助创新技术[J].机械工程学报,2000(1):11-14.
[46] 彭慧娟,成思源,李苏洋,等.TRIZ的理论体系研究综述[J].机械设计与制造,2013(10):270-272.
[47] 黄庆,周贤永,杨智懿.TRIZ技术进化理论及其应用研究述评与展望[J].科学学与科学技术管理,2009,30(4):58-65.
[48] 牛占文,徐燕申,林岳,等.发明创造的科学方法论——TRIZ[J].中国机械工程,1999(1):92-97,7.
[49] 林岳,史晓凌.创新思维与问题分析方法——"TRIZ理论"及其创新方法知识介绍[J].中小企业管理与科技(上旬刊),2013(9):294.
[50] 林岳.系统化的计算机辅助创新解决方案[J].电脑开发与应用,2005(12):8-10.
[51] 叶建平,陆小霞.我国煤层气产业发展现状和技术进展[J].煤炭科学技术,2016,44(1):24-28,46.
[52] 秦勇,袁亮,胡千庭,等.我国煤层气勘探与开发技术现状及发展方向[J].煤炭科学技术,2012,40(10):1-6.
[53] 黄盛初,刘文革,赵国泉.中国煤层气开发利用现状及发展趋势[J].中国煤炭,2009,35(1):5-10.

[54] 张金波，吴财芳．煤层气开采技术应用现状及其改进[J]．煤炭科学技术，2012，40（8）：88-91，96．
[55] 李建忠，郑民，陈晓明，等．非常规油气内涵辨析、源-储组合类型及中国非常规油气发展潜力[J]．石油学报，2015，36（5）：521-532．
[56] 陈劲，陈钰芬．开放创新体系与企业技术创新资源配置[J]．科研管理，2006（3）：1-8．
[57] 梁鸣．集成产品开发（IPD）探讨[J]．科技管理研究，2010，30（17）：120-122．
[58] 韦子辉，阎会强，檀润华．TRIZ理论中ARIZ算法研究与应用[J]．机械设计，2008（4）：57-61．
[59] 王海威，朱建忠，许庆瑞．技术创新能力及其测度指标研究综述[J]．中国地质大学学报（社会科学版），2005（5）：26-30．
[60] 高建，汪剑飞，魏平．企业技术创新绩效指标：现状、问题和新概念模型[J]．科研管理，2004（S1）：14-22．
[61] 胡恩华．企业技术创新能力指标体系的构建及综合评价[J]．科研管理，2001（4）：79-84．
[62] 陈劲，陈钰芬．企业技术创新绩效评价指标体系研究[J]．科学学与科学技术管理，2006（3）：86-91．
[63] 邹才能，杨智，朱如凯，等．中国非常规油气勘探开发与理论技术进展[J]．地质学报，2015，89（6）：979-1007．
[64] 邹才能，董大忠，王社教，等．中国页岩气形成机理、地质特征及资源潜力[J]．石油勘探与开发，2010，37（6）：641-653．
[65] 邹才能，杜金虎，徐春春，等．四川盆地震旦系—寒武系特大型气田形成分布、资源潜力及勘探发现[J]．石油勘探与开发，2014，41（3）：278-293．
[66] 柴麟，张凯，刘宝林，等．自动垂直钻井工具分类及发展现状[J]．石油机械，2020，48（1）：1-11．